300 Keywords Weltraum

Oliver Bendel

300 Keywords Weltraum

Der Weltraum aus technischer, wirtschaftlicher und ethischer Sicht

Oliver Bendel
Institut für Wirtschaftsinformatik
Hochschule für Wirtschaft
Windisch, Schweiz

ISBN 978-3-658-49286-1   ISBN 978-3-658-49287-8 (eBook)
https://doi.org/10.1007/978-3-658-49287-8

Die Deutsche Nationalbibliothek verzeichnet diese Publikation in der Deutschen Nationalbibliografie; detaillierte bibliografische Daten sind im Internet über https://portal.dnb.de abrufbar.

© Der/die Herausgeber bzw. der/die Autor(en), exklusiv lizenziert an Springer Fachmedien Wiesbaden GmbH, ein Teil von Springer Nature 2025

Das Werk einschließlich aller seiner Teile ist urheberrechtlich geschützt. Jede Verwertung, die nicht ausdrücklich vom Urheberrechtsgesetz zugelassen ist, bedarf der vorherigen Zustimmung des Verlags. Das gilt insbesondere für Vervielfältigungen, Bearbeitungen, Übersetzungen, Mikroverfilmungen und die Einspeicherung und Verarbeitung in elektronischen Systemen.
Die Wiedergabe von allgemein beschreibenden Bezeichnungen, Marken, Unternehmensnamen etc. in diesem Werk bedeutet nicht, dass diese frei durch jede Person benutzt werden dürfen. Die Berechtigung zur Benutzung unterliegt, auch ohne gesonderten Hinweis hierzu, den Regeln des Markenrechts. Die Rechte des/der jeweiligen Zeicheninhaber*in sind zu beachten.
Der Verlag, die Autor*innen und die Herausgeber*innen gehen davon aus, dass die Angaben und Informationen in diesem Werk zum Zeitpunkt der Veröffentlichung vollständig und korrekt sind. Weder der Verlag noch die Autor*innen oder die Herausgeber*innen übernehmen, ausdrücklich oder implizit, Gewähr für den Inhalt des Werkes, etwaige Fehler oder Äußerungen. Der Verlag bleibt im Hinblick auf geografische Zuordnungen und Gebietsbezeichnungen in veröffentlichten Karten und Institutionsadressen neutral.

Planung/Lektorat: Claudia Rosenbaum
Springer Gabler ist ein Imprint der eingetragenen Gesellschaft Springer Fachmedien Wiesbaden GmbH und ist ein Teil von Springer Nature.
Die Anschrift der Gesellschaft ist: Abraham-Lincoln-Str. 46, 65189 Wiesbaden, Germany

Wenn Sie dieses Produkt entsorgen, geben Sie das Papier bitte zum Recycling.

Vorwort

Der Weltraum hat mich schon als Kind fasziniert. Ich kannte jeden Planeten in unserem Sonnensystem und mehrere Sterne neben der Sonne. Dabei halfen die „Was-ist-was"-Reihe und andere Werke, die man für diese Altersgruppe geschaffen hatte, sowie ein Astronomieprojekt am Gymnasium. Wir waren uns ganz sicher: In wenigen Jahren würde es Mond- und Marsstationen geben. In einer Physikklausur musste man die Entfernung zwischen Sonne und Erde berechnen. Ich schrieb die Zahl einfach hin und dachte „Das weiß man doch!" oder etwas Ähnliches. Aber eigentlich wusste ich wenig, und wie viele Jugendliche verlor ich nach und nach das Interesse am Himmlischen, weil sich das Irdische vordrängte.

Als Erwachsener landete ich in der Künstlichen Intelligenz und in der Robotik. Über sie kam ich dem Weltraum wieder näher. Ich promovierte um die Jahrtausendwende über Chatbots, Sprachassistenten und frühe soziale Roboter im Lernbereich, sogenannte pädagogische Agenten. Ich beschäftigte mich mit Gandalf, einem Agenten samt Avatar, der am MIT von 1992 bis 1996 entwickelt worden war. Er informierte über das Sonnensystem und führte in entsprechende Grundlagen ein. Dabei wurden die Bewegungen des Oberkörpers und der Augen der Benutzer registriert. Man konnte eine Reise zu den verschiedenen Planeten unternehmen, etwa zu Saturn oder Pluto.

Irgendwann war die Faszination wieder da wie früher. 2020 veröffentlichte ich den Band „Die Astronautin". Die Gedichte über die Heldin hatte ich in 3D-Codes gesteckt. Damit schloss ich an frühere Projekte an, etwa „handyhaiku" von 2010 mit seinen QR-Codes (also bestimmten 2D-Codes). 2021 initiierte ich das Projekt „SPACE THEA". Mein damaliger Student Martin Spathelf baute einen Sprachassistenten, der Empathie und Emotionen simulierte und sich in sieben unterschiedlichen Szenarien der Raumfahrt behauptete. Ein Mitarbeiter der NASA bekam davon Wind und lud uns nach Colorado ein. Wegen des erheblichen Aufwands begnügten wir uns mit der Gedankenreise.

Aber zurück zu Pluto. Mir blutete das Herz, als er zum Zwergplaneten degradiert wurde. Das hatte er, der da weit draußen seine Bahn zog, nicht verdient, auch wenn er diese nicht freigeräumt hatte, wie man in der Astronomie sagt. Eine Marsstation gibt es immer noch nicht, nicht einmal eine Mondstation. Dafür hat Katy Perry einen kurzen Flug in den Weltraum unternommen und bei dieser Gelegenheit ein Liedchen geträllert. Der Weltraumtourismus boomt und überhaupt die Weltraumwirtschaft. Und 2025 wurde in Deutschland das Bundesministerium für Forschung, Technologie und Raumfahrt (BMFTR) gegründet. Es war Zeit für ein neues Buch.

Seit Jahrzehnten verfasse ich Lexika und schreibe damit gegen die Zeit und gegen den Zeitgeist an. Gegen Wikipedia kommt man kaum an, obwohl es seinen Zenit längst überschritten hat und von Ideologen, Kommunikations- und Marketingabteilungen und KI-Systemen bis zur Unkenntlichkeit umgeschrieben wird. Und schon gar nicht gegen zahlreiche Glossare von Hochschulen, Beratungs- und IT-Unternehmen sowie Behörden. Das will ich auch nicht – ich will, dass alles aus einem Guss ist, und ich will trotz einer allgemeinen Abdeckung andere Schwerpunkte wählen.

In diesem kleinen Lexikon zum Weltraum behandle ich nicht nur die zentralen Begriffe – das tut jeder, manch einer vielleicht besser. Ich möchte auch klären, was Weltraumwirtschaft ist oder Weltraumkunst oder Weltraumsex. Oder was Weltraumroboter sind und sein können. Vielleicht ist „klären" zu viel gesagt. Es geht darum, den Boden neben den ausgedehnten Ackerflächen zu bereiten, ein Pflänzchen einzusetzen, ein bisschen zu gießen.

Dabei helfen mir die Disziplinen meines Studiums und meiner Profession, nämlich Philosophie, Germanistik, Informationswissenschaft und Wirtschaftsinformatik (eben darin habe ich vor einem Vierteljahrhundert an der Universität St. Gallen promoviert) sowie Informations-, KI-, Roboter- und Maschinenethik. Sie sind zugleich die Beschränkungen, denn für alles kann ich kein Experte sein. Manchmal bin ich nur ein interessierter (aber fleißig recherchierender) und begeisterter Laie. Ich ging auf Entdeckungstour im Internet – gerne hielt ich mich bei der NASA auf – und bestellte mir Bücher nach Hause.

Ich habe wieder einmal meine anderen „Keywords"-Bücher genutzt, meine Blogposts aus informationsethik.net, maschinenethik.net und robophilosophy.com, meine Artikel, Buchbeiträge und Bücher der letzten 25 Jahre. Ich habe alles erweitert und eingedampft. Natürlich habe ich auch einige Werke von Kollegen herangezogen und auf sie verwiesen. Mein Dank gilt ihnen und den Astronomen der letzten 2500 Jahre (sowie den Astronauten der letzten Jahrzehnte). Gerne nehme ich Hinweise entgegen und prüfe sie für die nächste Auflage. Zunächst wünsche ich aber vor allem viel Freude beim Stöbern und Lesen.

Zürich
15. Juli 2025

Oliver Bendel
oliver.bendel@gmx.net

Inhaltsverzeichnis

A	1
B	19
C	25
D	31
E	45
F	51
G	59
H	65
I	73

J	79
K	81
L	107
M	115
N	137
O	145
P	149
Q	165
R	167
S	187
T	221
U	237
V	251
W	257
X	293
Y	295
Z	297
Literatur	303

A

Anthropisches Prinzip

Das anthropische Prinzip entspringt kosmologischen und philosophischen Überlegungen und besagt, dass die Naturkonstanten und Gesetzmäßigkeiten des Universums so erscheinen, als wären sie genau auf die Entstehung von intelligentem Leben abgestimmt. Brandon Carter verwendete den Begriff 1973 auf einer Tagung. In dem 1974 erschienenen Artikel „Large number coincidences and the anthropic principle in cosmology" schrieb er: „However these predictions do require the use of what may be termed the anthropic principle to the effect that what we can expect to observe must be restricted by the conditions necessary for our presence as observers." Im nachfolgenden Text unterschied er ein schwaches und ein starkes anthropisches Prinzip. Das schwache besagt, dass wir bereit sein müssen, die Tatsache zu berücksichtigen, dass unser Standort im Universum notwendigerweise so weit privilegiert ist, dass er mit unserer Existenz als Beobachter vereinbar ist. Das starke besagt, dass das Universum (und damit die fundamentalen Parameter, von denen es abhängt) so beschaffen sein muss, dass es irgendwann die Entstehung von Beobachtern in ihm zulässt. Es wird oft als teleologisch kritisiert.

Das anthropische Prinzip wurde von weiteren Wissenschaftlern variiert. Es spielt eine Rolle in Multiversumtheorien.

Anthropozän

Das Anthropozän ist das Zeitalter, das vom Menschen geprägt und in dem Natur in Kultur überführt ist. Die Erde erscheint mit Blick auf das auf ihr herrschende Leben, ihre Oberfläche und ihre Atmosphäre stark verändert. Auch der Weltraum trägt bereits Spuren. Die Bezeichnung stammt von dem Nobelpreisträger für Chemie Paul Crutzen, der in einem Artikel in Nature von 2002 betonte, dass sich die Auswirkungen des Menschen auf die globale Umwelt in den letzten drei Jahrhunderten verschärft haben: „The Anthropocene could be said to have started in the latter part of the eighteenth century, when analyses of air trapped in polar ice showed the beginning of growing global concentrations of carbon dioxide and methane." Ein weiterer, nicht nur scherzhafter Begriff ist der des Robozäns – er steht für die womöglich nachfolgende Epoche, in der Roboter und Systeme mit künstlicher Intelligenz (KI) mit uns in allen wesentlichen Bereichen koexistieren, kooperieren und kollaborieren (sowie konkurrieren) und für das Überleben von Lebewesen unverzichtbar geworden sind. Die zuständige Subcommission on Quaternary Stratigraphy lehnte es 2024 ab, das Anthropozän offiziell als Epoche anzuerkennen.

Umweltverschmutzung, Verlust der Artenvielfalt (Artensterben) und Klimawandel sind Beispiele für den sicht-, spür- und messbaren negativen Einfluss unserer Spezies. Ausdruck der Umweltzerstörung ist auch, dass Wasserläufe, Seebereiche und Meeresgebiete umgestaltet werden, zudem bewachsene und kahle Landflächen, etwa durch Rodung, Trockenlegung, Bergbau, Straßenbau und Städtebau. Mit dem Städtebau und überhaupt der Ansiedlung von Menschen sind umgekehrt viele positive Aspekte verbunden, bis hin zu architektonischen und kulturellen Höchstleistungen, die sich in der Errichtung von Gebäuden wie Wolkenkratzern, Schlössern und Kathedralen sowie von Brücken und Tunneln ebenso zeigen wie in der Schaffung von Kunstwerken und Artefakten aller Art, auch von Industrie- und Servicerobotern. Nicht zuletzt ist bereits seit Jahrzehnten das Weltall betroffen, wenn man an Weltraumschrott und Hinterlassenschaften auf Trabanten und Planeten denkt. Zugleich keimt die (wohl trügerische) Hoffnung, dass dort ein Überleben der Menschheit stattfinden könnte, wenn dieses auf der Erde zu mühsam und zu wenig aussichtsreich geworden ist.

Kritisiert wird, dass der Mensch seinen Heimatplaneten in gravierender Weise umgestaltet und teilweise zerstört hat und dabei ist, nicht nur die erdnahen Bereiche, sondern selbst die ferneren Gegenden des Weltraums zu erobern (zum Glück mit bescheidenem Tempo), wo er immer mehr seine Spuren hinterlassen wird. Zugleich wird der Begriff des Anthropozäns kritisiert, der angeblich die Ausnahmeerscheinung und Vormachtstellung des Homo sapiens zementiert, ohne dass man Alternativen anbietet. Wirtschaftsethik, Umweltethik und Tierethik fragen nach der Verantwortung von Wirtschaft und Gesellschaft für eine intakte Umwelt aller Lebewesen, auch in Hinsicht auf nachrückende Generationen. Die Roboterethik widmet sich dem Miteinander und Gegeneinander von Mensch und Maschine im Robozän. Autonome Systeme und KI-Tools können im moralischen Sinne keine Verantwortung übernehmen und keine Rechte haben. Zugleich formen ihre auf Algorithmen basierenden Entscheidungen immer mehr die ökonomischen und sozialen Gegebenheiten und unterstützen sie mit ihren Fähigkeiten die Möglichkeiten des Homo faber und das Überleben des Homo sapiens in einer zunehmend unwirtlichen Welt.

Antisatellitenwaffe

Antisatellitenwaffen (engl. „anti-satellite activities", kurz „ASATs") sind militärische Systeme zur Zerstörung oder Störung von Satelliten. Sie können boden- und luftgestützt (Antisatellitenraketen, Hochleistungslaser) oder im Orbit selbst stationiert sein („Killersatelliten"). Neben direkten Treffern werden Störsender und Cyberangriffe eingesetzt. ASAT-Tests verursachen Weltraummüll und verschärfen geopolitische und wirtschaftliche Konflikte. Der Einsatz solcher Waffen berührt Fragen des Weltraumrechts und der globalen Sicherheit. Manche ASAT-Tests, etwa von China (2007) oder Russland (2021), haben internationale Proteste ausgelöst.

Apollo-Programm

Apollo (Apollon) erscheint in der griechischen und römischen Mythologie als Gott des Lichts, der Reinheit, der Weissagung und der Künste. Er ist Sohn von Zeus und Leto, der Tochter der Titanen Koios und Phoibe. Seine Zwillingsschwester ist Artemis, die Göttin der Jagd, der Jungfräulichkeit und des Monds. Die Kultstätte am Hang des Parnass (Orakel von Delphi) ist Apollo geweiht.

Das Apollo-Programm war ein Raumfahrtprojekt der NASA mit dem Ziel, erstmals Menschen auf den Mond zu bringen. Es fand zwischen 1961 und 1972 statt. Bei der fünften bemannten Raumfahrtmission des Apollo-Programms, Apollo 11, betraten Neil Armstrong und Buzz Aldrin am 20. Juli 1969 als erste Menschen den Mond. In dessen Orbit verblieb als Pilot der Kommandokapsel Michael Collins.

Archäoastronomie

„Die Archäoastronomie erlebt seit den 1960er-Jahren einen Aufschwung. Sie untersucht, wie alte Kulturen Himmelsphänomene interpretierten, und erweitert unser Verständnis von archäologischen Stätten." Dies schreibt „Das große Buch der Astronomie" von National Geographic Deutschland. Eingegangen wird auf bekannte und weniger bekannte Stätten in Europa, in den USA, in Mittel- und Südamerika, in Afrika und in Asien.

In Europa zeigen Monumente wie Newgrange in Irland und Maeshowe auf den Orkney-Inseln (Schottland) eine Ausrichtung zur Wintersonnenwende. Bei Stonehenge in Südengland ist laut National Geographic Deutschland der zentrale Prozessionsweg des Monuments „auf den Sonnenaufgang zur Sommersonnenwende und den Sonnenuntergang zur Wintersonnenwende" ausgerichtet.

In Nordamerika sind die konzentrischen Woodhenges von Cahokia (Illinois) sowie der Chaco Canyon (New Mexico) mit Sonnen- und Mondbeobachtungen verbunden. „Heute gilt die Casa Rinconada als das berühmteste Beispiel für Archäoastronomie im Chaco. Als eine der größten Kivas ist sie nach den vier Himmelsrichtungen ausgerichtet." (National Geographic Deutschland) Kivas sind Zeremonien- und Versammlungsräume.

In Mittel- und Südamerika dienten Stätten wie die Nazca-Linien (Peru), Machu Picchu (Peru) oder Chichén Itzá (Mexiko) ebenfalls als astronomische Marker. Die Pyramide des Kukulcán (auch El-Castillo-Pyramide genannt) in Chichén Itzá erzeugt zur Tagundnachtgleiche ein Schattenspiel in Form einer sich herabschlängelnden Schlange (mit steinernem Kopf am Boden), das auf die Gottheit Kukulcán (Quetzalcoatl) verweist.

In Afrika gilt der Steinkreis von Nabta-Playa (Ägypten) als älteste bekannte Himmelsbeobachtungsstätte. Die Ausrichtung der inneren Schächte der Cheops-Pyramide auf „die beiden nördlichen Polarsterne" (National Geographic Deutschland) und des Gizeh-Komplexes auf die vier Himmelsrichtungen deutet auf astronomisches Wissen im Alten Ägypten hin, vom architektonischen Wissen ganz abgesehen.

In Asien sind Göbekli Tepe (Türkei), eine der ältesten Tempelanlagen der Welt, sowie der 9,4 Meter hohe Sternenturm Cheomseongdae (Südkorea) von Bedeutung. Beide könnten astronomische Funktionen gehabt haben, etwa zur Erfassung saisonaler Veränderungen. „Vom Cheomseongdae in Südkorea behaupten manche, es sei das älteste astronomische Observatorium Ostasiens." (National Geographic Deutschland)

Artemis-Abkommen

Artemis ist in der griechischen Mythologie die Göttin der Jagd, der Jungfräulichkeit und des Monds. Auch für den Wald und die Geburt fühlt sie sich zuständig. Sie ist die Tochter von Zeus und Leto. In der römischen Mythologie wird sie zu Diana. Ihr Zwillingsbruder ist Apollo (Apollon), der Gott des Lichts, der Reinheit, der Weissagung und der Künste.

Die Artemis-Abkommen (Artemis Accords) sind internationale Vereinbarungen, die 2020 von den USA initiiert wurden. Sie beziehen sich auf das Artemis-Programm und legen Grundsätze für die friedliche

Nutzung des Monds, des Mars und anderer Himmelskörper fest. Darunter fallen Transparenz, Nachhaltigkeit und internationale Kooperation. Sie gelten als Ergänzung zum Weltraumvertrag von 1967, werden aber von Staaten wie Russland und China nicht unterstützt.

Artemis-Programm

Artemis ist in der griechischen Mythologie die Göttin der Jagd, der Jungfräulichkeit und des Monds. Sie ist die Tochter von Zeus und von Leto, der Tochter der Titanen Koios und Phoibe. In der römischen Mythologie wird sie zu Diana. Ihr Zwillingsbruder ist Apollo (Apollon), der Gott des Lichts, der Reinheit, der Weissagung und der Künste.

Das Artemis-Programm ist ein Projekt der NASA, das nach den Landungen zwischen 1969 und 1972 eine Rückkehr von Menschen zum Mond vorsieht. Es ist der Nachfolger des Apollo-Programms und Teil einer langfristigen Strategie zur Erforschung von Mond und Mars. Artemis I war ein unbemannter Testflug, Artemis II soll eine bemannte Mondumrundung leisten, Artemis III eine Mondlandung. Beteiligt sind auch ESA, JAXA und CSA.

Die NASA erklärt auf ihrer Website: „With NASA's Artemis campaign, we are exploring the Moon for scientific discovery, technology advancement, and to learn how to live and work on another world as we prepare for human missions to Mars. We will collaborate with commercial and international partners and establish the first long-term presence on the Moon." Man will also auf dem Mond lernen, wie man auf einer anderen Welt lebt und arbeitet – das ist eine programmatische Aussage.

Asteroid

Asteroiden sind kleine Himmelskörper, die aus Gestein oder Metall bestehen und sich um die Sonne bewegen. Sie befinden sich mehrheitlich im Asteroidengürtel zwischen Mars und Jupiter. Erdnahe Asteroiden oder auch Kometen (Near-Earth Objects) sind potenziell gefährlich, wie im Falle des 2024 YR4, der im Dezember 2032 an der Erde vorbeifliegen soll. Sie sind von wissenschaftlichem Interesse, da sie als Relikte der Frühzeit des Sonnensystems gelten. Das Asteroid Terrestrial-impact Last Alert System (ATLAS) entdeckt relevante Asteroiden und Kometen (wie am 1. Juli 2025 den Kometen 3I/ATLAS).

Asteroidenabwehr

Die Asteroidenabwehr umfasst Maßnahmen zur Ablenkung oder Zerstörung von Himmelskörpern, die die Erde bedrohen könnten, vor allem von erdnahen Asteroiden. Erste Tests wie die NASA-Mission DART (2022) zeigten, dass ein kinetischer Stoß durch eine schwere Sonde die Bahn eines Asteroiden beeinflussen kann. Im Buch „Die 42 größten Rätsel der Astronomie" skizziert Ilja Bohnet, dass das keinesfalls so ist, als würde man – hier zitiert er den Planetengeologen Ulrich Köhler – eine Billardkugel anstoßen. „Typischerweise enthalten Asteroiden poröse Hohlräume mit Dichten von etwa 0,5 Gramm pro Kubikzentimeter." Weitere Konzepte beinhalten Sprengungen oder den Einsatz eines Lasers bzw. eines Gravitationstraktors (Gravity Tractor). Die internationale Koordination solcher Abwehrmaßnahmen ist von Bedeutung für die planetare Verteidigung.

Asteroidenbergbau

Beim Asteroidenbergbau (engl. „asteroid mining") sollen Rohstoffe wie Platin, Nickel oder Wasser aus Asteroiden gewonnen werden. Es handelt sich um eine Form des Weltraumbergbaus. Verschiedene Start-ups und staatliche Einrichtungen verfolgen entsprechende Pläne. Die Ressourcen könnten in der Raumfahrt oder auf der Erde verwendet werden. Das Vorhaben wirft neben Fragen zur Sicherheit auch rechtliche und ethische Fragen auf, etwa zur Eigentumsregelung im All.

Asteroidengürtel

Der Asteroidengürtel ist eine Region des Sonnensystems zwischen den Umlaufbahnen von Mars und Jupiter, in der sich eine Vielzahl von Asteroiden befinden, u.a. Ceres, Pallas, Juno und Vesta. Insgesamt handelt es sich um Millionen von Objekten unterschiedlicher Größe. Die Gravitation des Jupiters verhindert die Planetenbildung. Der größte Körper ist der Zwergplanet Ceres. Er ist benannt nach der römischen Göttin des Ackerbaus und der Fruchtbarkeit. Die Zone ist ein Ziel von Raumsonden wie Dawn, die aus dem Discovery-Programm der NASA stammt und im Jahre 2007 gestartet wurde.

Astrobiologie

Astrobiologie ist eine Disziplin, die Entstehung, Entwicklung und Verbreitung von Leben im Universum erforscht. Sie verbindet Begriffe und Methoden aus Biologie, Chemie, Astronomie und Geowissenschaften. Zentrale Fragen betreffen die Bedingungen für Leben, die Gestalt und den Aufbau von Lebewesen, das Vorhandensein von Biosignaturen auf Exoplaneten und die Rolle von Extremophilen (also von Organismen, die sich an extreme Umweltbedingungen angepasst haben) auf der Erde und im Weltraum.

Einige Exoplaneten wie Kepler-452 b und Proxima Centauri b (der Proxima Centauri umkreist, den sonnennächsten bekannten Stern) befinden sich in der habitablen Zone und gelten als potenziell lebensfreundlich. In der Atmosphäre von K2-18 b in der Konstellation Löwe wurden die chemischen Bausteine für die Entstehung von Leben gefunden. Dies wird u.a. im Paper „New Constraints on DMS and DMDS in the Atmosphere of K2-18 b from JWST MIRI" von Nikku Madhusudhan und seinen Mitautoren ausgeführt. Ein Forschungsteam der NASA entdeckte 2024 mutierte Bakterien auf der ISS. Die Astrobiologie kann sich auch für solche Organismen irdischen Ursprungs interessieren.

Vorwerfen könnte man der Astrobiologie, dass ihr Gegenstand hypothetisch ist und sie dadurch eine Nähe zur Theologie hat. Anders als bei dieser ist es allerdings wahrscheinlich, dass man eines Tages auf Hinweise stoßen wird. Zudem geht es eben auch um veränderte Organismen irdischer Herkunft. Vor allem aber erforscht man den Gegenstand mit wissenschaftlichen Methoden, und es wurden wie bei K2-18 b schon erste Erfolge erzielt. Die Wissenschaftsethik widmet sich zusammen mit der Wissenschaftstheorie dem Problem der Beschreibung und Untersuchung eines noch nicht bekannten Gegenstands.

Astronaut

Ein Astronaut ist eine einschlägig ausgebildete Person, die an bemannten Raumflügen teilnimmt. In Russland ist es der Kosmonaut. Ein chinesischer Astronaut wird als Taikonaut bezeichnet, wobei sich „taiko" laut Lea Sahay (China-Korrespondentin der Süddeutschen Zeitung) vom chinesischen Wort für Weltraum ableitet und „tai kong" wörtlich „die große Leere" heißt. Im Land selbst spricht man allerdings prosaischer vom „yuhang yuan" („Raumfahrtmitglied").

Astronauten durchlaufen aufwändige und anstrengende Schulungen auf physischer wie psychischer und kognitiver Ebene. Sie arbeiten auf Raumstationen, bei Mondmissionen und in Zukunft auf dem Mars. Der Beruf gilt als sehr anspruchsvoll und prestigeträchtig. Nicht alle, die den Weltraum erreicht haben, dürfen sich Astronaut oder Astronautin nennen, wie Katy Perry und ihre Begleiterinnen nach ihrem kurzen Ausflug im Jahre 2025 erfahren mussten.

Astronomie

Astronomie (Himmelskunde) ist die älteste Naturwissenschaft und befasst sich mit der Beobachtung und Erklärung von (Eigenschaften von) Himmelskörpern und kosmischen Vorgängen. Sie untersucht etwa Planeten, Trabanten, Sterne, Galaxien und Schwarze Löcher. Schon Demokrit hat eine Theorie des Weltraums entworfen. Die Unterdisziplinen reichen von der Astrophysik (physikalische Eigenschaften und Prozesse von Himmelskörpern) über die Himmelsmechanik (Bewegungen von Himmelskörpern unter dem Einfluss der Gravitation) bis hin zur Kosmologie (Struktur, Ursprung, Entwicklung und Zukunft des Universums). Ein sich stark entwickelnder Bereich ist die Astrobiologie. Die Astronomie nutzt Teleskope im sichtbaren, infraroten und radiowellenbasierten Bereich, vor allem in Erdregionen, die wenig Lichtverschmutzung aufweisen (man denke an das Mauna-Kea-Observatorium auf Big Island oder das Daniel K. Inouye Solar Telescope auf Maui), aber auch zunehmend im All.

Astronomie der Araber

Den Beitrag arabischer Gelehrter betont Arnold Hanslmeier in seinem Buch „Einführung in Astronomie und Astrophysik". Al-Battani (858 – 929 n.u.Z.) formulierte den Cosinussatz. Abu al-Wafa (940 – 998 n.u.Z.) erstellte Tabellen trigonometrischer Funktionen. Al-Sufi (903 – 986 n.u.Z.) übertrug das Werk des Ptolemäus, den „Almagest" (2. Jahrhundert n.u.Z.), ins Arabische und verfasste das „Buch der Fixsterne" (964), in dem er unter anderem die Andromedagalaxie (Andromedanebel) und die große Magellansche Wolke erwähnte. Der Kalif al-Mamun ließ die Größe der Erde neu bestimmen. Verantwortlich war dafür Muhammad ibn Musa al-Khwarizmi (ca. 780 – ca. 850 n.u.Z.), der sich auch mit linearen und quadratischen Gleichungen befasste und ein geografisches Werk über das Bild der Erde ausarbeitete. Ibn Yunus (950 – 1009 n.u.Z.) beobachtete die astronomische Refraktion, ein Lichtbrechungsphänomen. Ulugh Beg (1393 – 1449) errichtete in Samarkand eine Sternwarte und erstellte einen Katalog mit 994 Sternen, der auf dem Buch von Al-Sufi aufbaute. Hanslmeier geht in seinem Werk ferner auf die Leistungen von Astronomen und Mathematikern in Ägypten, Mesopotamien, China sowie Mittel- und Südamerika ein.

Astronomische Einheit

Die Astronomische Einheit (AE) ist ein Längenmaß der Astronomie. Sie entspricht dem mittleren Abstand zwischen Erde und Sonne (149.597.870.700 Meter). Im Englischen handelt es sich um das „au" (für „astronomical unit"). Weitere Längeneinheiten sind das Lichtjahr und das Parsec.

Astronomische Uhr

Eine astronomische Uhr vermittelt nicht nur die Zeit, sondern auch astronomische Phänomene wie die Position von Sonne und Mond, Mondphasen oder Planetenpositionen. Die Prager Rathausuhr (auch Altstädter Astronomische Uhr oder Orloj genannt) wurde um 1410 eingebaut und ist damit eine der ältesten noch funktionierenden astronomischen Uhren der Welt. Eine Besonderheit ist, dass sie die babylonische Zeit anzeigt. Von Touristen wird sie vor allem wegen der Figurenspiele bestaunt.

Astrophysik

Die Astrophysik ist ein Teilgebiet der Astronomie, das physikalische Eigenschaften und Prozesse im Universum untersucht. Dazu gehören die Merkmale von Himmelskörpern und Galaxien, die Entstehung von Sternen und die Dynamik von Schwarzen Löchern. Arnold Hanslmeier betont in seinem Buch „Einführung in Astronomie und Astrophysik" die Bestimmung der physikalischen Eigenschaften eines Sterns, wobei er Temperatur, Entstehung und Entwicklung anführt. Die Astrophysik bedient sich mathematischer Modelle, quantenphysikalischer Erkenntnisse und moderner Messinstrumente. Astrophysik verbindet theoretische Grundlagenforschung mit konkreten Messdaten aus Teleskopen und Satelliten. Damit hat sie Verbindungen zur Geomatik.

Atmosphäre

Unter einer Atmosphäre versteht man die Gashülle eines Himmelskörpers. Auf der Erde besteht sie hauptsächlich aus Stickstoff und Sauerstoff, auf anderen Planeten aus ganz anderen Komponenten – auf dem Mars und der Venus hauptsächlich aus Kohlenstoffdioxid (Kohlendioxid). Atmosphären beeinflussen das Klima, den Strahlenschutz und mögliche Lebensbedingungen. Die Atmosphärenanalyse spielt eine zentrale Rolle bei der Suche nach Lebensspuren auf Exoplaneten.

Augmented Reality

Augmented Reality (AR) ist die mithilfe von Computern erweiterte Wirklichkeit. Man verwendet AR-Brillen oder Apps auf dem Smartphone. Künstliche Intelligenz (KI) spielt eine wichtige Rolle. Oft werden in Bilder der Umgebung zusätzliche Bilder sowie Texte eingeblendet. Man kann sich digitale Blusen und Hemden überziehen, reale Räume mit virtuellen Möbeln ausstatten oder in der Fabrik den Hilfskräften eine Anleitung für ihre Arbeit bereitstellen. Eine andere Option ist, dass man um Personen herum eine „Datenwolke" sieht, die u.a. aus sozialen Medien gespeist wird.

In der Raumfahrt bietet AR zahlreiche Anwendungsmöglichkeiten. Sie unterstützt Astronauten bei komplexen Reparaturarbeiten, indem sie eine Anleitung direkt ins Sichtfeld projiziert, erleichtert Schulungen und Trainings durch interaktive Simulationen und kann bei Navigation und Lageeinschätzung in Raumstationen oder auf Mondbasen (künftig auf Mond- und Marsstationen) eingesetzt werden. Erforscht wird zudem die psychologische Unterstützung durch visuelle Reize, spielerische Elemente oder immersive Umgebungen.

Augmented Reality wird als Teil einer größeren Entwicklung hin zu intelligenten Mensch-Maschine-Schnittstellen gesehen, die den Handlungsspielraum in extremen Umgebungen erweitern sollen. In Kombination mit Sprachassistenten, Robotern oder KI-Agenten könnte AR ein zentrales Werkzeug der zukünftigen Raumfahrtpraxis werden, und zwar sowohl im Orbit als auch bei interplanetaren Missionen. Es entsteht sozusagen der Cyborg des Weltraums.

Augmented Reality kann die informationelle Autonomie und das Persönlichkeitsrecht verletzen und ist damit ein Thema der Informationsethik. Sie kann aber genauso zur persönlichen Autonomie beitragen und z.B. Behinderten helfen. Wenn künstliche Intelligenz vorliegt, ist es damit ein Bereich der Inclusive AI. Insgesamt helfen die Diskussionen zu Human Enhancement, den Cyborg des Weltraums einzuschätzen und sowohl die Chancen als auch die Risiken in diesem Zusammenhang zu erkennen.

Ausbeutung des Weltraums

Die Ausbeutung des Weltraums umfasst die Ausbeutung der Planeten, Trabanten und Asteroiden. Sie hat insbesondere mit dem Asteroidenbergbau zu tun und überhaupt mit dem Weltraumbergbau. Sie ist Gegenstand der Umweltethik, der Politikethik und der Wirtschaftsethik. Das Interesse des Umweltschutzes muss sich auch auf den Weltraum richten, u.a. im Kontext des Planetenschutzes.

Außenbordeinsatz

Ein Außenbordeinsatz (engl. „extravehicular activity", kurz „EVA") bezeichnet das Verlassen einer Raumstation oder eines Raumschiffs durch einen Astronauten im Weltraum. Dabei werden z.B. Reparaturen an Raumstationen oder wissenschaftliche Experimente durchgeführt. Die erste EVA gelang 1965 dem sowjetischen Kosmonauten Alexei Archipowitsch Leonow. Einsätze dieser Art sind riskant, erfordern Spezialanzüge und präzise Planung in Raum und Zeit.

Außerirdisches Leben

Bei außerirdischem Leben handelt es sich um Lebensformen, die nicht von der Erde stammen. Ob solche überhaupt existieren, gehört zu den offenen Fragen der Wissenschaft und damit der Astrobiologie. Der Begriff schließt einfachste Mikroorganismen ebenso ein wie komplexe Lebensformen oder kollaborative, intelligente Zivilisationen. Grundlage der Forschung in der Astrobiologie ist zunächst das auf die Erde bezogene Verständnis von Leben, das auf bestimmten chemischen und physikalischen Bedingungen basiert, etwa dem Vorhandensein flüssigen Wassers, organischer Moleküle, stabiler Energiequellen und einer relativ konstanten Umgebung. Es gilt aber, weitere Erscheinungsformen in Betracht zu ziehen.

Die Suche nach außerirdischem Leben erfolgt auf unterschiedlichen Wegen. Einerseits überprüfen Raumsonden und Rover potenziell lebensfreundliche Himmelskörper in der näheren kosmischen Umgebung, etwa den Mars oder die Eismonde Europa und Enceladus, auf denen unterirdische Ozeane vermutet werden. Andererseits richtet sich der Blick auf Exoplaneten, deren Atmosphäre auf sogenannte Biosignaturen hin analysiert wird. Auch der Versuch, künstlich erzeugte Signale intelligenter Lebensformen zu empfangen, etwa im Rahmen der SETI-Forschung, gehört zu den Strategien. Ergänzend wird unter Laborbedingungen erforscht, unter welchen extremen Bedingungen Lebensformen entstehen und bestehen.

Über außerirdisches Leben haben seit der Antike viele Philosophen und Naturwissenschaftler nachgedacht, beginnend mit Demokrit, Plutarch („Das Mondgesicht") oder Lukian von Samosatas („Ikaromenipp oder die Wolkenreise"). Immanuel Kant befasste sich in seinem frühen Werk „Von den Bewohnern der Gestirne" (1755) mit der Frage außerirdischen Lebens. Dabei knüpfte er an die Tradition der „vernünftigen Mutmaßungen" an, wie sie zuvor von Christiaan Huygens vertreten wurde. Dieser war einer der Begründer der Wahrscheinlichkeitstheorie und argumentierte in „Weltbeschauer" (1698), dass zwar keine sicheren Erkenntnisse über außerirdisches Leben möglich seien, aber einige Annahmen wahrscheinlicher seien als andere. Die Vorstellung, dass auch andere Planeten bewohnt sein könnten, hielt er daher – ähnlich wie Demokrit – für plausibel.

Außerirdisches Leben ist zudem ein zentrales Motiv der Science-Fiction. Es reicht von feindlichen Invasoren über geheimnisvolle Kreaturen bis hin zu friedlichen Wesen, die Kontakt zur Menschheit suchen. Romane wie „The War of the Worlds" („Krieg der Welten") von H. G. Wells (1897/1898) – die Initialen stehen für „Herbert George" – und „Solaris" von Stanisław Lem (1961) thematisieren fremdes Bewusstsein. Der Film „Alien" von Ridley Scott (1979) zeigt bedrohliche Lebensformen im All, die manche Teenager dieser Zeit in ihren Alpträumen besuchen. In „E.T." (1982) von Steven Spielberg erscheint der Außerirdische als kindlich-gütiges Wesen, das Mitgefühl auslöst. Berühmt geworden ist sein Wunsch, „nach Hause" zu „telefonieren". In „Arrival" (2016) von Denis Villeneuve erinnern die außerirdischen Wesen – genannt Heptapoden – an Kraken oder Tintenfische. Sie kommunizieren über komplexe, zirkuläre Symbole aus schwarzer Tinte oder schwarzem Rauch, die sie in die Luft „schreiben".

Die Entdeckung außerirdischen Lebens, selbst in einfachster Form, hätte weitreichende Konsequenzen für Wissenschaft, Gesellschaft und Philosophie. Sie würde das bisherige Alleinstellungsmerkmal der Erde hinterfragen und die Vorstellungen über Biologie und Evolution erweitern. Die Aussicht auf intelligentes außerirdisches Leben wirft darüber hinaus Fragen nach Kommunikation, Kultur und Verantwortung auf, nicht nur im Bereich der wissenschaftlichen Praxis, sondern auch in der politischen und moralischen Reflexion. Der First Contact könnte ein ebenso aufregendes wie einschneidendes Erlebnis sein, auf einer ähnlichen Stufe wie das Erwachen der Maschinen, also das Entstehen von Bewusstsein in ihnen. Vermutlich wird der Mensch aber höchstens Signale von Zivilisationen empfangen, die dann längst untergegangen sind.

Automat

Automaten gibt es seit tausenden Jahren, von den dampfbetriebenen Altären der Antike über die mechanische Ente und die Androiden im Spätbarock (Musikerin, Schreiber und Zeichner) bis hin zu modernen

Maschinen. Eine Sonderstellung haben die Automaten von Leonardo da Vinci inne. Es handelt sich mehrheitlich um Skizzen und Entwürfe, die teilweise Jahrhunderte später erfolgreich zur Ausführung kamen. Auf den Maler und Ingenieur geht etwa ein Fahrzeug zurück, das weniger an ein Roboterauto (das Personen transportiert) als an ein Spielzeugauto erinnert. Autonome Systeme bilden sozusagen die Endstufe der Automaten – oder eine eigene Kategorie.

Automaten verrichten selbstständig eine bestimmte Tätigkeit, etwa das Zubereiten und Ausgeben von Kaffee (Kaffeeautomat), das Auswerfen von Zigaretten (Zigarettenautomat) oder das Anzeigen der Zeit (Uhr). Die Uhr wird von Joseph Weizenbaum in „Die Macht der Computer und die Ohnmacht der Vernunft" sogar als autonomes System gedeutet. Manche Beispiele sind rein mechanisch, wie der (fast ausgestorbene) rote Kaugummiautomat deutscher Dörfer und Städte, andere elektronisch und vernetzt. René Descartes war der Meinung, dass Tiere seelenlose Automaten seien. Es entwickelte sich die Maschinentheorie, in der Lebewesen als Maschinen aufgefasst wurden.

Zu Robotern sind mehrere Unterschiede vorhanden – so fehlt einfachen Automaten in der Regel die Möglichkeit der Beobachtung und Beurteilung der Umwelt (die der Roboter über Sensorensysteme und Analysesoftware umsetzt), die Bewegungsfähigkeit (die der Roboter mit seinen Armen und Achsen erreicht, manchmal auch mit Beinen und Rollen) und die Anpassungsfähigkeit (in der vor allem Roboter mit künstlicher Intelligenz fortgeschritten sind). Automaten sind zudem dadurch ausgezeichnet, dass sie, abgesehen von Befüllung und Wartung, mehr oder weniger von selbst funktionieren, während bei Robotern auch Varianten existieren, die gesteuert werden können bzw. müssen (Teleroboter).

Beispiele für Automaten in der Raumfahrt sind Bordcomputer und Steuerungssysteme wie der Autopilot einer Raumfähre, Dockingsysteme bei Raumstationen, Roboterarme wie Canadarm2 auf der ISS und Notfallsysteme wie das Launch Escape System (LES). Satelliten (die ihre Umlaufbahn selbstständig anpassen, ihre Antennen ausrichten oder auf Systemfehler reagieren) und Lander (die automatische Landesequenzen ausführen) gehören ebenfalls dazu. Rover sind (teil-)autonome Fahrzeuge, die auf dem Mond oder Mars unterwegs sind. Bei der Kolonisation des Weltraums, zunächst auf der Mondstation und der Marsstation, werden Automaten und Roboter eine zentrale Rolle spielen.

Automatisierung ist der Prozess oder der Zustand, der mithilfe von Automaten oder (teil-)autonomen Robotern realisiert wird. Sinn und Zweck der Automatisierung ist die Automation, wobei dieser Begriff eher den Zustand oder das Ziel meint. Wirtschafts-, Technik- und Informationsethik widmen sich den Herausforderungen, die sich durch Automaten und Automation ergeben, sei es in Bezug auf die Ersetzung von Mitarbeitern, sei es in Bezug auf die Möglichkeit der Gefährdung, Verletzung und Überwachung. Die genannten Bereichsethiken betrachten ebenso den Beitrag von Automaten und Automation zu einem guten Leben, nicht zuletzt vor dem Hintergrund, dass Arbeit idealisiert und ideologisiert wird.

B

Bemannte Raumfahrt

Die bemannte Raumfahrt umfasst den Transport und den Aufenthalt von Menschen im Weltraum und damit Aktivitäten auf Raumstationen wie der ISS, Mondmissionen wie Apollo und geplante Marsflüge. Der erste Mensch im Weltall war der Kosmonaut Juri Alexejewitsch Gagarin (1934 – 1968), der im Raumschiff Wostok 1 am 12. April 1961 die Erde umrundete. Bei der Auswahl war seine Körpergröße von 1,57 Metern relevant. Sieben Jahre später stürzte er in einem Jagdflugzeug ab. Neben technologischen Herausforderungen wie Lebenserhaltung und Strahlenschutz spielen in der bemannten Raumfahrt psychologische, medizinische und ethische Fragen eine Rolle. Während staatliche Raumfahrtagenturen wie NASA und Roskosmos lange führend waren, steigen seit den 2010er-Jahren private Akteure wie SpaceX von Elon Musk ein. Mit der bemannten Raumfahrt ist ein hohes Prestige verbunden, aber auch ein hohes Risiko für die Besatzung.

Big Data

Mit „Big Data" werden große Mengen an Daten bezeichnet, die u.a. aus Bereichen wie Internet und Mobilfunk, Finanzindustrie, Energiewirtschaft, Gesundheitswesen und Verkehr und aus Quellen wie intelligenten Agenten, sozialen Medien, Kredit- und Kundenkarten, Smart-Metering-Systemen, Assistenzgeräten, Überwachungskameras sowie Flug- und Fahrzeugen stammen und die mit speziellen Lösungen gespeichert, verarbeitet und ausgewertet werden. Es geht u.a. um Rasterfahndung, (Inter-)Dependenzanalyse, Umfeld- und Trendforschung sowie System- und Produktionssteuerung, zudem um Satellitenbeobachtung, Weltraumteleskope oder Raumstationsdaten. Das weltweite Datenvolumen ist derart angeschwollen, dass bis dato nicht gekannte Möglichkeiten eröffnet werden. Auch die Vernetzung von Datenquellen führt zu neuartigen Nutzungen, zudem zu Risiken für Benutzer und Organisationen. Wichtige Begriffe in diesem Kontext sind „cyberphysische Systeme" (oft „cyber-physische Systeme" geschrieben) und „Internet der Dinge", relevante Ansätze angepasste Datenbankkonzepte, Cloud Computing und Smart Grid.

Die Wirtschaft verspricht sich neue Einblicke in Interessenten und Kunden, ihr Risikopotenzial und ihr Kaufverhalten, und generiert personenbezogene Profile (hinter denen ebenso Phänomene wie Small Data stehen können). Sie versucht die Produktion zu optimieren und zu flexibilisieren (Industrie 4.0) und Innovationen durch Vorausberechnungen besser in die Märkte zu bringen. Die Wissenschaft untersucht den Klimawandel und das Entstehen von Erdbeben und Epidemien sowie (Massen-)Phänomene wie Shitstorms, Bevölkerungswanderungen und Verkehrsstaus. Sie simuliert mithilfe von Superrechnern sowohl Atombombenabwürfe als auch Meteoritenflüge und -einschläge. Behörden und Geheimdienste spüren in enormen Datenmengen solche Abweichungen und Auffälligkeiten auf, die Kriminelle und Terroristen verraten können, und solche Ähnlichkeiten, die Gruppierungen und Eingrenzungen erlauben.

Big Data ist eine Herausforderung für den Datenschutz und das Persönlichkeitsrecht. Oft liegt vom Betroffenen kein Einverständnis für die

Verwendung der Daten vor, und häufig kann er identifiziert und kontrolliert werden. Die Verknüpfung von an sich unproblematischen Informationen kann zu problematischen Erkenntnissen führen, sodass man plötzlich zum Kreis der Verdächtigen gehört, und die Statistik kann einen als kreditunwürdig und risikobehaftet erscheinen lassen, weil man im falschen Stadtviertel wohnt, bestimmte Fortbewegungsmittel benutzt und gewisse Bücher liest. Die Informationsethik fragt nach den moralischen Implikationen von Big Data, in Bezug auf digitale Bevormundung (Big Data als Big Brother), informationelle Autonomie und Informationsgerechtigkeit. Gefordert sind ferner Wirtschaftsethik und Rechtsethik. Mithilfe von Datenschutzgesetzen und -einrichtungen kann man ein Stück weit Auswüchse verhindern und den Verbraucherschutz sicherstellen.

Brain-Computer-Interface

Ein Brain-Computer-Interface (BCI), dt. „Gehirn-Computer-Schnittstelle" oder „Hirn-Computer-Schnittstelle", ist eine spezielle Mensch-Maschine-Schnittstelle oder auch Tier-Maschine-Schnittstelle. Die elektrische Aktivität des Gehirns wird nichtinvasiv mittels Elektroden auf der Haut (Haube auf dem Kopf) oder invasiv mittels implantierter Elektroden aufgezeichnet und dann mit einem Computer analysiert und in Steuersignale transformiert. Die Methode ist die Elektroenzephalografie (EEG), die zu einem Elektroenzephalogramm (ebenfalls EEG abgekürzt) führt. Alternativ wird die magnetische Aktivität aufgezeichnet (mittels MEG) oder die hämodynamische Aktivität (Blutfluss in den Gefäßen) gemessen (mittels fMRI oder NIRS). Der Einsatz von BCI (BCIs) kann mit Human Enhancement bzw. Animal Enhancement zusammenhängen und in die Manifestation von Cyborgs münden.

Ein Brain-Computer-Interface wird etwa zur Steuerung eines Roboterarms, eines Rollstuhls oder eines Computerspiels genutzt. Die Vorstellung eines bestimmten Verhaltens löst feststellbare und messbare Veränderungen der elektrischen Aktivität des Gehirns aus. Wenn man beispielsweise in Gedanken eine Hand oder einen Fuß bewegt, wird der motorische Kortex aktiviert. Beide Teile der Gehirn-Computer-Schnittstelle lernen, welche Veränderungen der elektrischen Aktivität mit welchen Vorstellungen korrelieren. Man spricht bei diesen Anwendungen von passiven BCI. Bei aktiven BCI findet eine aktive Beeinflussung der elektrischen Aktivität des Gehirns statt. So soll etwa ein Proband etwas riechen, ohne dass ein Geruch vorhanden ist. Dazu verwendet man elektrische oder magnetische Impulse. Solche Möglichkeiten spielen für die Soziale Robotik und für Virtual Reality eine Rolle, künftig zudem für Anwendungen auf Raumstationen und Mond- oder Marsstationen.

Mit Brain-Computer-Interfaces kann man eine Optimierung im Alltag, am Arbeitsplatz und in der Schule oder Hochschule erzielen, die persönliche Autonomie verbessern und die Kommunikationsfähigkeit herstellen. Aus Sicht der Ethik mag man hier durchaus Chancen ausmachen. Theoretisch kann man sich auch in geistiger und sittlicher Hinsicht steigern, z.B. durch direkten Zugriff auf KI-Systeme und moralische Maschinen – das ist aber momentan Science-Fiction, da die Daten nicht zurückgespeist werden können. Risiken sind aus Sicht der Informationsethik die Überwachung von Personen, etwa die Kontrolle darüber, ob jemand aufmerksam oder schläfrig ist, und das Abgreifen von persönlichen Daten (Messwerten) und anderen Daten (wie Passwörtern), aus Sicht der Medizinethik die Verletzung des Gehirns bei invasiven Verfahren, die Veränderung des Gehirns bei aktiven BCI und die Beeinträchtigung der sensorischen und motorischen Fähigkeiten. Die Wirtschaftsethik (speziell die Unternehmensethik) nimmt sich der Frage an, inwieweit Gehirn-Computer-Schnittstellen in Produktion, Logistik und Büro eingesetzt werden können und sollen.

Brauner Zwerg

Ein Brauner Zwerg ist ein astronomisches Objekt, das zwischen einem Gasplaneten und einem Stern einzuordnen ist. Er hat zu wenig Masse, um eine stabile Wasserstofffusion wie in echten Sternen zu ermöglichen, kann aber kurzzeitig Deuterium (auch „schwerer Wasserstoff" genannt) fusionieren. Braune Zwerge senden vor allem Infrarotstrahlung aus und sind schwer zu entdecken. Sie gelten als häufig, wurden aber lange übersehen. Ihre Untersuchung hilft beim Verständnis der Sternentstehung und der unteren Massengrenzen für stellare Objekte.

Bundesministerium für Forschung, Technologie und Raumfahrt (BMFTR)

Das Bundesministerium für Forschung, Technologie und Raumfahrt (BMFTR) wurde im Mai 2025 im Zuge der Regierungsbildung unter Bundeskanzler Friedrich Merz (CDU) neu geschaffen. Es entstand durch die Umstrukturierung des bisherigen Bundesministeriums für Bildung und Forschung, wobei der Bildungsbereich in das neue Bundesministerium für Bildung, Familie, Senioren, Frauen und Jugend überführt wurde. Das BMFTR übernimmt die Verantwortung für die Forschungs- und Technologiepolitik sowie die Raumfahrtangelegenheiten der Bundesrepublik Deutschland. Zur Bundesministerin für Forschung, Technologie und Raumfahrt wurde am 6. Mai 2025 Dorothee Bär (CSU) ernannt.

Das BMFTR verfolgt das Ziel, Deutschland als führenden Standort für Forschung, Technologie und Raumfahrt zu etablieren. Ein besonderer Schwerpunkt liegt auf der Raumfahrt, die im Koalitionsvertrag als Schlüsseltechnologie für wirtschaftliche Entwicklung und internationale Zusammenarbeit hervorgehoben wird. Das Ministerium plant, die nationale Raumfahrtstrategie zu stärken, die Zusammenarbeit mit der Europäischen Weltraumorganisation (ESA) auszubauen und Investitionen in Forschung und Entwicklung zu tätigen, etwa mit Blick auf weltraumbezogene Infrastrukturen.

C

CNSA

Die China National Space Administration (CNSA) ist die nationale Raumfahrtbehörde der Volksrepublik China. Sie wurde 1993 gegründet und dem Ministerium für Industrie und Informationstechnologie unterstellt. Die CNSA ist für die Planung, Durchführung und Koordination aller zivilen Raumfahrtaktivitäten im Reich der Mitte zuständig, verfolgt aber auch strategische und wissenschaftspolitische Ziele, die weit darüber hinausreichen.

In den 2010er- und 2020er-Jahren hat sich die CNSA von einer regionalen Behörde zu einem globalen Akteur entwickelt. Ihr Raumfahrtprogramm deckt Bereiche wie bemannte Raumfahrt, Mond- und Marsforschung, Aufbau und Betrieb von Raumstationen und Erdbeobachtung ab. Die Tiefraumforschung gewinnt an Bedeutung. Meilensteine sind die erfolgreiche Mondlandung von Chang'e 3 (2013), die Rückführung von Mondproben durch Chang'e 5 (2020), die Landung des Marsrovers Zhurong (2021) sowie der Aufbau der modularen Raumstation Tiangong, deren erste Elemente seit 2021 im Orbit sind.

Im Bereich der bemannten Raumfahrt verfügt China über eigenständige Prozesse, eigene Systeme und eigene Einrichtungen, darunter ein Astronautenprogramm (Projekt 921), das bemannte Raumschiff Shenzhou, ein leistungsfähiges Trägersystem (Langer Marsch) und ein nationales Trainingszentrum für Taikonauten (das Chinese Astronaut Research and Training Center bei Peking). Die Raumstation Tiangong ist als Forschungsplattform konzipiert, bei der auch internationale Kooperationen möglich sein sollen.

Die CNSA verfolgt eine langfristige Strategie, die den Aufbau einer Infrastruktur im erdnahen Orbit mit planetarer Erkundung und wirtschaftlicher Nutzung des Weltraums verbindet. Dabei wird über den Aufbau einer bemannten Mondstation und die Gewinnung von Ressourcen auf dem Mond und auf dem Mars nachgedacht. Das chinesische Raumfahrtprogramm gilt als strategisch kohärent und praktisch ambitioniert. Kritisiert werden die mangelnde Transparenz und das enge Verhältnis zur chinesischen Regierung.

CubeSat

Ein CubeSat ist ein standardisierter, würfelförmiger Kleinsatellit mit einer Kantenlänge von zehn Zentimetern. Er wird oft in Einheiten (Units, kurz U) von 1U bis 12U konfiguriert. Kleinsatelliten dieser Art ermöglichen kostengünstige Raumfahrtprojekte für Hochschulen, Forschungseinrichtungen und Start-ups. Sie dienen u.a. der Erdbeobachtung und Technologieerprobung. Der Standard wurde Anfang der 2000er-Jahre entwickelt und hat die Demokratisierung des Zugangs zum All wesentlich vorangetrieben. Bei der NASA-Mission namens Mars Cube One (MarCO) am 26. November 2018 unterstützten zwei CubeSats die Landung der Marssonde InSight.

Curiosity

Curiosity (engl. „curiosity": „Neugier") ist ein autonomer Marsrover der NASA, der am 6. August 2012 im Gale-Krater auf dem Mars landete. Er gehört zur Mars-Science-Laboratory-Mission und dient der geologischen und klimatischen Erforschung des Planeten. Mithilfe zahlreicher wissenschaftlicher Instrumente analysiert Curiosity Gesteinsproben, misst Strahlung und sucht nach Spuren von Leben. Der Rover lieferte bereits Hinweise auf frühere Wasservorkommen und ein ehemals lebensfreundliches Umfeld.

Die NASA fasst dies auf ihrer Website wie folgt zusammen: „Curiosity set out to answer the question: Did Mars ever have the right environmental conditions to support small life forms called microbes? Early in its mission, Curiosity's scientific tools found chemical and mineral evidence of past habitable environments on Mars. It continues to explore the rock record from a time when Mars could have been home to microbial life."

Cyborg

Ein Cyborg (von engl. „cybernetic organism") ist ein Lebewesen, das technisch ergänzt oder erweitert ist. Damit ist er (wenn man zunächst tierische Cyborgs ausspart) eine Ausprägung des Human Enhancement. Dieses dient der Vermehrung menschlicher Möglichkeiten und der Steigerung menschlicher Leistungsfähigkeit und damit – aus Sicht der Betroffenen und Anhänger – der Verbesserung und Optimierung des Menschen. Ein verwandtes Phänomen ist Biohacking, speziell Bodyhacking. Es gibt, wie angedeutet, sowohl menschliche als auch tierische Cyborgs. Die Bewegung des Transhumanismus, von der in diesem Zusammenhang häufig die Rede ist, propagiert die selbstbestimmte Weiterentwicklung des Menschen oder die fremdbestimmte Weiterentwicklung von Tieren in die Richtung verständiger, quasi halbmenschlicher Wesen mithilfe wissenschaftlicher und technischer Mittel. Cyborgs sind ein Topos in Science-Fiction-Büchern und -Filmen.

Bei einem weiten Begriff ist bereits ein Mensch mit einem Pullover oder einem Rock ein Cyborg. Daneben können Brille und Uhr zu dieser Benennung führen, nicht erst in ihrer smarten Variante. Weitgehend einig ist man sich im Falle von medizinischen und nichtmedizinischen Implantaten, Hightechprothesen und Exoskeletten. Im Kontext des Human Enhancement kann man in Verfahren einteilen, die auf die körperliche und die geistige Erweiterung abzielen, wobei nicht immer eine klare Abgrenzung möglich ist. Zu unterscheiden ist zudem zwischen bestehenden, sich entwickelnden und geplanten Technologien sowie zwischen restaurativen, therapeutischen und nichttherapeutischen Methoden. Bei menschlichen Cyborgs sollen Schwächen ausgeglichen und Stärken hinzugewonnen werden, was nicht nur ihrem eigenen Wunsch, sondern auch dem der Wirtschaft entsprechen mag. In der Raumfahrt wird der Begriff oft in spekulativer Weise diskutiert, etwa in Hinblick auf Mensch-Maschine-Schnittstellen, die Astronauten an extreme Bedingungen anpassen könnten. Im Kontext des Animal Enhancement geht es um die Unterstützung von Tieren, vor allem wenn diese Gebrechen haben, und um ihre Nutzung, etwa in der Landwirtschaft.

An der Entwicklung von Cyborgs sind u.a. Künstliche Intelligenz (KI), Robotik und Informatik beteiligt. Sie lassen sich von Science-Fiction visuell und funktionell inspirieren. Die Medizin ist bei immersiven Eingriffen gefragt. Mehrere Bereichsethiken behandeln Chancen und Risiken von Human und Animal Enhancement in moralischer Hinsicht. In der Informationsethik interessiert, ob durch die (Nicht-)Verfügbarkeit von Optionen die (Informations-)Gerechtigkeit in Frage gestellt und ob durch die Integration von Chips und die Verwendung von Hightechprothesen die Autonomie des Menschen eingeschränkt oder erweitert wird. Die Technikethik reflektiert die Positionen des Transhumanismus und dessen Postulate einer Transformation. In der Wirtschaftsethik ist der Cyborg als Arbeitnehmer (oder Kunde) relevant, in seinen Möglichkeiten und Abhängigkeiten. Diskutiert wird, ob man in der Produktion oder in der Zustellung jemanden dazu zwingen kann, Exoskelette respektive Datenbrillen zu tragen. Die Maschinenethik untersucht, ob die technischen Verstärkungen von Organismen selbst moralische Entscheidungen treffen können und müssen. Die Tierethik fragt schließlich, ob wir Tiere verbessern müssen und dürfen und wie bzw. wann gegen deren Interessen und Rechte verstoßen wird.

C-3PO

C-3PO oder See-Threepio ist eine fiktionale Figur aus der „Star-Wars"-Reihe, die oft an der Seite von R2-D2 zu sehen ist. Im Gegensatz zu diesem handelt es sich um einen humanoiden Roboter. Er ist menschengroß, hat deutlich sichtbare maschinenhafte Elemente und ist von goldener Farbe. C-3PO soll bei der Berücksichtigung von Sitten und Gebräuchen auf fremden Planeten sowie bei Übersetzungen behilflich sein. Er kann als Prototyp eines sozialen Roboters angesehen werden. Auf manche Zuschauer wirkt C-3PO mit seinen natürlichsprachlichen Fähigkeiten (und unausgegorenen Sprüchen) altklug, R2-D2 hingegen mit seinen Tönen und Bewegungen niedlich.

D

Data Science

Data Science (dt. „Datenwissenschaft") ist eine Disziplin, die die Erfassung, Gewinnung, Nutzung, Zusammenfügung, Verarbeitung, Untersuchung und Auswertung von Daten durch computerbasierte Systeme unterstützt, ermöglicht und erforscht. Es entstehen Informationen und Wissen über gegenwärtige und künftige Strukturen und Prozesse und damit Grundlagen für Anpassungen und Anwendungen, etwa im E-Commerce, im Straßenverkehr oder beim Klimawandel. Es gibt Verbindungen zur Informationswissenschaft und vor allem zur Statistik. Zudem bedient man sich der Methoden und Instrumente der Informatik (engl. „computer science", dt. wörtlich „Computerwissenschaft" oder „Computerwissenschaften"), einschließlich der Künstlichen Intelligenz (KI), und der Wirtschaftsinformatik. Der Data Scientist (Datenwissenschaftler) ist in Wissenschaft, Wirtschaft und Verwaltung gefragt.

Der dänische Astronom und Informatiker Peter Naur ersetzte ab 1960 „computer science" durch „data science" und „datalogy" (in Dänemark und Schweden als „datalogi" adaptiert). Die Grundzüge der Disziplin wurden beim zweiten Japanese-French Scientific Seminar in

Montpellier im Jahre 1992 entworfen. Die Columbia University rief 2003 The Journal of Data Science ins Leben. Zahlreiche weitere Publikationsorgane folgten, etwa das International Journal of Data Science and Analytics von Springer oder die Open-Access-Plattform Harvard Data Science Review. Zur gleichen Zeit wurden die ersten Data-Science-Studiengänge gegründet. Einen regelrechten Boom gab es im deutschsprachigen Raum ab 2016. In Deutschland, in Österreich und in der Schweiz kann man sich an Universitäten und Fachhochschulen für das Fach einschreiben, sowohl für einen Bachelor- als auch für einen Masterabschluss.

Die Datenwissenschaft hilft bei der Analyse astronomischer Bilder, der Klassifikation von Galaxien, der Entdeckung von Exoplaneten und der Echtzeitverarbeitung von Sensordaten. In der Erdbeobachtung unterstützt sie Klimamodelle, Umweltüberwachung und Vorhersage von Katastrophen. In der Navigation dient sie der Optimierung von Flugbahnen und der Fehlerkorrektur und dem Betrieb von autonomen Steuerungssystemen. Auch bei der Suche nach unbekannten Signalen oder beim Betrieb von Raumfahrzeugen spielt sie eine Schlüsselrolle. In Zusammenarbeit mit der Künstlichen Intelligenz treibt Data Science Automatisierung, Effizienz und Erkenntnisgewinn in der Raumfahrt maßgeblich voran.

Während Data Science – nicht zuletzt dank der Fortschritte in der KI – einen Aufschwung erlebt, ist die Informationswissenschaft im deutschsprachigen Raum auf dem Rückzug. Im Prinzip besteht das Risiko, dass Daten überschätzt und Informationen und Wissen unterschätzt werden. Durch die Betonung der Bedeutung der Interpretation und die Integration der Sozial- und Geisteswissenschaften wirken dem aber Fachvertreter und Studiengänge entgegen. Die Informationsethik (mitsamt der Datenethik) widmet sich u.a. der informationellen Autonomie und speziell der Frage, ob man Einzel- oder Gruppeninteressen für das Gemeinwohl zurückstellen muss. In der Maschinenethik baut man moralische Maschinen, die mit Daten in bestimmter Weise verfahren. In betrieblichen Kontexten ist zudem die Wirtschaftsethik von Belang, etwa mit Blick auf die Verarbeitung von Daten durch IT- und Internetkonzerne.

Data Visualization

Data Visualization (Datenvisualisierung) befasst sich mit der grafischen Darstellung von (großen Mengen an) Daten und Informationen, etwa in Form von Graphen, Diagrammen, Dashboards und Animationen, wobei ein zentrales Anliegen ist, Verständlichkeit zu erzielen und Komplexität zu reduzieren. Die Informationsgrafik (Infografik), die ihr ebenfalls entspringt, hat in Print- und Onlinemedien eine große Beliebtheit erlangt, wird aber auch von Behörden zur Kommunikation verwendet. Die „Torten der Wahrheit" von Katja Berlin erscheinen in der Wochenzeitung DIE ZEIT und kommentieren Zustände und Entwicklungen augenzwinkernd. Der Begriff der Datenvisualisierung meint zum einen das interdisziplinäre Gebiet oder Fach, zum anderen den Gegenstand, also die Umsetzung selbst.

Die Ursprünge der Datenvisualisierung reichen bis ins 17. Jahrhundert zurück. Der flämische Astronom Michael Florent Van Langren, genannt Langrenus, lieferte 1644 vermutlich die erste visuelle Darstellung statistischer Daten. Das moderne Gebiet oder Fach hat u.a. Bezüge zu Informationswissenschaft, Informatik, Statistik, Data Science, Multimediaproduktion und Grafikdesign. Man kann es als Vertiefung in einem Studiengang oder als eigenständige Studienrichtung belegen. Zentrale Themen sind Big Data, Datenanalyse, Competitive Intelligence, Business Intelligence, Informationsmanagement, Wissensmanagement, Storytelling und Onlinemarketing. Spezielle Tools wie Microsoft Power BI, Tableau und Looker helfen bei der Datenvisualisierung.

In der Raumfahrt hilft Datenvisualisierung, komplexe Zusammenhänge wie Flugbahnen, Gravitationsfelder oder spektrale Messdaten verständlich zu machen. Sie wird zunehmend interaktiv und in Echtzeit angewendet, etwa in Missionskontrollzentren oder bei der Öffentlichkeitsarbeit von Raumfahrtagenturen. Zu erwähnen sind in diesem Zusammenhang NASA Worldview, wo der Benutzer verschiedene Layer zur Verfügung hat und auf einem Zeitstrahl navigieren kann, sowie das Copernicus Open Access Hub und ESA Earth Online, die Zugriff auf vielfältige Erdbeobachtungsdaten der ESA ermöglichen.

Data Visualization ist für manche Experten sowohl Wissenschaft als auch Kunst. Die Aussagekraft spielt ebenso eine Rolle wie die Ausdruckskraft. Nicht alle werden mit dem Einzug des Bildlichen ins Sprachliche einverstanden sein und einige weiterhin der Tabellen- oder der Textform den Vorzug geben. Zudem liegt in der Reduktion der Komplexität die Gefahr der Simplifizierung. Informationsethik und Medienethik beschäftigen sich mit moralischen Fragen, die sich in diesem Zusammenhang ergeben, keineswegs nur mit negativen Aspekten wie Suggestion und Manipulation, sondern auch mit positiven wie Erkenntnisgewinn sowie Erzeugung und Wahrnehmung von Schönheit (die wiederum mit Wissenschaft und Kunst zusammenhängen).

Deep Space Network

Das Deep Space Network (DSN) oder NASA Deep Space Network ist ein internationales Netzwerk von Antennenanlagen, das von der NASA betrieben wird. Es dient der Kommunikation mit Raumsonden im Tiefraum, etwa Voyager und New Horizons, oder mit Marsrovern. Die Stationen sind weltweit verteilt, um eine lückenlose Abdeckung zu gewährleisten. Das DSN überträgt auch wissenschaftliche Daten über Milliarden Kilometer hinweg zur Erde: „The DSN also provides radar and radio astronomy observations that improve our understanding of the solar system and the larger universe." (Website NASA)

Demokrits Weltraumverständnis

Der Vorsokratiker Demokrit, um 460 v.u.Z. in Abdera in Thrakien geboren, um 370 gestorben, entwickelte (zusammen mit seinem Lehrer Leukipp) die erste Atomtheorie, die auch sein Verständnis vom Weltraum prägt. Die Welt besteht für ihn aus winzigen, unteilbaren, ewig bewegten Teilchen – den Atomen – und dem Leeren. Er hatte die empirischen Erkenntnisse – wir können Gegenstände bis zu einem bestimmten Punkt immer weiter teilen – mit analytischen Erwägungen ergänzt.

Das „Leere" war für ihn keine bloße Abwesenheit, sondern ein real existierender Raum, der unbegrenzt und unendlich ist. Im Gegensatz zum geschlossenen Weltbild von Platon oder Aristoteles nahm Demokrit einen unendlichen Kosmos an, in dem zahllose Welten existieren, einige mit, andere ohne Sonne oder Mond, einige bewohnt, andere unbewohnt.

Demokrit vertrat die Vorstellung, dass diese Welten durch zufällige Kombinationen von Atomen entstanden sind und wieder vergehen werden. Damit war er einer der ersten, der die Idee vieler Welten (Pluralität der Welten) formulierte, ein Gedanke, der in der Renaissance wieder aufgenommen wurde und bis in die moderne Astrobiologie und Exoplanetenforschung reicht.

Auch wenn Demokrits Weltraumverständnis – bis auf die beobachtbare Ausgangslage seiner Atomtheorie, die Möglichkeit des Zerteilens bis zu einem bestimmten Punkt – nicht auf empirischer Forschung beruhte, sondern auf spekulativer, rationaler Ableitung, war es weit- und hellsichtig und in Einklang mit den Naturgesetzen. Er verwarf teleologische Erklärungen zugunsten kausaler Notwendigkeiten und verstand Mensch und Erde als Teil eines größeren materiellen Zusammenhangs.

Deutsches Zentrum für Luft- und Raumfahrt

Das Deutsche Zentrum für Luft- und Raumfahrt (DLR) in Köln (Sitz des Vorstands) ist nach eigenem Bekunden das deutsche Forschungs- und Technologiezentrum für Luft- und Raumfahrt. Es entwickelt Technologien für Luft- und Raumfahrt, Energie und Verkehr sowie Sicherheits- und Verteidigungsforschung. Deutschlandweit ist das DLR an 30 Standorten vertreten. Es unterhält zudem Büros in Brüssel, Paris, Tokio und Washington.

Digitale Ethik

Der Begriff der digitalen Ethik (engl. „digital ethics") oder Digitalen Ethik ist ebenso erfolgreich wie uneindeutig. Die einen verweisen damit auf einen Teilbereich der Informationsethik, die anderen – mit dem Ziel einer Neubenennung – auf die Gesamtheit dieser Bereichsethik, womöglich unter Einbeziehung der Medienethik. Wieder andere fassen darunter ein zu konstruierendes normatives System, das für die Informationsgesellschaft oder auch speziell für die Wirtschaft (nicht nur für KI-, IT- und Internetfirmen) zu gelten habe, was mit Aussagen wie „Wir brauchen eine digitale Ethik" verbunden wird. Nicht zuletzt kann die Moral der Informationsgesellschaft gemeint sein, wobei dann – wie es häufig im Englischen der Fall ist – die Begriffe von Ethik und Moral nicht scharf getrennt werden.

Die Informationsethik untersucht seit ihren Anfängen in den 1970er- und 1980er-Jahren – der Computerkritiker Joseph Weizenbaum, der sich selbst als Gesellschaftskritiker sah, legte die ersten Grundlagen – die moralischen Aspekte der Entstehung und Verwendung von Information und des Einsatzes von Informations- und Kommunikationstechnologien, Informationssystemen sowie Robotern und KI-Systemen. Eine Datenethik kann wie eine Algorithmenethik als Teil von ihr begriffen werden, eine Roboterethik, die nicht nur eine Spezialisierung der Maschinenethik ist, als Fokussierung auf (teil-)autonome Software- und Hardwareroboter aus Sicht einer Bereichsethik. Die digitale Ethik entnimmt all diesen Disziplinen den Aspekt des Digitalen und erhebt ihn zum Primat.

Im Englischen ist der Begriff der digitalen Ethik durchaus anschlussfähig, wenn man an „Medical Ethics" (Medizinethik) denkt. Wenn man damit im Deutschen eine Bereichsethik bezeichnet, schert man terminologisch aus der bisherigen Reihe aus. Es handelt sich nicht mehr um ein Nominalkompositum, bei dem – in diesen Fällen jeweils mit einem Substantiv – vorne der Bereich, hinten die Disziplin angegeben wird, sondern eine Adjektiv-Substantiv-Konstruktion. Die wissenschaftliche Beschäftigung mit der Moral der Informationsgesellschaft hat immer wieder Höhen und Tiefen erlebt. Seit 2010 hat sie erhebliche

Aufmerksamkeit erlangt, ohne dass deshalb die Zahl der Forschungseinrichtungen und Lehrstühle genügend erhöht wurde. Zugleich fand unter dem Namen der digitalen Ethik eine Trivialisierung und Kommerzialisierung statt, durch Laien, Verbünde, Verbände und Unternehmen.

Der Begriff der digitalen Ethik erscheint verständlicher und einprägsamer als etwa „Informationsethik" oder „Algorithmenethik". Er verneigt sich vor dem „Digitalen", das in Fügungen wie „Digitalisierung" eine Erfolgsgeschichte geschrieben hat. Allerdings verwischt er die Grenzziehungen zwischen den klassischen Bereichsethiken und anderen Feldern der angewandten Ethik. Technik-, Medien- und Informationsethik sind zusammen mit der Maschinenethik (als Pendant zur Menschenethik) die Disziplinen, die für die Phänomene der Informationsgesellschaft zuständig scheinen, und sie beziehen sich mehr oder weniger klar auf einen Anwendungsbereich oder einen Ausgangspunkt (etwa das Subjekt der Moral). Ein zusätzliches, bereits angesprochenes Problem ist, dass oft nicht klar ist, ob die Disziplin insgesamt, ein Bereich von ihr oder gar ihr Gegenstand gemeint ist.

Digitalisierung

Der Begriff der Digitalisierung hat mehrere Bedeutungen. Er kann die digitale Umwandlung und Darstellung bzw. Durchführung von Information und Kommunikation oder die digitale Modifikation von Instrumenten, Geräten und Fahrzeugen ebenso meinen wie die digitale Revolution, die auch als dritte Revolution bekannt ist, bzw. die digitale Wende. Im letzteren Kontext, der im vorliegenden Beitrag behandelt wird, werden nicht zuletzt „Informationszeitalter" und „Computerisierung" genannt. Während im 20. Jahrhundert die Informationstechnologie (IT) vor allem der Automatisierung und Optimierung diente, Privathaushalt und Arbeitsplatz modernisiert, Computernetze geschaffen und Softwareprodukte wie Office-Programme und Enterprise-Resource-Planning-Systeme eingeführt wurden, stehen seit Anfang des 21. Jahrhunderts disruptive Technologien und innovative Geschäftsmodelle sowie Autonomisierung, Flexibilisierung und Individualisierung in der

Digitalisierung im Vordergrund. Diese hat eine neue Richtung genommen und mündet in die vierte industrielle Revolution, die wiederum mit dem Begriff der Industrie 4.0 (auch „Enterprise 4.0") verbunden wird.

Die Digitalisierung hat zu verschiedenen Umwälzungen geführt, angefangen von der Umdeutung des Begriffs der Güter und der Werke und der Vereinfachung von Kopier- und Distributionsmöglichkeiten über die Veränderung der Arbeitswelt bis hin zur Verschmelzung von Virtualität und Realität. Es wurden ganze Unternehmen und Branchen umgeformt. Spezialisierte Plattformen verdrängen traditionelle Player, obwohl sie keine eigenen Gerätschaften, Fahrzeuge oder Immobilien besitzen. Die Betreiber sozialer Netzwerke erstellen keine bzw. kaum eigene Inhalte. Der User-generated Content wird zur Analyse genutzt, auf der wiederum die Personalisierung (auch von Werbung) beruht. Mit der Industrie 4.0 und ihrer Smart Factory setzen sich beispiellose Robotertypen und Prozessketten durch und werden Entwicklungen wie das Internet der Dinge und der 3D-Druck gefördert. Künstliche Intelligenz, Big Data und Cloud Computing erlauben vorher nicht gekannte Aktivitäten und Analysen. Neue Ein- und Ausgabegeräte und neue Verfahren wie die Datenbrille bzw. die Virtual-Reality-Brille und die Gestensteuerung transformieren Büroraum und Werkbank sowie den Bereich der Unterhaltung. Die Digitalisierung prägt alle Bereiche der modernen Raumfahrt, von der Missionsplanung über die Satellitensteuerung bis hin zur Datenanalyse. Digitale Zwillinge, Simulationen und KI-gestützte Systeme beschleunigen Entwicklungen und verbessern die Entscheidungsfindung. Auch in der Weltraumökonomie entstehen durch Digitalisierung neue Geschäftsmodelle.

Die Digitalisierung wird diskutiert und kritisiert, und insbesondere die nächste Entwicklungsstufe, die sie ermöglicht, ist in Gesellschaft, Wirtschaft und Politik umstritten. Die Bereichsethiken können die bei der Digitalisierung entstehenden moralischen Probleme – etwa in Bezug auf die Industrie 4.0 – reflektieren, allen voran Technik-, Informations- und Wirtschaftsethik. Technik- und Informationsethik fragen nach dem Zugewinn und dem Verlust der persönlichen und informationellen Autonomie und nach der Abhängigkeit der Kunden von IT und IT-Unternehmen, die Teildisziplinen der Wirtschaftsethik nach der

Verantwortung der Unternehmen (Unternehmensethik) bei der Datennutzung und bei Fertigungsprozessen gegenüber Benutzern und Mitarbeitern und nach der Verantwortung der Konsumenten digitaler Güter und Dienstleistungen (Konsumentenethik). Mit den Folgen befassen sich auch Rechtswissenschaft, Medizin, Soziologie und Psychologie. Die Maschinenethik interessiert sich für die Möglichkeit moralischer Maschinen, die Regeln einhalten bzw. Fälle berücksichtigen und mit denen bestimmte Konsequenzen vermieden werden können. Vor dem Hintergrund, dass Arbeiter und Angestellte ihre Arbeit verlieren, weil Hard- und Softwareroboter diese günstiger und schneller (manchmal auch besser) verrichten, widmet man sich Ansätzen und Konzepten wie der Robotersteuer und dem bedingungslosen Grundeinkommen und denkt über Faktoren nach, die die soziale Gerechtigkeit und den gesellschaftlichen Zusammenhalt fördern.

Discovery-Programm

Das Discovery-Programm (engl. „discovery": „Entdeckung") ist eine Missionsreihe der NASA mit Start im Jahre 1992 zur kostengünstigen und wissenschaftsbasierten Erforschung des Sonnensystems. Zu den bekanntesten Missionen gehören Mars Pathfinder (mit dem Rover Sojourner), MESSENGER (Merkur), Dawn (Asteroiden Vesta und Ceres) und Lucy (Trojanerasteroiden des Jupiters). Die Missionen werden oft im Wettbewerb ausgeschrieben und sollen schnell und effizient umgesetzt werden. Das Discovery-Programm gilt als erfolgreiches Beispiel für missionsorientierte Planetenforschung.

2023 wurde die Psyche-Mission gestartet. Die NASA schreibt auf ihrer Website: „On its way to the metal-rich asteroid also named Psyche (expected arrival in 2029), this is the first mission to study this rare type of asteroid, which may be the core of a small planetesimal. The spacecraft's successful first light images in December 2023 were followed by the equally successful first test of its ride-along tech instrument, DSOC (Deep Space Optical Communications), which is testing the use of high-data-rate laser communications from space."

Disruptive Technologien

Disruptive Technologien (engl. „disrupt": „zerstören", „unterbrechen") unterbrechen die Erfolgsserie etablierter Technologien und Verfahren und verdrängen oder ersetzen diese in mehr oder weniger kurzer Zeit. Sie verändern auch Gewohnheiten im Privat- und Berufsleben. Oft sind sie zunächst qualitativ schlechter oder funktional spezieller, was mit ihrer Digitalisierung zusammenhängen kann, und gleichen sich dann nach und nach an ihre Vorgänger an bzw. übertreffen diese in bestimmten Aspekten. Das umstrittene Prinzip geht auf den amerikanischen Wirtschaftswissenschaftler und Geistlichen Clayton M. Christensen zurück, der nach Ursachen für das Scheitern von Unternehmen suchte.

Kompressionsformate wie MP3, Geräte wie Digitalkameras, Flachbildfernseher, Smartphones und 3D-Drucker sowie Innovationen wie Kryptowährungen sind Beispiele für disruptive Technologien. Diese zeigen auch, dass Zufälle und Misserfolge die Startphase bestimmen mögen. MP3 war eigentlich für den Austausch von Daten zwischen Radiostudios gedacht. Der Durchbruch kam mit dem WWW und der illegalen Verbreitung einer Software. Digitalkameras lieferten über Jahre eine mäßige Bildqualität, konnten ihre Nachteile aber früh durch Vorteile kompensieren, etwa die schnelle Nutzbar- und Verbreitbarkeit und die einfache Bearbeitbarkeit von Fotografien. In der Raumfahrt zählen wiederverwendbare Raketen, Kleinsatelliten wie der CubeSat, additive Fertigung (3D-Druck) oder KI-gesteuerte Navigation zu den disruptiven Technologien. Diese senken Kosten, beschleunigen Innovation und ermöglichen neuen Akteuren den Zugang zum All. Seit ca. 2020 hat sich generative KI als disruptiv erwiesen.

Der Begriff der disruptiven Technologien erscheint diffus und tendenziös. Man kann ihm alle möglichen Phänomene zurechnen und Unternehmen, die auf kontinuierliche Technologien setzen, mangelnde Innovationskraft vorwerfen. Einerseits erweisen sich einige disruptive Technologien als überschätzt, andererseits fegen manche selbst bewährte Technologien vom Markt, ohne dass diese eine Chance auf eine Rückkehr haben, von Nebenschauplätzen abgesehen, und sind Teil völlig neuer Geschäftsmodelle, etwa bei sozialen Netzwerken, bei Plattformen und Portalen oder in der Industrie 4.0. Die Informationsethik widmet sich zusammen mit der KI-Ethik den Chancen und Risiken disruptiver Technologien für die Informationsgesellschaft, die Wirtschaftsethik den Konsequenzen für Staat, Unternehmen, Mitarbeiter und Kunden.

Docking

Docking ist das Ankopplungsmanöver eines Raumfahrzeugs an ein anderes oder an eine Raumstation. Es kann automatisch oder manuell erfolgen und erfordert höchste Präzision. Erfolgreiches Docking ermöglicht Crewwechsel, Materialtransfer und Auftanken. Systeme wie Androgynous Peripheral Attach System (APAS) oder International Docking System Standard (IDSS) standardisieren den Vorgang für internationale Einsätze.

Drake-Gleichung

Die Drake-Gleichung ist eine Formel zur Abschätzung der Anzahl außerirdischer Zivilisationen in der Milchstraße, mit denen Kommunikation möglich sein könnte. Sie wurde 1961 von dem US-amerikanischen Astronomen und Astrophysiker Frank Drake aufgestellt und enthält Faktoren wie Sternentstehungsrate, Planetenanzahl, Lebenswahrscheinlichkeit und technologische Lebensdauer. Die Gleichung ist ein symbolischer Ausdruck wissenschaftlicher Neugier, aber auch ein Instrument spekulativer Kosmologie.

Drohne

Eine Drohne ist ein unbemanntes Luft- oder Unterwasserfahrzeug, das entweder von Menschen ferngesteuert oder von einem integrierten oder ausgelagerten Computer gesteuert und damit teil- oder vollautonom wird. Im Englischen spricht man von „drone", im Falle der Flugdrohne, auf die im Folgenden fokussiert wird, auch von Unmanned Aerial Vehicle (UAV). Man unterscheidet den militärischen, politischen, journalistischen, wissenschaftlichen, wirtschaftlichen sowie privaten, persönlichen Einsatz. Gröber kann man zwischen militärischer und ziviler Nutzung differenzieren. Drohnen sind als singuläre Maschinen unterwegs, lediglich mit einer Kontrolleinheit verbunden, oder Teil eines komplexeren Systems, wie im Kriegswesen, wo das Unmanned Combat Aerial Vehicle (UCAV) zum Unmanned Aerial System (UAS) gehört, oder in der Landwirtschaft, wo das Fluggerät mit dem Mähdrescher oder der Aufsichtsperson kooperiert, um Tierleid, Schneidwerkverunreinigungen und Maschinenschäden zu verhindern.

Die privat oder wirtschaftlich genutzte Drohne wird mit dem Smartphone oder einer Fernbedienung gelenkt. Sie besitzt häufig eine Kamera für Stand- und Bewegtbilder. Mit deren Hilfe und im Zusammenspiel mit dem Display kann sie, anders als ein klassisches Modellflugzeug, relativ sicher außerhalb des Sichtbereichs geflogen werden. Ferner kann ein Mikrofon vorhanden sein, zum Zwecke der Sprachsteuerung, wobei die Fluggeräusche herausgefiltert werden müssen. Die Ausstattung umfasst Batterien oder Akkus, moderne Elektromotoren und Elektronikkomponenten bzw. Computertechnologien, zuweilen auch Stabilisierungssystem, W-LAN-Komponenten und GPS-Modul, sodass man den Kurs über eine Karte vorgeben und von der Drohne abfliegen lassen kann. Weit verbreitet ist der Quadrokopter mit seinen vier Rotoren. Er kann in der Luft verharren und anspruchsvolle Manöver ausführen. Ferner sind Hexakopter mit sechs Rotoren auf dem Massenmarkt, zudem einfachere Hubschraubermodelle, die Modellflugzeugen ähneln. Eine Besonderheit ist der Mars-Hubschrauber Ingenuity, der sich 2021 über dem Marsboden erhob.

Die Informationsethik interessiert, ob die informationelle Autonomie eingeschränkt oder erweitert wird und welche Konsequenzen eine feindliche Übernahme der Drohne hat. In der Technikethik wird diese als Gerät in den Vordergrund gerückt und nach dessen Omnipräsenz und der Abhängigkeit von diesem gefragt. Die Abhängigkeit ist wiederum ein Thema der Informationsethik, vor allem wenn das Gerät als Computer und die Datenanalyse und -nutzung im Mittelpunkt stehen.

Insofern sich die Maschinenethik teil- oder vollautonomen, intelligenten Systemen widmet, sind ihre Erkenntnisse in Bezug auf Drohnen relevant, wenn diese selbst Entscheidungen verantworten (ohne verantwortlich sein zu können) und Handlungen vollziehen oder selbstständig Informationen filtern. Die Grundprobleme sind unabhängig von der Verbreitung vorhanden. Ein Erfolg wird freilich in weitere Herausforderungen münden, etwa wenn die Geräte miteinander und im Internet der Dinge kommunizieren und kooperieren, oder wenn der Druck, diese einzusetzen, hoch ist. Ferner gehören kriminelle und terroristische Aktivitäten zu den Risiken. Hinzuweisen ist aber auch auf die Chancen, die sich etwa bei der Zustellung in schwach besiedelten Gebieten und bei hohem Zeitdruck ergeben, wobei Privatleute und Unternehmen profitieren können.

Dunkle Energie

Dunkle Energie ist eine hypothetische Form von Energie, die für die beschleunigte Ausdehnung des Universums verantwortlich sein könnte. Sie macht laut kosmologischen Modellen etwa 70 Prozent des gesamten Energiegehalts des Universums aus. Ihre Natur ist weitgehend unbekannt. Dunkle Energie stellt die moderne Physik vor grundlegende theoretische Herausforderungen.

Dunkle Materie

Dunkle Materie ist eine unsichtbare Form von Materie, die nicht elektromagnetisch wechselwirkt und daher nicht direkt beobachtbar ist. Sie verrät sich durch ihre gravitativen Effekte auf Galaxien und Galaxienhaufen. Sie könnte fünfmal so viel Masse enthalten wie sichtbare Materie. Ihre Erforschung gehört zu den zentralen Anliegen der Kosmologie und der Teilchenphysik.

Dyson-Sphäre

Eine Dyson-Sphäre ist ein theoretisches Megastruktur-Konzept, bei dem eine fortgeschrittene Zivilisation die gesamte Energie eines Sterns nutzt, etwa durch ein Kollektorensystem im Orbit. Der britisch-US-amerikanische Physiker Freeman John Dyson schlug es im Jahre 1960 vor. In der SETI-Forschung wird nach Anzeichen solcher Strukturen gesucht, etwa ungewöhnlichen Infrarotsignaturen. Die Dyson-Sphäre gilt als Merkmal einer technologischen Zivilisation vom Typ II auf der Kardaschow-Skala. Diese wurde vom russischen Astronomen Nikolai Kardaschow im Jahre 1964 entwickelt und unterscheidet Entwicklungsstufen außerirdischer Zivilisationen nach deren Energienutzung.

E

Embodiment

Eine These aus der neueren Kognitionswissenschaft lautet, dass Bewusstsein und Intelligenz einen Körper benötigen. Man spricht hier von Embodiment (engl. „embodiment": „Verkörperung"). Rolf Pfeifer ist einer der Pioniere in diesem Bereich. Er und seine Mitstreiter verstehen den Körper des Roboters als notwendige Voraussetzung für die (artifizielle, simulierte, funktionale) Intelligenz des Roboters. Roboy wurde als Anschauungsbeispiel für diese (kontrovers diskutierte) Auffassung von Rolf Pfeifer wesentlich mitentwickelt. In einem weiteren Sinne bedeutet Embodiment die Verkörperung eines Chatbots oder Sprachassistenten.

Erde

Die Erde ist der dritte Planet des Sonnensystems und bislang der einzige bekannte Himmelskörper, auf dem Leben existiert. Der Begriff – von althochdt. „erda" und germ. „ertho" oder „erde" – bezog sich ursprünglich einfach auf den festen Boden im Gegensatz zu Himmel und Wasser, nicht auf den Himmelskörper. Im Gegensatz zu vielen anderen Planeten, die nach römischen Gottheiten benannt sind (z.B. Mars, Venus, Jupiter), hat die Erde ihren Namen also aus dem alltäglichen Sprachgebrauch und nicht aus der Mythologie.

Die Erde besitzt eine Atmosphäre, die im Wesentlichen aus Stickstoff und Sauerstoff besteht, ein Magnetfeld und eine Oberfläche, die zu 71 Prozent mit Wasser bedeckt ist – deshalb wird sie auch blauer Planet genannt. Für die Raumfahrt ist sie sowohl Ausgangspunkt als auch Beobachtungsobjekt. Erdbeobachtungssatelliten liefern Daten zu Klima, Vegetation, Katastrophen und Ressourcen. In der Astrobiologie dient die Erde als Vergleichsmaßstab für die Beurteilung von Leben auf Exoplaneten.

Ernährung

Ernährung ist die Zuführung von Nahrung. Diese kann organischer oder anorganischer Art und unterschiedlich in Form und Zusammensetzung sein. Nur Lebewesen ernähren sich oder werden ernährt, Dinge und Maschinen nicht, und allein bei ihnen spricht man davon, dass sie essen und trinken. Die Ernährung dient dem Unterhalt und Aufbau des Körpers. Sie geht mit einem Grundbedürfnis einher, das sich normalerweise von selbst einstellt (Hunger und Durst). Wasser gehört nicht zu den Nahrungsmitteln (allerdings zu den Lebensmitteln), Milch dagegen schon. Eine schlechte Ernährung, etwa mit Unmengen an Fast Food, ist eine Hauptursache für Erkrankungen, eine gute Ernährung die Voraussetzung für körperliche Gesundheit und körperliches Wohlbefinden. Die Ernährungswissenschaft, angesiedelt zwischen Medizin und Biochemie, befasst sich mit den Grundlagen und Wirkungen der Ernährung.

Tiere kann man nach Nahrungstypen unterscheiden (Allesfresser, Pflanzenfresser, Fleischfresser etc.). Bei Menschen ist dies problematisch. Zwar mag man konstatieren, dass Menschen Allesfresser sind, aber das bedeutet nicht, dass sie alles essen. So nehmen Vegetarier kein Fleisch und keinen Fisch zu sich, Veganer auch keine Tierprodukte wie Eier und Milch. Weiter kann man Tiere und Menschen nach dem Nahrungserwerb einteilen, u.a. in Weidegänger, Sammler und Jäger. Mit der

Landwirtschaft wurde eine Möglichkeit gefunden, Tiere und Pflanzen in systematischer und kultivierter Weise heranwachsen zu lassen, häufig unter Verwendung von Züchtungen. Die meisten Pflanzen betreiben Fotosynthese, einige ernähren sich ähnlich wie Tiere, etwa Sonnentau und Wasserschlauch.

Die Welternährungsorganisation, offiziell Ernährungs- und Landwirtschaftsorganisation der Vereinten Nationen (Food and Agriculture Organization of the United Nations, FAO) genannt, kümmert sich um die optimale Herstellung und Verteilung von Nahrungsmitteln. Die Bundesanstalt für Landwirtschaft und Ernährung (BLE) ist in Deutschland für Umsetzungsfragen von Landwirtschaft und Ernährung zuständig. Das Bundesministerium für Ernährung und Landwirtschaft (BMEL) in der BRD widmet sich in acht verschiedenen Abteilungen z.B. dem gesundheitlichen Verbraucherschutz, der Produktsicherheit, der Lebensmittelsicherheit und der Tiergesundheit. Die der Landwirtschaft nachgelagerte Lebensmittel- oder Ernährungsindustrie verarbeitet Pflanzen und Tiere zusammen mit Zusatzstoffen und Bindemitteln.

Astronautennahrung muss kompakt, haltbar und nährstoffreich sein. Die Crewmitglieder erhalten speziell verpackte Mahlzeiten, meist in gefriergetrockneter oder thermostabilisierter Form, die mit Wasser rehydriert oder direkt verzehrt werden können. Der Energiegehalt ist an Mikrogravitation, Arbeitsbelastung und Person (Größe, Gewicht, Alter, Geschlecht) angepasst, ebenso die Nährstoffzusammensetzung. Geschmack und Konsistenz spielen trotz funktionaler Vorgaben eine Rolle für das psychische Wohlbefinden und werden so weit wie möglich berücksichtigt. An Bord der ISS gibt es eine standardisierte Auswahl internationaler Menüs. Langzeitmissionen erfordern neue Konzepte, etwa geschlossene Nährstoffkreisläufe, Anbau von Pflanzen im All oder biotechnologische Verfahren zur Frischversorgung. Die Ernährung ist eng mit Medizin, Logistik und Lebensqualität im All verknüpft.

Eine Umwegproduktion wie die Fleischproduktion kann im 21. Jahrhundert kaum die Ernährung der Menschheit sicherstellen. Pflanzliche Nahrungsmittel haben diesbezüglich sowie mit Blick auf den Klimawandel erhebliche Vorteile, wenn nicht gerade Monokulturen vorherrschen, die Nachteile für die Böden und die Natur nach sich ziehen. Dem Bundesministerium für Ernährung und Landwirtschaft wird immer wieder vorgeworfen, den Tierschutz zu vernachlässigen und vor allem die Interessen der intensiven Landwirtschaft zu vertreten. Umwelt- und Tierethik untersuchen die moralischen Implikationen der Ernährung. So ist die Frage, ob jeder für sich über Leben und Tod von Tieren entscheiden darf (eine Argumentation, die die Rechte dieser Lebewesen nicht berücksichtigt). Die Wirtschaftsethik fragt nach der Verantwortung von Produzenten und Konsumenten, die Medizinethik nach Gesundheit und Krankheit im Zusammenhang mit Ernährung.

Erstkontakt

Mit Erstkontakt (engl. „first contact") ist die erste Begegnung der Menschheit mit außerirdischen Lebewesen gemeint. Das hypothetische Ereignis wird in Wissenschaft, Science-Fiction und Ethik breit diskutiert. Szenarien reichen vom Empfang von Signalen über den Fund von Organismen auf fremden Planeten bis hin zu einem mehr oder weniger erfreulichen Zusammentreffen mit intelligenten Aliens. Ein First Contact der dritten Art würde die Menschheit vermutlich in ähnlich drastischer Weise beeinflussen wie das Erwachen der Maschinen – beides ist aber in hohem Maße unwahrscheinlich.

ESA

Die ESA (European Space Agency) ist die zentrale zivile Raumfahrtagentur Europas. Sie wurde 1975 gegründet und hat ihren Hauptsitz in Paris. Ihr Ziel ist die koordinierte Planung, Durchführung und Förderung von Raumfahrtaktivitäten auf europäischer Ebene. Ihre 22 Mitgliedstaaten stellen gemeinsame Mittel bereit, um wissenschaftliche, technische und kommerzielle Projekte zu realisieren, die für einzelne Länder allein nicht tragbar wären.

Die ESA betreibt ein breites Spektrum an Programmen in den Bereichen Erdbeobachtung, Planetenerkundung, bemannte Raumfahrt, Astronomie, Telekommunikation, Navigationsverbesserung und Technologieentwicklung. Besonders hervorzuheben sind Missionen wie Rosetta, die erste Landung auf einem Kometen, Mars Express, die Erkundung des roten Planeten, oder Gaia, das bislang genaueste Sternenkartierungsprojekt. Auch im Bereich der Erdbeobachtung ist die ESA mit dem Copernicus-Programm weltweit führend.

In der bemannten Raumfahrt arbeitet die ESA eng mit internationalen Partnern zusammen und ist ein integraler Bestandteil der Internationalen Raumstation (ISS). Europäische Astronauten nehmen regelmäßig an Missionen teil. Es gibt Module wie das Columbus-Labor und mit dem ATV (Automated Transfer Vehicle) sowie dem Service-Modul für das NASA-Raumschiff Orion logistische Beiträge für internationale Missionen.

Organisatorisch gliedert sich die ESA in mehrere Standorte, das Europäische Raumflugkontrollzentrum (ESOC) in Darmstadt, das Weltraumforschungs- und Technologiezentrum (ESTEC) in Noordwijk, das Astronautenzentrum (EAC) in Köln sowie Startanlagen in Kourou (Französisch-Guayana). Diese dezentrale Struktur spiegelt den kooperativen, multinationalen Charakter der Organisation wider.

Die ESA steht für eine Raumfahrtpolitik, die wissenschaftlich ambitioniert, friedlich orientiert und auf Nachhaltigkeit bedacht ist. Sie versteht sich als europäische Antwort auf globale Herausforderungen im All, sowohl in technologischer als auch in geopolitischer Hinsicht. In ihrer Arbeit verbindet sie Grundlagenforschung mit industrieller Innovation und fördert den Zugang Europas zum Weltraum unter Berücksichtigung gemeinschaftlicher Interessen.

Exoplanet

Exoplaneten sind Planeten außerhalb des Sonnensystems, die einen Stern umkreisen. Die meisten von ihnen wurden durch die Transit- oder die Radialgeschwindigkeitsmethode entdeckt. Ilja Bohnet schreibt in seinem Buch „Die 42 größten Rätsel der Astronomie": „Die Existenz von Exoplaneten war lange Zeit nur eine Hypothese, wenngleich eine sehr plausible." 1995 gelang der erste Nachweis „in der Nachbarschaft unseres Sonnensystems", genauer gesagt „im System 51 Pegasi".

Seit den 1990er-Jahren hat die Zahl bekannter Exoplaneten stark zugenommen, was Weltraumteleskopen wie Kepler und TESS (Transiting Exoplanet Survey Satellite) zu verdanken ist. Einige von ihnen wie Kepler-452 b und Proxima Centauri b (der Proxima Centauri umkreist, den sonnennächsten bekannten Stern) befinden sich in der habitablen Zone und gelten als potenziell lebensfreundlich. In der Atmosphäre von K2-18 b (Sternbild Löwe) wurden die chemischen Bausteine für die Entstehung von Leben gefunden.

Exoskelett

Exoskelette sind mechanische, maschinelle bzw. robotische Stützstrukturen für Menschen oder Tiere. Sie entlasten Arbeiter in der Fabrik, ermöglichen Behinderten das Aufstehen und Umhergehen oder dienen der Therapie. Manche verfügen über einen Antrieb (aktive Exoskelette), andere nicht (passive Exoskelette).

Private und staatliche Einrichtungen der Robotik, Informatik, Medizin, Pflege- und Therapiewissenschaft widmen sich der Erforschung und Entwicklung von Exoskeletten. Auch die Defense Advanced Research Projects Agency (DARPA) hat Forschung in diesem Bereich ermöglicht. Soldaten sollen mithilfe von Exoskeletten schwere Lasten über längere Zeit transportieren können, selbst unter extremen Bedingungen.

In der Raumfahrt kann ein Exoskelett bei körperlich belastenden Tätigkeiten, z.B. bei Außenbordeinsätzen, oder in der Rehabilitation nach Langzeitaufenthalten im All eingesetzt werden. Auch bei der Vorbereitung auf Missionen kann es helfen, Muskelabbau zu simulieren oder zu kompensieren. Zivile Anwendungen, etwa in Medizin und Industrie, sind eng mit der Raumfahrtforschung verbunden.

Insgesamt werden Exoskelette kontrovers diskutiert. Sie können dabei helfen, Verletzungen und Überbeanspruchungen zu vermeiden, aber auch – nicht nur durch unsachgemäßen Gebrauch – zu Verletzungen und Schäden führen. Informationsethik, Technikethik und Roboterethik diskutieren die Chancen und Risiken. Die Wirtschaftsethik stellt die Verwendung durch Arbeiter in den Mittelpunkt, die Medizinethik das Zusammenspiel mit Patienten.

F

Fantasy

Fantasy ist ein Genre der Literatur und des Films, das übernatürliche Elemente wie magische Kräfte, mythische Wesen wie Elfen oder Kobolde und alternative Welten enthält. Im Gegensatz zur Science-Fiction basiert sie nicht auf Erkenntnissen der Natur- bzw. Technikwissenschaften oder auf Überlegungen zur Technik, sondern auf Imagination und Mythologie. Überschneidungen gibt es dennoch, etwa in sogenannten Science-Fantasy-Erzählungen, in denen Raumschiffe, Planeten und Außerirdische mit märchenhaften Elementen kombiniert werden. Auch in populären Werken wie „Dune" („Der Wüstenplanet") von Frank Herbert (einem mehrfach verfilmten Romanzyklus) oder „Star Wars" finden sich deutliche Fantasymotive.

Fermi-Paradoxon

Das Fermi-Paradoxon beschreibt den Widerspruch zwischen der hohen Wahrscheinlichkeit außerirdischen Lebens im Universum und dem völligen Fehlen von Hinweisen oder Belegen. Es wurde nach dem Physiker Enrico Fermi benannt, der 1950 die Frage „Where is everybody?" („Wo sind denn alle?" oder „Wo sind sie alle?") stellte. Zahlreiche Erklärungsansätze existieren, von technischer Isolation (etwa durch limitierte Kommunikationsmöglichkeiten) über sich selbst zerstörende Zivilisationen (wie es auf der Erde der Fall sein könnte) bis hin zur Seltenheit intelligenter Lebensformen. Das Paradoxon ist ein zentrales Motiv der SETI-Forschung und der interstellaren Kommunikation.

Feststoffrakete

Feststoffraketen verwenden anders als Flüssigkeitsraketen Treibstoffe, die in fester Form vorliegen und in einem einzigen Block abgebrannt werden. Typisch sind sie in militärischen Anwendungen und als Booster bei Raumfahrtraketen, z.B. beim Space Shuttle. Nachteilig ist die eingeschränkte Steuerbarkeit des Schubs während des Flugs.

Fluchtgeschwindigkeit

Die Fluchtgeschwindigkeit ist die minimale Geschwindigkeit, die ein Objekt benötigt, um der Gravitationsanziehung eines Himmelskörpers zu entkommen, ohne weiteren Antrieb. Sie beträgt auf der Erde rund 11,2 Kilometer pro Sekunde. Sie ist eine zentrale Größe in der Raumfahrtmechanik und bei der Planung interplanetarer Missionen.

Flüssigkeitsrakete

Eine Flüssigkeitsrakete verwendet anders als eine Feststoffrakete flüssige Treibstoffe, meist eine Kombination aus Oxidator (wie Flüssigsauerstoff) und Brennstoff (wie Kerosin oder Wasserstoff). Sie ermöglicht eine flexible Schubregelung und kann während des Flugs gesteuert werden. Der Aufbau ist komplexer als bei Feststoffraketen. Viele moderne Trägerraketen, etwa Falcon 9 oder Ariane 5, basieren auf dieser Technologie.

Forschung

Forschung ist die systematische Suche nach neuen Erkenntnissen mithilfe wissenschaftlicher Methoden. Sie dient dem Verständnis der Welt, der Lösung von Problemen oder der Entwicklung von Verfahren und Technologien. Dabei unterscheidet man zwischen Grundlagenforschung, die auf Erkenntnisgewinn ohne unmittelbaren Anwendungsbezug abzielt, und angewandter Forschung, die konkrete bzw. praktische Ziele verfolgt. Forschung erfolgt in Hochschulen, Instituten, Unternehmen und zunehmend auch in internationalen Kooperationen. Sie bildet die Grundlage für technischen Fortschritt, gesellschaftliche Entwicklung und politische Entscheidungsfindung.

Forschung zur Raumfahrt und zum Weltraum findet sowohl auf der Erde als auch im Weltall statt. Sie reicht von der Entwicklung neuer Antriebssysteme über die Untersuchung der Auswirkungen der Schwerelosigkeit auf Lebewesen bis hin zur Erforschung der physikalischen Eigenschaften des Universums. Sie liefert Erkenntnisse zu neuen Materialien, Sensoren und Steuerungssystemen sowie zur Entstehung des Sonnensystems und zur Bewohnbarkeit anderer Planeten. Sie ist zudem eng mit Klimaforschung und Umweltschutz verknüpft. Internationale Raumstationen, Hochleistungsteleskope und Raumsonden sind dabei zentrale Mittel.

Fortschritt

Fortschritt ist eine erhebliche, spür- und sichtbare Verbesserung, Steigerung und Erweiterung, bezogen etwa auf Strukturen, Prozesse, Situationen und Entitäten. Er kann gestalterischer, technischer, medizinischer, wirtschaftlicher, politischer, sozialer und moralischer Natur sein und sich auf die Fortentwicklung in Gesellschaft, Kultur und Zivilisation sowie von Individuen und Arten richten. Fortschritt ist mit Wissenszuwachs und Wissenschaft verbunden, zudem mit Innovationsfähigkeit, mit Plan- und Umsetzbarkeit und mit Zuverlässigkeit von Personen und Systemen. Ein Wort wie „Fortschrittsgläubigkeit" lässt einen gewissen Argwohn gegenüber dem Fortschritt erkennen, eines wie „Fortschrittlichkeit" dagegen eine gewisse Vertrauensseligkeit.

Fortschritt kann es für unterschiedliche Objekte geben, sowohl für Menschen als auch für Tiere und Pflanzen. Aristoteles sprach mit dem Begriff die Herausbildung „von komplexen Strukturen im individuellen Wachstum" (zitiert nach Georg Toepfer, „Historisches Wörterbuch der Biologie") an, und zwar bei Pflanzen wie bei Menschen. Im 18. Jahrhundert kam laut derselben Quelle die Bedeutung des Wandels der Arten hinzu, vor allem im Kontext der Phylogenese und der Evolution. Seit der Frühen Neuzeit ist es in erster Linie „das Wissen des Menschen, dem ein Fortschritt zugeschrieben wird" (ebd.). Die Mitglieder seiner Spezies sind die Subjekte, von denen i.d.R. bewusster Fortschritt ausgeht, doch auch manche Tiere können Errungenschaften in nachrückende Generationen tragen.

Mit Fortschritt will man häufig bisherige Mängel, Fehler und Schwächen überwinden, z.B. in technischen, medizinischen und wirtschaftlichen Zusammenhängen. Dabei spielen Innovationen eine Rolle, also bestimmte Ideen, die in nützliche und erfolgreiche Produkte und Dienstleistungen umgesetzt worden sind. Fortschritt kann ein Ziel von Unternehmen und Branchen, einer Gesellschaft oder der Menschheit in der Zukunft darstellen, wie die Etablierung der Industrie 4.0, die Abschaffung der Armut und des Analphabetismus oder die Besiedlung fremder Planeten, respektive Teil einer Utopie sein. Zudem ist er wesentlich für Ideologien wie den Transhumanismus.

In der Raumfahrt steht Fortschritt für wissenschaftliche, technische und gesellschaftliche Entwicklungen, die neue Möglichkeiten im Weltall eröffnen. Er zeigt sich in leistungsfähigeren Raketen, langlebigeren Raumsonden und autonomen Robotern, etwa in Form von Rovern oder robotischen Vierbeinern und Zweibeinern, die mit ihren integrierten KI-Systemen zu Formen der Wahrnehmung und Entscheidungsfindung fähig sind. Fortschritt in diesem Sinne schafft Grundlagen für Raumstationen sowie künftige Mond- bzw. Marsbasen oder interplanetare Missionen und treibt die Erforschung und Eroberung des Universums voran.

Fortschritt ist der Motor der Zivilisation. Er hat dabei geholfen, ferne und feindliche Lebensräume zu erschließen, die Schrift zu erfinden und zu nutzen, Krankheiten zu besiegen, Werkzeuge, Fahr- und Flugzeuge, Computer und Roboter zu entwickeln und der Religion die Aufklärung und den Humanismus entgegenzusetzen. Im Zuge der Fortschrittsgläubigkeit findet allerdings auch eine Verschwendung und Vernichtung natürlicher Ressourcen statt, und Fortschritt im Pflanzen- und Tierreich wird in erster Linie im Sinne von Haltung und Züchtung gesehen. Informationsethik, Technikethik, Umweltethik, Wirtschaftsethik und Politikethik untersuchen die Implikationen von Fortschritt (oder Fortschrittsgläubigkeit), etwa in Hinsicht auf Gleichheit und Gerechtigkeit (oder Umweltzerstörung und Klimawandel), und zeigen auf, dass ein Fortschritt in einer Domäne einen Rückschritt in einer anderen nach sich ziehen kann.

Frauen im Weltraum

Über 70 Frauen waren bis 2025 im Weltraum, Pionierinnen ebenso wie aktive Astronautinnen verschiedener Nationen, gegenüber etwa 600 Männern. Ausschlaggebend ist das Überschreiten der Kármán-Linie in der Höhe von 100 Kilometern. Zu den Pionierinnen gehörte Walentina Tereschkowa (UdSSR). Sie war im Jahre 1963 die erste Frau im All. Sie flog mit Wostok 6 und blieb fast drei Tage im Orbit. Sally Ride (USA) war 1983 die erste US-Amerikanerin im All. Sie flog mit Challenger (STS-7). Judith Resnik (USA, 1984) war die zweite US-Astronautin. Sie starb beim Challenger-Unglück im Jahre 1986, wie Christa McAuliffe

(USA), die Lehrerin, die als erster Zivilist im engeren Sinne im Rahmen des „Teacher in Space Program" in den Weltraum hätte fliegen sollen.

Eileen Collins (USA) war die erste Shuttle-Kommandantin (1999, Flug mit der Bezeichnung STS-93). Shannon Lucid (USA) hielt lange den Rekord für den längsten Raumaufenthalt einer Frau (188 Tage). Peggy Whitson (USA) hatte mit insgesamt 665 Tagen lange den Rekord für die längste Gesamtzeit einer Frau im All. Christina Koch (USA) brach 2020 mit 328 Tagen den Rekord für den längsten Einzelaufenthalt einer Frau im All. Jessica Meir (USA) war 2019 zusammen mit Koch am ersten Außeneinsatz von zwei Frauen beteiligt. Samantha Cristoforetti (Italien, ESA) flog 2014 als erste Italienerin ins All (weiterer Aufenthalt 2022). 2023 stieg Anna Kikina als erste russische Kosmonautin in einer SpaceX-Kapsel zur ISS auf. Mit Artemis II könnte Christina Koch die erste Frau sein, die den Mond umkreist.

Erwähnt werden müssen auch Katy Perry und ihre fünf Begleiterinnen (darunter Aisha Bowe, ehemalige NASA-Ingenieurin, und Amanda Nguyen, Aktivistin und Wissenschaftlerin), die 2025 einen fast elfminütigen Flug unternahmen und kurz im Weltraum waren, also die Kármán-Linie überschritten. Die Sängerin trällerte bei der Gelegenheit einen Teil von Louis Armstrongs „What a Wonderful World" und hielt ein Gänseblümchen als Symbol für ihre Tochter Daisy in der Hand. Nachdem sie aus der Kapsel geklettert war, küsste sie papstgleich den Boden. Der Kurztrip wurde in den Medien und in den sozialen Medien stark kritisiert, u.a. wegen der damit verbundenen ökologischen Belastung und marketingtechnischen Ausschlachtung. Es kam zudem zu Verschwörungstheorien, nach denen der Flug überhaupt nicht stattgefunden habe.

Frauen in der Astronomie

In der Geschichte der Astronomie haben mehrere Frauen bedeutende Beiträge geleistet, trotz oft schwieriger gesellschaftlicher und bildungspolitischer Bedingungen. In der Antike wirkte Hypatia von Alexandria (um 355 – 415 n.u.Z.) als Mathematikerin und Astronomin. In der Neuzeit wurde Caroline Herschel (1750 – 1848), Schwester von Wilhelm Herschel, als Kometenentdeckerin bekannt. Sie war die erste Frau mit einem wissenschaftlichen Gehalt in Großbritannien.

Im 19. Jahrhundert leistete Maria Mitchell (1818 – 1889) in den USA Pionierarbeit in der Himmelsbeobachtung. Besonders hervorzuheben sind auch die sogenannten Harvard Computers, eine Gruppe von Frauen, die am Harvard College Observatory bis ins 20. Jahrhundert hinein Daten analysierten. Unter ihnen waren Annie Jump Cannon, die ein noch heute verwendetes Klassifikationssystem für Sterne entwickelte, und Henrietta Swan Leavitt, deren Entdeckung der Perioden-Leuchtkraft-Beziehung von Cepheiden (bestimmten veränderlichen Sternen) zur Entfernungsbestimmung im Universum diente.

Im 20. Jahrhundert galt Vera Rubin (1928 – 2016) als Koryphäe. Ihre Messungen der Rotationskurven von Galaxien gaben entscheidende Hinweise auf die Existenz dunkler Materie. Jocelyn Bell Burnell entdeckte 1967 als Doktorandin von Antony Hewish (1924 – 2021) die ersten Radiopulsare, also sich regelmäßig wiederholende Signale von Neutronensternen. Dies war ein Meilenstein für die Astrophysik. Den dafür verliehenen Nobelpreis erhielten allerdings lediglich ihre damaligen männlichen Kollegen bzw. Vorgesetzten.

Futurologie

Die Futurologie (lat. „futurum": „Zukunft") erforscht, wie der Name andeutet, die Zukunft, vor allem technische, wirtschaftliche, politische und gesellschaftliche Entwicklungen. Sie liefert wissenschaftlich fundierte Prognosen und Szenarien oder gefällt sich in der Skizze einer Vision oder Utopie. Der Begriff geht auf den Rechts- und Politikwissenschaftler Ossip K. Flechtheim (1909 – 1998) zurück.

G

Galaxie

Eine Galaxie ist ein durch Gravitation zusammengehaltener Verbund von Sternen, Gas- und Staubwolken sowie dunkler Materie. Sie kann spiralförmig (Spiralgalaxie), elliptisch oder irregulär geformt sein. Unsere Heimatgalaxie ist die Milchstraße. Man spricht auch von der Galaxis. Galaxien sind Bausteine des Universums. Sie bilden Haufen und Superhaufen und entfernen sich aufgrund der Expansion des Weltalls voneinander. Ihre Bewegung, ihre Zusammensetzung und ihre Zusammenstöße sind zentrale Themen der Kosmologie.

Gammastrahlenblitz

Gammastrahlenblitze (engl. „gamma-ray bursts", kurz „GRBs") sind extrem energiereiche Strahlungsausbrüche, die für Sekundenbruchteile bis zu wenigen Minuten andauern. Sie gelten als die hellsten bekannten Ereignisse im Weltall. Verursacht werden sie wahrscheinlich durch Supernovae oder die Verschmelzung von kompakten Objekten wie

Neutronensternen. GRBs liefern Hinweise auf das frühe Universum und stellen eine potenzielle Bedrohung für Leben auf der Erde dar.

Generationenschiff

Ein Generationenschiff ist ein hypothetisches Raumschiff für interstellare Langzeitreisen, auf dem mehrere Generationen von Menschen leben und sterben würden, bevor das Ziel erreicht ist. Es ist ein Motiv der Science-Fiction, das technische, soziale und ethische Fragen aufwirft, etwa zur Ressourcennutzung, genetischen Vielfalt, Gesellschaftsstruktur und Zielbestimmung. In realen Raumfahrtplänen kommt das Konzept bislang nicht vor.

Generative KI

Generative KI („KI" steht für „künstliche Intelligenz") ist ein Sammelbegriff für KI-basierte Systeme, mit denen auf scheinbar professionelle und kreative Weise alle möglichen Ergebnisse produziert werden können, etwa Bilder, Video, Audio, Text, Code, 3D-Modelle und Simulationen. Menschliche Fertigkeiten sollen erreicht oder übertroffen werden. Generative KI kann Schüler, Studenten, Lehrkräfte, Büromitarbeiter, Politiker, Künstler und Wissenschaftler unterstützen und Bestandteil von komplexeren Systemen sein. Man spricht auch, dem englischen Wort folgend, von Generative AI oder GenAI, wobei „AI" die Abkürzung für „Artificial Intelligence" ist.

Bei Generative AI wird Machine Learning verwendet, insbesondere Deep Learning, unter Heranziehung unterschiedlicher Datenquellen und Trainingsmethoden. Mit Reinforcement Learning from Human Feedback (RLHF) kann man die Klassifikation und Evaluation durch Arbeitskräfte einbeziehen. Mit ihrem Feedback wird ein Belohnungssystem trainiert, das wiederum – um ein Beispiel zu nennen – einen Chatbot trainiert. In den 2020er-Jahren gab es eine regelrechte Explosion von Applikationen. Durch den Umstand, dass viele Tools von der Allgemeinheit getestet werden konnten, wurde der Hype um Generative AI befördert. Es flammte eine breite öffentliche, mediale und wissenschaftliche Diskussion auf.

ChatGPT kann auf der Basis von Prompts Texte aller Art erstellen, Studienarbeiten, Fachartikel, Werbetexte, Gedichte oder Rezepte, und auch zum Chatbot werden. Diesen kann man mit einem Text-to-Speech-System verbinden und in einen sozialen Roboter integrieren, der damit weitreichende natürlichsprachliche Fähigkeiten erlangt, oder in Suchmaschinen, wie es Microsoft und Google gemacht haben. Bildgeneratoren wie Ideogram, Midjourney und GPT-4o (4o Image) produzieren visuellen Content. Musikgeneratoren wie AI Music Generator und Boomy kreieren Tonfolgen, die man in Musikkissen verwenden kann, und ganze Lieder. Bekannte Videogeneratoren sind Pictrory, HeyGen und Synthesia. Andere Systeme helfen beim Entwickeln von neuen Medikamenten oder aber von neuen biologischen und chemischen Waffen. Generative KI kann bei Missionsplanung, Telemetriedaten-Auswertung und Interface-Gestaltung eingesetzt werden, zudem in Form multimodaler Modelle in Robotern. Sie ermöglicht Simulationen zur Vorbereitung von Missionen und autonomes Verhalten von Systemen in komplexen Umgebungen, etwa auf fremden Planeten.

Generative AI ist ein mächtiges Werkzeug, das in repetitiven und kreativen Prozessen unterstützen kann. Viele Ergebnisse sind überzeugend und beeindruckend. Es entstehen jedoch ebenso Texte und Bilder, die unrichtig und unrealistisch sind – man spricht vom Halluzinieren – oder Personen verletzen. Wenn man dies durch Metaregeln oder andere Mechanismen zu verhindern versucht, ist die Gefahr von Zensur gegeben. Die pure Menge an Bildern und Videos mit sexistischen oder anderweitig diskriminierenden Merkmalen übt Druck auf Betroffene aus. Medienethik und Informationsethik sind mit ihren Begriffen und Methoden hilfreich. Generative AI wirft Fragen zum Urheberrecht bezüglich der Datenquellen und zur informationellen Autonomie der Benutzer auf, die die Systeme ständig mit Anfragen füttern und dabei personenbezogene Daten verwenden oder preisgeben – ein Thema von Rechtswissenschaft sowie Rechts- und Informationsethik. Die Dual-Use-Problematik zeigt sich etwa bei der Erfindung von Arzneien auf der einen Seite und Kampfstoffen auf der anderen. Technikethik und Bioethik mögen hier zur Klärung beitragen.

Geomatik

Die Geomatik ist eine Disziplin, die sich mit der technologiegestützten Vermessung von Oberflächen, Objekten und Räumen sowie der Modellierung und Analyse von entsprechenden Daten und der Simulation von Strukturen und Prozessen beschäftigt. Dabei nutzt sie wissenschaftliche Begriffe und Methoden aus Geodäsie, Geoinformatik, Geografie und Kartografie (also von verschiedenen Geowissenschaften) und Astronomie, zudem Mittel aus Informatik – einschließlich Computergrafik und Künstlicher Intelligenz (KI) – und Robotik. Die Ergebnisse werden etwa für die Bewertung, Planung und Gestaltung von Landschaften (Erhebungen und Niederungen, Waldgebiete, Flussläufe), Siedlungen (Gebäude, Plätze) und Infrastrukturen (Verkehrs-, Abwasser- und Kommunikationsnetze) benötigt.

Ihren Ursprung hat die Geomatik in der Geodäsie, der Wissenschaft von der Ausmessung und Abbildung der Erdoberfläche mit ihren Landmassen und Meeresgebieten. Als der Mensch nicht nur, wie bereits in der Antike, geistig von der Erdoberfläche weg und in den Weltraum hinein strebte, sondern auch körperlich, mithilfe der Raumfahrt, wurde die Vermessung der Erdfigur oder Erdgestalt weitergetrieben und vervollkommnet. Im Weltall entdeckte und erkundete die Geomatik zusammen mit der Astronomie weitere Gegenstände wie Planeten und Trabanten und die Abstände und Verhältnisse zwischen ihnen. Sie wurde für die Satellitenvermessung, die Kartografie von Himmelskörpern und das Monitoring von Erdveränderungen zuständig. Zudem drang sie zusammen mit Geologie und Geophysik ein Stück weit in die Erdkruste ein.

Eingesetzt werden Computer und Sensoren aller Art, unter Beiziehung von Satelliten sowie Vermessungsflugzeugen und -fahrzeugen. Entscheidend sind dabei die Vernetzung (von Geräten und Systemen) und die Verknüpfung (von Daten und Datenbanken). Bekannte Beispiele für Systeme und Dienste zur Referenzierung und Positionierung sind GPS und SAPOS. Neben 2D-Messinstrumenten gewinnen 3D-Messinstrumente an Bedeutung, ob sie auf der Grundlage von optischen Kameras und Laserscannern (Lidar) oder mithilfe anderer Ansätze funktionieren. Immer mehr erfassen Roboter ihre Umwelt und verwenden und erstellen automatisch Modelle und Karten, etwa im Zuge der Navigation auf dem Boden, im Wasser oder in der Luft. KI-Systeme helfen bei der Erkennung und Auswertung.

Im deutschsprachigen Raum wird die Geomatik an Universitäten und Fachhochschulen als Studiengang und Vertiefungsrichtung angeboten. Grundlagen der Geodäsie (insbesondere der Vermessung und Kartografie) sind ebenso Bestandteil des Curriculums wie Theorie und Praxis von Raumplanung, Stadtplanung und Landmanagement sowie Ethik und Recht oder Marketing. Ein Praxissemester sorgt für die notwendige Felderfahrung. Die Absolventen arbeiten in Naturschutzverbänden, Architektur- und Ingenieurbüros, Softwarehäusern, Internetkonzernen, Produktionsbetrieben und Verwaltungsbehörden und modellieren und analysieren Geodaten, um Transformationen und Optimierungen zu ermöglichen. Sie gebrauchen und entwickeln dabei u.a. Geoinformationssysteme (GIS).

Robotik und KI dürften die Geomatik weiter befördern. Über Serviceroboter auf dem Boden, im Wasser und in der Luft (Drohnen) werden Geodaten selbst in schlecht zugänglichen Gebieten erfasst und verknüpft. Zugleich erlauben sie Entnahmen von Proben, die weitere Aufschlüsse zulassen, und überhaupt Untersuchungen vor Ort, ohne dass sich Menschen Gefahren und Beanspruchungen aussetzen müssten. Machine Learning unterstützt die Analyse und Modellierung sowie die Simulation. Virtual Reality und Augmented Reality sind ebenfalls relevant, sowohl für die Ingenieure und Planer als auch für den Bürger, der sich zu einem Projekt ein Bild verschaffen und Informationen dazu erhalten will. Die Vermessung der Welt dient deren Verständnis, Anpassung, Umbau und Ausbeutung. Ethik, Recht und Ökologie sind wichtige Module im Studium mit Blick auf Datenschutz sowie Natur- und Umweltschutz.

Geostationärer Orbit

Ein geostationärer Orbit ist eine Umlaufbahn in etwa 35.786 Kilometern Höhe über dem Äquator, in der ein Satellit mit der Erdrotation synchronisiert ist und scheinbar über einem Punkt steht. Er ist ideal für

Kommunikations-, Wetter- und Fernsehsatelliten. Die begrenzte Zahl stabiler Positionen macht diesen Orbit geopolitisch und wirtschaftlich bedeutsam.

Golden Dome

Golden Dome ist ein ambitioniertes Verteidigungsprojekt, das von US-Präsident Donald Trump im Mai 2025 angekündigt wurde. Es zielt darauf ab, die Vereinigten Staaten vor Bedrohungen wie Hyperschallraketen und weltraumgestützten Angriffen zu schützen, und zwar mit einer neuartigen Kombination aus Technologien zu Lande, zu Wasser und im Weltraum. Vorbild ist das Raketenabwehrsystem in Israel (Iron Dome). Mit Stand 2025 gibt es noch keine Umsetzung des Golden Dome.

Gravitationswelle

Gravitationswellen sind Verzerrungen der Raumzeit, die sich mit Lichtgeschwindigkeit ausbreiten. Sie entstehen bei extremen kosmischen Ereignissen wie der Kollision von Schwarzen Löchern oder Neutronensternen. Ihre Existenz wurde 2015 durch LIGO (LIGO Scientific Collaboration) erstmals direkt nachgewiesen. Die Ergebnisse hat das Team Anfang 2016 publiziert. Gravitationswellen eröffnen eine neue Ära der Astronomie, in der das Universum nicht mehr nur über Licht, sondern auch über Raumzeitstörungen beobachtet wird.

H

Habitable Zone

Die habitable Zone (auch lebensfreundliche Zone genannt) ist der Bereich um einen Stern, in dem ein Planet flüssiges Wasser auf seiner Oberfläche halten kann. Die genaue Ausdehnung hängt von der Leuchtkraft des Sterns ab. Exoplaneten innerhalb dieser Zone gelten als aussichtsreiche Kandidaten für die Suche nach außerirdischem Leben, das irdischem Leben in seinen Grundzügen entspricht. Weitere Faktoren wie Atmosphärenzusammensetzung und planetare Masse spielen ebenfalls eine Rolle. Die Erde liegt in einer habitablen Zone.

Heliopause

Die Heliopause ist die Grenzschicht zwischen dem Einflussbereich des Sonnenwinds (Heliosphäre) und dem interstellaren Medium. Sie markiert das „Ende" unseres Sonnensystems im physikalischen Sinne. Raumsonden wie Voyager 1 und Voyager 2 haben diese Region erreicht und liefern Daten über den Übergang vom solaren zum interstellaren

Raum. Die Heliopause ist für das Verständnis der Sonnenumgebung und ihrer Wechselwirkung mit dem Kosmos von zentraler Bedeutung.

Helium-3

Helium-3 ist ein stabiles Isotop des Heliums mit zwei Protonen und einem Neutron. Es wird als potenzieller Brennstoff für fortgeschrittene Fusionsreaktoren diskutiert, da die Fusionsreaktionen genügend Energie freisetzen und vergleichsweise wenig radioaktiven Abfall verursachen. Technisch sind diese Reaktionen jedoch deutlich anspruchsvoller als herkömmliche Deuterium-Tritium-Fusionen.

Auf der Erde ist Helium-3 kaum vorhanden, auf dem Mond jedoch in größeren Mengen. Der Abbau und Export des Isotops wird daher in Visionen einer zukünftigen Mondwirtschaft diskutiert. Dies könnte zu einer Umgestaltung des Trabanten führen und Fragen aus der Perspektive des Umweltschutzes aufwerfen, insbesondere des Planetenschutzes im weitesten Sinne.

Himmelsscheibe von Nebra

Die Himmelsscheibe von Nebra, eine Bronzescheibe mit Goldapplikationen, ist die älteste Darstellung astronomischer Phänomene. Sie stammt aus der Zeit zwischen 2100 und 1700 v.u.Z. und wurde auf dem Mittelberg in Sachsen-Anhalt gefunden, in der Nähe von Nebra. Es werden astronomische Erkenntnisse und mythologische Erzählungen kombiniert. Es sind, wie Arnold Hanslmeier in seinem Buch „Einführung in Astronomie und Astrophysik" schreibt, „32 Objekte abgebildet, darunter Mond und Sonne und auch der Sternhaufen Plejaden". Die Himmelsscheibe von Nebra beeindruckt in technischer wie in ästhetischer Hinsicht und gefällt mit ihrer naiv anmutenden und akkurat ausgeführten Gestaltung.

Hohmann-Transfer

Ein Hohmann-Transfer ist eine energieeffiziente Methode, um zwischen zwei kreisförmigen Umlaufbahnen zu wechseln, etwa von der Erd- zur Marsbahn, sofern die planetare Konstellation geeignet ist. Dabei wird eine elliptische Transferbahn genutzt, bei der lediglich zwei Impulsänderungen notwendig sind. Diese klassische Technik ist nach dem deutschen Ingenieur Walter Hohmann (1880 – 1945) benannt und findet in der interplanetaren Raumfahrt breite Anwendung, insbesondere bei unbemannten Missionen.

Hubble-Weltraumteleskop

Das Hubble-Weltraumteleskop (Hubble Space Telescope, kurz HST oder Hubble) wurde 1990 von NASA und ESA in den Erdorbit gebracht und ist eines der bedeutendsten astronomischen Instrumente überhaupt. Es hat das Universum im sichtbaren, ultravioletten und nahen Infrarotbereich beobachtet und zahlreiche Entdeckungen ermöglicht, von der Ausdehnung des Universums über die Atmosphäre von Exoplaneten bis hin zu frühen Galaxien. Hubble hat das Bild vom Kosmos entscheidend geprägt und gilt als Ikone der wissenschaftlichen Raumfahrt.

Human Enhancement

Human Enhancement dient der Erweiterung der menschlichen Möglichkeiten und der Steigerung menschlicher Leistungsfähigkeit, letztlich also – aus Sicht der Betroffenen und Anhänger – der Verbesserung und Optimierung des Menschen. Ausgangspunkt sind Kranke oder Gesunde, die mit Wirkstoffen, Hilfsmitteln und Körperteilen versorgt und mit Technologien verbunden werden. Die Bewegung des Transhumanismus, von der in diesem Kontext häufig die Rede ist, propagiert die selbstbestimmte Weiterentwicklung des Menschen mit wissenschaftlichen und technischen Mitteln. Einerseits sieht man sich in der Tradition des Humanismus, andererseits erklärt man dessen Überwindung zum Ziel, insofern der Zustand des Natürlichen zurückgelassen und der Ausbau des Künstlichen vorangetrieben werden soll. Ein Beispiel für die Weiterentwicklung ist der Umbau zum Cyborg. Dieser Gegenstand zahlreicher Science-Fiction-Bücher und -Filme ist inzwischen in der Realität angekommen, vor allem als Verschmelzung von Mensch (oder Tier) und Maschine. Ein weiterer Begriff in diesem Zusammenhang ist „Bodyhacking".

Einteilen kann man in Verfahren, die auf die körperliche und die geistige Erweiterung abzielen. Dabei ist nicht immer eine klare Abgrenzung möglich. Zu unterscheiden ist zudem zwischen bestehenden, sich entwickelnden und geplanten Technologien, ferner zwischen restaurativen, therapeutischen und nichttherapeutischen Methoden. Zu den bestehenden Disziplinen und Verfahren gehören in Bezug auf die körperliche Erweiterung Schönheitschirurgie, Doping, Prothetik, Implantation und Transplantation. Die Schönheitschirurgie widmet sich fast allen Gesichtsbereichen und Körperregionen. Man entfernt, ersetzt, strafft, saugt ab und baut auf (plastische Chirurgie). Doping dient der Leistungssteigerung durch Substanzen wie Anabolika. Die moderne Prothetik bringt erweiterte Computersysteme bzw. zu integrierende Roboter hervor. Unter den sich entwickelnden und konzeptionellen Technologien ist das Exoskelett, eine steuerbare Apparatur, die am Körper getragen wird. Es liegen zwar Einzelanfertigungen und Prototypen vor, aber ausgereifte Produkte sind noch Mangelware, von medizinischen Stützstrukturen (Orthesen) abgesehen. In Bezug auf die geistige Erweiterung sind bestehende (teils noch prototypische) Computertechnologien zu nennen, die ständig mitgeführt werden, wie Smartphones, Smartwatches und Datenbrillen. In diesem Kontext spielt Augmented Reality eine zunehmend wichtige Rolle, die mithilfe von Computern erweiterte Wirklichkeit. Sich entwickelnde Technologien sind Gehirn-Computer-Kopplung und Gehirnimplantate. Zu den konzeptionellen Technologien ist die „whole brain emulation" („WBE") – auch „mind uploading" – zu zählen sowie der Exocortex, ein künstliches externes Informationsverarbeitungssystem.

In der Raumfahrt gewinnt Human Enhancement eine besondere Relevanz, da Astronauten unter extremen physischen und psychischen Belastungen stehen, etwa durch Mikrogravitation, Strahlenexposition, räumliche und soziale Isolation und begrenzte medizinische Versorgung. Erweiterungen der körperlichen Leistungsfähigkeit durch Exoskelette, Implantate oder robotische Assistenzsysteme könnten dazu beitragen, Muskelabbau zu verhindern, Kraft zu erhalten oder Arbeitsabläufe zu erleichtern. Exoskelette wie das X1 (entwickelt von NASA und IHMC) wurden bereits am Boden getestet, um Bewegungsunterstützung und Muskeltraining zu ermöglichen. Auf der geistigen Ebene könnten Brain-Computer-Interfaces und Augmented-Reality-Systeme oder die kognitive Unterstützung durch KI-Systeme dabei helfen, Konzentration und Reaktionsfähigkeit zu erhöhen und Stress abzubauen. Nachgedacht wird ferner über molekulare oder genetische Anpassungen, um den menschlichen Organismus widerstandsfähiger gegenüber den Bedingungen des Weltraums zu machen, was allerdings erhebliche gesundheitliche Risiken in sich birgt. Nicht zuletzt könnten Wearable Social Robots von Interesse sein.

Human Enhancement hat Anhänger und Gegner aus verschiedenen Lagern. Die Erweiterung und Verbesserung des Menschen kann von Medizin, Künstlicher Intelligenz (KI), Robotik und Informatik betrieben werden. Verschiedene Bereichsethiken behandeln Chancen und Risiken in moralischer Hinsicht. In der Informationsethik interessiert etwa, ob durch die (Nicht-)Verfügbarkeit von Optionen die Informationsgerechtigkeit in Frage gestellt und ob durch die Integration von Chips und die Verwendung von Hightechprothesen die Autonomie des Menschen (auch seine informationelle Autonomie) eingeschränkt oder erweitert wird. Die Technikethik reflektiert die Positionen des Transhumanismus und dessen Postulate einer Transformation. Die Maschinenethik – als Pendant zur Menschenethik – untersucht, ob die neuen Bestandteile des Menschen, wie Prothesen oder Exoskelette, selbst moralische Entscheidungen treffen können und müssen. Human Enhancement wird für die Wettbewerbsfähigkeit von Gesellschaften und Individuen von entscheidender Bedeutung sein. Damit Menschen- und Tierwürde nicht verletzt und Manipulation und Instrumentalisierung von Körper bzw. Geist nicht zur unhinterfragten Norm werden, bedarf es moralischer und ethischer Diskussionen (auch aus der Wirtschaftsethik heraus) ebenso wie rechtlicher Anpassungen.

Humanoide Roboter

Humanoide Roboter sind Roboter mit menschenähnlichem Aussehen. Das Spektrum reicht dabei von einer abstrakten Gestalt mit menschlichen Merkmalen über ein cartoonhaftes menschenähnliches Äußeres bis hin zu realistischem oder hyperrealistischem Design nach unserem Vorbild. Bei hoher Ähnlichkeit spricht man von (Vorläufern von) Androiden. Neben humanoiden Robotern gibt es z.B. animaloide, also Roboter mit tierähnlichem Aussehen. Natürlichsprachliche Fähigkeiten machen einen Roboter noch nicht zu einem humanoiden – so kann es abstrakte oder animaloide Modelle mit menschlicher Stimme geben. Humanoide Roboter sind oft Zweibeiner, zuweilen auch Roboterköpfe oder -büsten.

Der erste humanoide Roboter war Elektro, der 1939 und 1940 auf der Weltausstellung in New York gezeigt wurde. Er konnte sich bewegen, sprechen und rauchen. Später wurden Modelle wie WABOT-1 von der Waseda University (1973) entwickelt. Unter den sozialen Robotern tauchte 2006 der humanoide NAO von Aldebaran auf, der schon 2007 den animaloiden AIBO aus dem RoboCup drängte, 2014 der humanoide Pepper der gleichen Firma. Unter den moderneren funktionalen Modellen wurden zunächst ASIMO von Honda (2000) und Atlas von Boston Dynamics (2013) in der hydraulischen Version bekannt. Für Furore sorgte 2021 Ameca von Engineered Arts mit seiner beeindruckenden Mimik. Furhat von Furhat Robotics ist ein Roboterkopf, dessen Gesicht mitsamt Mimik von innen in die Gesichtsschale projiziert wird.

Neben Atlas (seit 2024 in der elektrischen Version) kann man H1, G1 und R1 von Unitree, Figure 01 und Figure 02 von Figure (Figure AI Inc.), Digit von Agility Robotics, 4NE-1 von Neura Robotics, Apollo von Apptronik und Optimus (Tesla Bot) von Tesla als Vorstufen universeller Roboter ansehen. Manche von ihnen werden als Allzweckroboter (engl. „all-purpose robot" oder „general-purpose robot") bzw.

„humanoid agent" vermarktet. Sie haben volle Bewegungsfähigkeit mit Armen, Beinen, Oberkörper und Kopf. Mit der Applikation von künstlicher Haut und der Integration von menschlich wirkenden Augen könnte man sie in Androiden verwandeln, die anders als die meisten ihrer Vorläufer auf zwei Beinen gehen. Dabei würde mit hoher Wahrscheinlichkeit der Uncanny-Valley-Effekt auftreten.

Je mehr ein Avatar oder ein Roboter durch sein Aussehen verspricht, desto perfekter muss er umgesetzt sein, damit er nicht unheimlich wirkt und ins Uncanny Valley gerät, ins unheimliche Tal. Die meisten humanoiden Roboter, die hergestellt werden, insbesondere (Vorläufer von) Androiden, kommen aus diesem trotz intensiver Bemühungen nicht heraus – man denke an ihr schiefes Lächeln oder ihre ruckartigen Bewegungen. Gegenwärtig erhalten allenfalls Avatare, die sich von Menschen nicht mehr unterscheiden lassen, die notwendige Akzeptanz und das notwendige Vertrauen. Die meisten animaloiden Roboter geraten erst gar nicht in das Tal hinein, da sie kaum Erwartungen wecken. Der Effekt, der von Masahiro Mori in den 1970er-Jahren entdeckt bzw. behauptet wurde, kann auch auf die Emotionen und die Moral der Maschinen übertragen werden. Damit hat er mit der Maschinenethik zu tun.

Humanoide Roboter fungieren als soziale Roboter oft als Companion Robots und im Bereich von Inclusive Robotics. Beispiele sind der bereits erwähnte NAO und Alpha Mini von Ubtech. Man kann sich um sie kümmern, mit ihnen spielen und Gefühle für sie entwickeln. Sie sind i.d.R. dazu fähig, Empathie und Emotionen zu zeigen (die sie nicht haben). Dabei sind die Augen, die Töne, die natürlichsprachlichen Fähigkeiten und die Bewegungen des Kopfs und des Körpers von Bedeutung. Andere Rollen sind Lehrer und Tutor. Androiden bzw. deren Vorläufer wie Sophia und Aria sind für Museen, Bibliotheken und andere (halb-)öffentliche Räume gedacht. Harmony und Emma stehen als Sexroboter zur Verfügung. Allzweckroboter dienen vor allem der Übernahme menschlicher Tätigkeiten. Sie sind in Produktion und Logistik tätig oder sollen eines Tages Einsätze von Polizei, Feuerwehr und Militär begleiten. Für Hochschulen und Institute sind humanoide Roboter in allen Varianten wichtig, um in den Bereichen Soziale Robotik, Mensch-Maschine-Interaktion und Mensch-Roboter-Kollaboration zu forschen.

In der Raumfahrt könnten humanoide Roboter auf Raumstationen oder künftig auf Mond- und Marsstationen arbeiten, wo menschliche Abmessungen und Bewegungen von Vorteil sind. Die Robonaut-Modelle der NASA wurden seit 2011 so konzipiert, dass sie dieselben Werkzeuge wie Menschen benutzen können. Sie sollen in der Lage sein, auf der Erde und im Weltraum sicher mit Menschen zusammenzuarbeiten. Robonaut2, der einem Astronauten ähnelt und die Erkennungszeichen der NASA auf seinem Körper trägt, wurde bereits auf der ISS getestet. Der russische Skybot F-850, eine Variante des Militärroboters Fedor (Final Experimental Demonstration Object Research), ähnelt einem Allzweckroboter in der Art von Figure 02, Digit, Atlas, Apollo oder Optimus. Darüber hinaus könnten animaloide und humanoide Roboter auf Marsflügen eine Rolle spielen, etwa als Companion Robots, die Einsamkeit bekämpfen und Stress und Angst abbauen. Dabei sind aber eher kleine Modelle zweckmäßig, die wenig Platz beanspruchen und – als Wearable Social Robots – um den Hals oder am Leib getragen werden können.

Humanoide Roboter erleben als Allzweckroboter seit den 2020er-Jahren einen regelrechten Boom. Wegen der zunehmenden Integration von generativer KI spricht man auch von intelligenten Robotern. Unklar ist bei einigen von ihnen, welche Daten sie wohin weiterleiten können. Auch im Markt der (Vorläufer der) Androiden ist Bewegung. Noch zu wenig erforscht sind die Reaktionen von Menschen auf die neuesten Varianten. Hier sind Soziale Robotik, Mensch-Maschine-Interaktion und Mensch-Roboter-Kollaboration als Disziplinen gefragt, bei Sexrobotern zudem die Sexualwissenschaft. Die Informationsethik fragt nach der Verletzung der informationellen Autonomie, die Roboterethik nach der Verantwortung bei Zusammenstößen und Auseinandersetzungen. Die Maschinenethik versucht die Robotermenschen zu erziehen, durch das Einprogrammieren moralischer Regeln oder das Alignment der integrierten multimodalen KI-Modelle. Die Wirtschaftsethik interessiert sich dafür, ob uns humanoide Roboter im Arbeitsleben unterstützen oder verdrängen sollen und wie wir mit ihnen ohne Konflikte koexistieren können.

I

Informationsethik

Die Informationsethik hat die Moral derjenigen zum Gegenstand, die Informations- und Kommunikationstechnologien (IKT), Informationssysteme und neue Medien anbieten und nutzen. Sie geht der Frage nach, wie sich diese Personen, Gruppen und Organisationen in moralischer Hinsicht verhalten (empirische Informationsethik) und verhalten sollen (normative Informationsethik). Man ordnet der Bereichsethik der Informationsgesellschaft die Computerethik und die Netzethik (sowie eine „Neue-Medien-Ethik") zu und nennt sie umgangssprachlich auch Digitale Ethik (oder digitale Ethik).

Bekannte Begriffe der Informationsethik sind „informationelle Autonomie" (eher rechtlich konnotiert: „informationelle Selbstbestimmung"), „Informationsfreiheit", „Informationsgerechtigkeit" und „digitaler Ungehorsam". Wichtige Methoden der Begründung sind die diskursive und die dialektische. Die Informationsethik kann eben diese Begriffe und Methoden in Ethikkommissionen und Konfliktgespräche einbringen. Andere Bereichsethiken wie Medizinethik, Wirtschaftsethik und Technikethik müssen sich mit ihr verständigen, da bei ihnen

Computertechnologien eine immer größere Rolle spielen. Die Technikfolgenabschätzung zieht in ihrer Interdisziplinarität auch die Ethik herbei.

Die Informationsethik kann beispielsweise Chancen und Risiken von Brain-Computer-Interfaces, VR- und AR-Brillen, Foto- und Forschungsdrohnen, autonomen Fahrzeugen, Kampfrobotern und Weltraumrobotern herausarbeiten. In Bezug auf Weltraumtechnologien stellen sich weitere Fragen, etwa zur Überwachung über Satelliten und in Raumfahrzeugen oder zur Verantwortung bei KI-gestützter Entscheidungsfindung. Zudem sind die Informationsgerechtigkeit im Zugang zu Weltraumdaten und die Monopolbildung bei der Raumfahrt zu nennen. Die Informationsethik sollte die Systeme zunächst genau beschreiben und abgrenzen, bevor sie Aussagen trifft. So ist etwa von Bedeutung, ob Kameras und Systeme für Gesichtserkennung bzw. KI-Systeme vorhanden oder ob die Maschinen und Roboter autonom und vernetzt sind.

Ingenuity

Ingenuity ist eine kleine Drohne der NASA, die am 19. April 2021 den ersten motorisierten Flug auf einem anderen Planeten absolvierte. Sie wird auch als Helikopter (Ingenuity Mars Helicopter) bezeichnet. Mitgebracht worden war sie vom Rover Perseverance, den sie immer wieder unterstützte, etwa bei der Planung seiner Routen, bei der Erkundung des Jezero-Kraters und bei der Erstellung von Luftaufnahmen. Die Agentur selbst schreibt auf ihrer Website: „NASA's Ingenuity Mars Helicopter completed 72 historic flights since first taking to the skies above the Red Planet." Bei einem Flug machte die Drohne ein Selfie von ihrem Schatten.

Innovation

Der Begriff der Innovation trägt etymologisch das „Neue" bzw. die „Neuerung" in sich. Kreative Ideen oder neues Wissen sind noch keine Innovation, aber wichtige Vorbedingungen und Vorläufer. Innovationen resultieren dann aus Ideen, wenn diese in neue Materialien, Produkte, Dienstleistungen oder Verfahren umgesetzt werden, die eine erfolgreiche Anwendung finden und den Markt durchdringen.

Aus Sicht der Informationsethik interessiert, wie Innovation in der Informationsgesellschaft möglich ist, ohne deren Moral in unpassender Weise zu untergraben. Instrumente wie Creative Commons gehören zu den Innovationen der Informationsgesellschaft, so wie Virtual Reality, Augmented Reality, das Internet der Dinge oder soziale Roboter.

Die Geschichte der Raumfahrt ist von technologischen Sprüngen geprägt, von der Entwicklung leistungsfähiger Trägersysteme über Navigations- und Kommunikationslösungen bis hin zu (Weltraum-)Robotern, KI-Systemen und Miniaturisierungsansätzen. Spin-offs sind zivile oder industrielle Anwendungen, die aus Raumfahrttechnologien hervorgegangen sind. Innovationen entstehen sowohl in staatlichen Programmen als auch in der privaten Raumfahrtwirtschaft und mehr und mehr durch interdisziplinäre Forschung, internationale Kooperation und offene Entwicklungsprozesse.

Innovation in der Raumfahrt beschränkt sich offensichtlich nicht auf Technik. Sie umfasst ebenso neue Modelle der Zusammenarbeit, etwa Public-Private-Partnerships, neue Finanzierungsinstrumente, agile Projektmethoden oder die Nutzung von offenen Daten. Raumfahrtinnovationen wirken häufig weit über das eigentliche Einsatzfeld hinaus, etwa in der Medizin, der Materialforschung, der Sensorik oder der Umweltbeobachtung.

Im 21. Jahrhundert wird Weltrauminnovation als technologische und rechtliche Herausforderung sowie als gesellschaftliche Aufgabe verstanden. Sie soll zum einen Fortschritt ermöglichen, zum anderen Umwelt- und Friedensaspekte sowie globale Teilhabe berücksichtigen. Sie ist damit eine Frage des Neuartigen wie des Sinnvollen und Seinsollenden und hat eine normative Dimension. Bereichsethiken wie Technikethik, Informationsethik, Umweltethik und Wirtschaftsethik widmen sich den Herausforderungen in diesem Bereich.

In-situ-Ressourcennutzung

Die In-situ-Ressourcennutzung (engl. „in-situ resource utilization", kurz „ISRU") beschreibt das Prinzip, lokale Ressourcen auf Himmelskörpern wie dem Mond oder dem Mars zu nutzen, anstatt relevante Materialien von der Erde mitzubringen. Dazu zählen etwa die Gewinnung von Wasser und Sauerstoff oder Baumaterialien aus Eis oder Regolith, einem auf Mond, Merkur, Mars und Venus auftretenden Lockermaterial aus Staub und Gesteinsbruchstücken. ISRU ist relevant für nachhaltige, langfristige Raumfahrtmissionen und essenziell für die Errichtung von Mond- oder Marsbasen. Erste Experimente wurden auf dem Mars durchgeführt, etwa durch die MOXIE-Einheit des Rovers Perseverance, die 2021 erstmals Sauerstoff aus der Atmosphäre extrahierte.

Internationale Raumstation

Die Internationale Raumstation (ISS) ist eine bemannte Forschungsplattform im niedrigen Erdorbit, die seit 1998 in Betrieb ist. Sie entstand durch internationale Kooperation von NASA, Roskosmos, ESA, JAXA und CSA. Auf der ISS werden Experimente in Schwerelosigkeit durchlaufen, u.a. in Biologie, Physik, Medizin und Materialwissenschaften. Sie dient zudem als Testumgebung für Technologien, die bei späteren Missionen zum Mond oder Mars zum Einsatz kommen sollen. Die ISS ist ein Symbol internationaler Zusammenarbeit im All und auch in der breiten Öffentlichkeit bekannt, zumal man sie bei noch dunklem Himmel mit bloßem Auge erkennen kann, wenn sie von der Sonne angestrahlt wird.

Interplanetare Kommunikation

Interplanetare Kommunikation umfasst die Datenübertragung zwischen Raumsonden (zukünftig auch Trabanten- und Planetenstationen) und der Erde. Sie erfordert hohe Präzision und geringe Verzögerungstoleranz bei oft großen Entfernungen. So beträgt die Signallaufzeit zwischen Erde und Mars etwa 20 Minuten. Zum Einsatz kommen Hochleistungsantennen, Deep-Space-Netzwerke und zunehmend optische Verfahren (Laserkommunikation). Interplanetare Kommunikation ist entscheidend für Steuerung und Sicherheit interplanetarer Missionen, zudem für die Datenrückführung.

Interstellares Objekt

Interstellare Objekte sind Himmelskörper, die nicht an einen Stern gebunden sind. Bis 2025 konnte man erst drei von ihnen innerhalb des Sonnensystems beobachten, zuletzt 3I/ATLAS bzw. C/2025 N1 (ATLAS). Dieser interstellare Komet wurde vom Asteroid Terrestrial-impact Last Alert System (ATLAS) am 1. Juli 2025 entdeckt.

Ionentriebwerk

Ein Ionentriebwerk ist ein elektrisches Antriebssystem, bei dem geladene Teilchen (sogenannte Ionen) mithilfe von elektrischen Feldern beschleunigt und ausgestoßen werden. Es erzeugt einen nur geringen, aber sehr effizienten Schub, was ideal für lange Raumfahrtmissionen ist. Beispiele sind die ESA-Sonde SMART-1 und die NASA-Mission Dawn. Im Vergleich zu chemischen Triebwerken ermöglicht das Ionentriebwerk deutlich höhere Endgeschwindigkeiten bei geringem Treibstoffverbrauch.

J

JAXA

Die Japan Aerospace Exploration Agency (JAXA) ist die nationale Raumfahrtagentur Japans. Sie wurde 2003 gegründet und ist für wissenschaftliche, technologische und bemannte Raumfahrtprogramme zuständig. Ihren Hauptsitz hat sie in der Präfektur Tokio. Die JAXA ist international anerkannt für ihre Präzisionsmissionen, etwa im Bereich der Asteroidenforschung (Hayabusa, Hayabusa2), Erdbeobachtung, Weltraumrobotik und Weltraumtechnik. Sie kooperiert eng mit NASA und ESA und trägt unter anderem zum Betrieb der ISS und zu wissenschaftlichen Missionen im Tiefraum bei.

Jupiter

Jupiter – benannt nach dem obersten römischen Gott, der wiederum dem griechischen Zeus entspricht – ist der fünfte Planet des Sonnensystems und der größte von allen. Als Gasriese besteht er überwiegend aus Wasserstoff und Helium und besitzt keine feste Oberfläche. Er hat ein starkes Magnetfeld, ein komplexes Ringsystem und über 90 bekannte Monde, darunter Ganymed, der größte Mond des Sonnensystems. Dieser wurde benannt nach dem Helden der griechischen Mythologie, der außerordentlich schön war und zum Lustknaben von Zeus wurde. Weitere Monde sind Io, Europa und Callisto, deren Namensgeberinnen alle von Zeus beglückt, bedrängt oder missbraucht wurden. Der Große Rote Fleck ist ein riesiger Wirbelsturm, der seit Jahrhunderten beobachtet wird. Aufgrund seiner Masse beeinflusst Jupiter wesentlich die Stabilität des Sonnensystems. Raumsonden wie Galileo, Juno und künftig JUICE der ESA liefern Daten zu seiner Struktur, seiner Atmosphäre und seinen Monden. Einige von ihnen gelten als potenziell lebensfreundlich, wie etwa Europa, ein Eismond zwar, doch womöglich mit einem Ozean unter der Eisschicht.

K

Kampfroboter

Kampfroboter, auch als Militärroboter bekannt, sind ferngesteuerte oder aber teilautonome bzw. autonome Maschinen, die in kriegerischen Auseinandersetzungen der Ablenkung in Bezug auf Ressourcen, der Auskundschaftung von Stützpunkten sowie der Beobachtung und der Beseitigung von Gefahren und Gegnern dienen. Wenn sie Standorte bewachen, haben sie eine Nähe zu Sicherheitsrobotern, wenn sie Minen aufspüren, räumen und sprengen, zu Minenrobotern, wenn sie Transporte durchführen, zu Transportrobotern. Auch Kampfdrohnen sind – bei einem weiten Begriff – Kampfroboter. Man kann Kampfroboter als Serviceroboter ansehen, sie aber genauso als eigene Kategorie begreifen. Der Begriff des Militärroboters kann als Synonym wie als Überbegriff verwendet werden. Bei ferngesteuerten und teilautonomen Systemen, ob für den Einsatz in der Luft oder auf dem Boden gedacht, ist typischerweise nebst dem mobilen Roboter eine Kontrollstation respektive Steuerzentrale auf dem Boden vorhanden.

Ferngesteuerte und teilautonome Kampfroboter sind weltweit im Einsatz. Autonome Systeme werden mit Hochdruck erforscht, vor allem an Universitäten und in den Labors der Waffenhersteller in den USA, in Israel und in Asien, als Prototypen entwickelt und getestet und in mehreren Ländern bereits im Normalbetrieb eingesetzt. Je nach Anwendungsbereich haben sich ganz unterschiedliche Typen herausgebildet. Auf dem Boden sind bewaffnete und unbewaffnete Systeme im Gebrauch. Der Battlefield Extraction Assist-Robot (BEAR) und BigDog transportieren Verletzte und Gegenstände, Talon und Packbot entschärfen Sprengstoffe. Das englische Modular Advanced Armed Robotic System (MAARS) und der amerikanische XM1219 Armed Robotic Vehicle-Assault-Light (ARV-A-L) sind bzw. waren ebenso mit Waffen ausgerüstet wie die russischen Soratnik und Nerechta. Ein bewaffnetes System für den Einsatz in der Luft ist z.B. der oder die AAI RQ-7 bzw. AAI RQ-7 Shadow. Das israelische und das südkoreanische Militär testen Kampfroboter in Grenzregionen. Mit Blick auf die Raumfahrt werden sie vor allem in der Science-Fiction dargestellt, doch reale Entwicklungen in Robotik und KI werfen Fragen nach ihrer möglichen Nutzung im Orbit oder auf fremden Himmelskörpern auf. Die Militarisierung des Weltraums schließt autonome Systeme mit Waffenfunktion nicht aus, wird jedoch völkerrechtlich kritisiert.

KI-Forscher und Robotiker aus aller Welt haben bei der Eröffnung der IJCAI 2015 am 28. Juli 2015 in einem offenen Brief ein Verbot von autonomen Waffensystemen angemahnt. Zu den Unterzeichnern gehörten Stephen Hawking, Steve Wozniak, Noam Chomsky und Elon Musk. In einem weiteren offenen Brief an die Vereinten Nationen, veröffentlicht am 20. August 2017 vom Future of Life Institute, forderten Elon Musk und über 100 weitere Unternehmer und Wissenschaftler erneut ein Verbot von autonomen Waffensystemen und Kampfrobotern. Kritiker sehen wiederum in den Taxis von Tesla zwar keine Kampfroboter, aber Roboter, die das Leben von Menschen gefährden, weil ihre Funktionen noch nicht ausgereift seien und ihre Entwicklung zu schnell vorangetrieben werde. Zudem könnten sich Roboterautos durch Hackerangriffe in Waffen verwandeln. In diesem Zusammenhang taucht die Frage der Zweckentfremdung von Robotern auf – und das Problem, dass unterschiedlichste Serviceroboter als Kriegsgeräte benutzt werden können. Dies wird auch unter dem Begriff der Dual-Use-Problematik verhandelt.

Die ethische Diskussion, die durch die genannten offenen Briefe und verwandte Petitionen ausgelöst wird, aber auch unabhängig davon regelmäßig aufkommt, bezieht sich vor allem auf autonome Kampfroboter, die töten sollen und können, also Lethal Autonomous Robots. Befürworter betonen, dass man mit ihnen die eigenen Soldaten schonen und schützen kann. Zudem kann man mit ihnen Ziele präzise erfassen und bekämpfen, dank der eingebauten und mit ihnen verbundenen Technologien und in Relativierung oder Eliminierung menschlicher Fehler. Nicht zuletzt hat der Kampfroboter anders als der Mensch kaum ein Interesse daran, am Rande von kriegerischen Auseinandersetzungen zu plündern, zu brandschatzen und zu vergewaltigen. Gegner erwähnen die relative Einfachheit und potenzielle Grenzenlosigkeit des Einsatzes und den Psychoterror für die Bevölkerung durch unbemannte Systeme. Ebenso werden die Gefahr falscher maschineller Entscheidungen und die Abwälzung menschlicher Verantwortung auf Maschinen ins Feld geführt, überdies – um die Perspektive zu öffnen – ökonomische Faktoren wie das fragwürdige Kosten-Nutzen-Verhältnis. Nicht zuletzt können Kampfroboter, wie Roboterautos, gehackt und dann manipuliert und missbraucht werden. Die Maschinenethik widmet sich den moralisch begründeten Entscheidungen von Kampfrobotern. Im Zentrum eines Gedankenexperiments steht Buridans Robot, der einen Terroristen töten soll. Da dieser zusammen mit seinem Zwillingsbruder auftaucht, ist sich die Maschine unsicher, wen sie auswählen soll, und gerät in ein ähnliches Dilemma wie Buridans Esel, der zwischen zwei Heubündeln verhungert.

Kármán-Linie

Die Kármán-Linie liegt in 100 Kilometern Höhe über dem Meeresspiegel und markiert die international anerkannte Grenze zwischen Atmosphäre und Weltraum. Oberhalb dieser Grenze ist für Flugzeuge keine aerodynamische Auftriebserzeugung mehr möglich. Sie können daher die Kármán-Linie nicht überqueren, bis auf Spezialflugzeuge mit Raketenantrieb. Neben dem fehlenden Auftrieb ist das Antriebsproblem zu nennen – bereits in den Höhen über etwa 25 bis 30 Kilometer steht nicht mehr genug Sauerstoff für die Verbrennung zur Verfügung. Die

Kármán-Linie dient als Bezugspunkt für Raumfahrtdefinitionen und ist juristisch wie symbolisch bedeutsam.

Kernenergie in der Raumfahrt

Kernenergie wird in der Raumfahrt genutzt, wenn Sonnenenergie wie im Tiefraum nicht ausreicht. Radioisotopengeneratoren (RTGs) versorgen Missionen wie Voyager, Curiosity oder Perseverance mit Strom. Sie zählen aber nicht zu den Kernreaktoren im eigentlichen Sinne. Auch nukleare Antriebssysteme werden erforscht, etwa für Marsreisen. Der Einsatz wirft sicherheits- und haftungsrechtliche Fragen auf, insbesondere beim Start von Raketen mit radioaktivem Material.

Das Kilopower-Projekt ist ein Programm der NASA, das ein kleines, nuklear betriebenes Stromerzeugungssystem entwickelt, um zukünftige Raumfahrtmissionen mit ausreichend Energie zu versorgen. Der vollständige Name lautet Kilopower Reactor Using Stirling Technology (KRUSTY). Das System soll eine Leistung von bis zu 10 Kilowatt liefern und dabei eine Lebensdauer von mindestens zehn Jahren haben. Nach den Tests in den Jahren 2017 und 2018 wurde ein Einsatz auf dem Mond vorbereitet.

Die NASA schreibt auf ihrer Website: „After successful completion of the Kilopower Reactor Using Stirling Technology (KRUSTY) experiment in March 2018, the Kilopower project team began developing mission concepts for a lunar demonstration. A lunar demonstration, part of the current fission surface power project, will pave the way for future fission surface power systems. The technology can enable human outposts on the Moon and Mars, including mission operations in harsh environments and in-situ resource utilization infrastructure capable of producing propellants and other materials."

Kessler-Syndrom

Das Kessler-Syndrom beschreibt ein hypothetisches Szenario, in dem Weltraumschrott durch Kollisionen exponentiell zunimmt und die Nutzung des erdnahen Orbits stark gefährdet. Benannt ist es nach dem amerikanischen Astronomen und NASA-Wissenschaftler Donald J. Kessler. Die zunehmende Satellitenzahl und unkontrollierte Bruchstücke machen diese Gefahr immer wahrscheinlicher. Präventionsmaßnahmen und internationale Regeln zur Trümmervermeidung gewinnen an Bedeutung.

KI-Assistent

Ein KI-Assistent ist ein auf künstlicher Intelligenz (KI) beruhendes kommerzielles oder nichtkommerzielles System, das Anfragen der Benutzer beantwortet und Aufgaben für sie erledigt, in privaten und beruflichen Zusammenhängen. Er ist auf dem Notebook, dem Tablet oder dem Smartphone ebenso zu finden wie in Unterhaltungs- und Unterstützungsgeräten oder in Fahrzeugen. Es kann sich um einen Chatbot handeln, der oft textuell, manchmal auch auditiv und seit 2022 vor allem mithilfe von großen Sprachmodellen (Large Language Models, LLMs) umgesetzt wird. Ein KI-Assistent verarbeitet mithilfe von Natural Language Processing (NLP) natürliche Sprache und wendet sie selbst an, etwa mittels Textausgabe oder unter Gebrauch eines Text-to-Speech-Systems. Bei gesprochener Sprache ist der Begriff „Sprachassistent" üblich. Auf die Stimme zielt „Voicebot" (engl. „voicebot") oder „Voice Assistant" (engl. „voice assistant"). Zudem tauchen spezielle Pocket Companions und Wearable Social Robots als eigenständige Geräte auf, die mit Large Action Models (LAMs) betrieben werden. Unter KI wird in diesem Zusammenhang vor allem Machine Learning (insbesondere Deep Learning) verstanden. KI-Assistenten sind Formen virtueller Assistenten (die in Geräte integriert sein können). KI-Agenten sind im Gegensatz zu den meisten KI-Assistenten autonome Systeme ohne mehrmalige Eingriffe des Betreibers oder Benutzers, wobei es Berührungspunkte und Kombinationsmöglichkeiten gibt.

ChatGPT von OpenAI und Microsoft Copilot sind bekannte Anwendungen. Seit Ende 2023 sind Millionen von KI-Assistenten in der Form von GPTs (laut OpenAI „custom versions of ChatGPT") entstanden. Manche GPTs und andere Lösungen, die auf LLMs basieren, vermitteln Wissen und sind damit Facilitators, Instruktoren oder Tutoren. Andere sind Mentoren und Coaches, die z.B. einen Lernprozess begleiten. Wieder andere kreieren Logos und Präsentationen oder dienen als Gesprächspartner und für das Brainstorming, oder sie helfen bei der Reiseplanung und der Einrichtung der Wohnung. Immer wichtiger werden KI-Assistenten für die Programmierung. Siri, Google Assistant und Alexa sind etablierte Sprachassistenten, die mit generativer KI verbunden werden. Sie werden teils zur Nutzung von Diensten und Geräten (etwa auf Smartphones, im Smart Home und in Smart Speakers) und in Autos oder Shuttles eingesetzt. Mit Google Assistant ist das Projekt Google Duplex verknüpft. Man teilt, so die Grundidee, bestimmte Daten mit, und die Maschine reserviert telefonisch einen Tisch oder vereinbart einen Termin beim Frisör. Die meisten Sprachassistenten sind, anders als viele Chatbots, nicht grafisch erweitert, haben also keinen Avatar. Hologramme in der Fiktionalität, beispielsweise in Filmen wie „Blade Runner 2049", fungieren ebenfalls als virtuelle Assistenten oder KI-Assistenten. In der Realität existieren Produkte wie die Gatebox aus Japan. In der Raumfahrt können Missionsplanung, Navigation, Fehlersuche und Crewunterstützung bereichert werden. Beispiele sind autonome Diagnosesysteme oder interaktive Interfaces in bemannten Kapseln. Die Kombination aus Sprachverarbeitung, Bilderkennung und lernfähigen Algorithmen macht sie besonders vielseitig.

KI-Assistenten sind einfach nutzbare und zugleich mächtige Lösungen für ganz unterschiedliche Belange. Sie erleichtern die Erledigung von Aufgaben von Privatpersonen und Mitarbeitern und erlauben es Laien, wie Experten aufzutreten, indem sie Ergebnisse verbessern. In den meisten Fällen ist bei der Verwendung von KI-Assistenten klar, dass es Artefakte sind, und man bedient sie wie Werkzeuge. Allerdings gehen manche Menschen auch Beziehungen mit ihnen ein und entwickeln Emotionen und Empathie ihnen gegenüber. Dies wird dadurch unterstützt und verstärkt, dass viele KI-Assistenten einen Namen und eine Persönlichkeit haben. Bei Chatbots sowie Hologrammen spielt zudem die Visualisierung eine Rolle. Bei Systemen wie Google Duplex nimmt man einen Anruf entgegen, kommuniziert wie gewohnt, hat aber vielleicht, ohne es zu wissen, einen Computer am Apparat, keinen Menschen. Für Chatbots wurde bereits früh vorgeschlagen, dass diese klarmachen sollen, dass sie keine Menschen sind. Möglich ist es zudem, die Stimme roboterhaft klingen zu lassen, sodass kaum Verwechslungsgefahr besteht. Dies sind Themen für Informationsethik, Roboterethik und Maschinenethik und allgemein Roboterphilosophie. Die Wirtschaftsethik beschäftigt sich damit, dass KI-Assistenten immer mehr Tätigkeiten ausüben, für die vorher Hilfs- und Fachkräfte zuständig waren und für die diese gebucht wurden.

KI-Ethik

Mit der Künstlichen Intelligenz (KI) als Disziplin und der künstlichen Intelligenz (ebenfalls KI) als ihrem Gegenstand beschäftigen sich mehrere Bereichsethiken, etwa Informationsethik, Technikethik, Wirtschaftsethik und Roboterethik. Eine KI-Ethik etabliert sich allmählich. Es ist die Frage, ob sie sich aus den genannten Bereichen der angewandten Ethik speisen kann oder ob man sie als selbstständige Fachrichtung ausarbeiten soll. Es ist einerseits nicht sinnvoll, zu viele Disziplinen zu begründen. Schon die Informationsethik ist im deutschsprachigen Raum unterrepräsentiert und bräuchte institutionell und finanziell Verstärkung (während Wirtschafts-, Medien- und Medizinethik breite Unterstützung erfahren). Andererseits stellt sich die Frage, warum keine KI-Ethik auf den Plan treten soll, wenn schon eine Roboterethik existiert und beide in gewissem Sinne komplementär sind. Allerdings hat sich gezeigt, dass deren Begriff durchaus diffus ist. Hilfsweise und vorläufig soll unter einer KI-Ethik keine neue Bereichsethik und auch keine neue Ethik neben der Menschenethik verstanden werden, sondern ein neues Arbeitsgebiet. Dieses kann man aus den klassischen Bereichsethiken und der Maschinenethik heraus entfalten.

Die Informationsethik hat die Moral (in) der Informationsgesellschaft zum Gegenstand. Sie untersucht, wie wir uns, Informations- und Kommunikationstechnologien und digitale Medien anbietend und nutzend, in moralischer Hinsicht verhalten bzw. verhalten sollen. Ein neuer, zugleich unklarer Begriff ist der der digitalen Ethik. Mit Blick auf die KI ist z.B. die Frage, wie wir mit ihrer Hilfe observiert und analysiert werden, welche Verzerrungen durch sie entstehen und welche Vorurteile durch sie gefestigt werden (Bias-Diskussion). Typischerweise entstehen in Zusammenarbeit mit der Informationsethik, unter

Verwendung ihrer Begriffe und Methoden, auch ethische Leitlinien, deren Nutzen umstritten ist. Die Technikethik bezieht sich auf moralische Fragen des Technik- und Technologieeinsatzes. Es kann um die Technik von Fahrzeugen oder Waffen ebenso gehen wie um die Nanotechnologie oder die Kernenergie. Sie interessiert sich dafür, wie Systeme künstlicher Intelligenz als Technologien und Werkzeuge einzuordnen sind, was wir ihnen zugestehen und wie wir uns ihnen gegenüber verhalten sollen. Die Wirtschaftsethik hat die Moral (in) der Wirtschaft zum Gegenstand. Dabei ist der Mensch im Blick, der wirtschaftliche Interessen hat, der produziert, handelt, führt und ausführt sowie konsumiert (Konsumentenethik), und das Unternehmen, das Verantwortung gegenüber Mitarbeitern, Kunden und Umwelt trägt (Unternehmensethik). Ersetzt künstliche Intelligenz den Menschen, nimmt sie ihm schwierige und anstrengende Tätigkeiten ab, ermöglicht sie ihm ein Leben mit weniger und mit besserer Arbeit? Das sind Fragen, die man in Bezug auf den Mitarbeiter aufwerfen kann.

Zudem kann sich die Disziplin der Roboterethik mit der künstlichen Intelligenz beschäftigen. KI und Robotik haben unterschiedliche Ziele und Ergebnisse. Ihre Ergebnisse kann man aber integrieren, und intelligente Roboter sind von zunehmender Bedeutung, als Industrieroboter ebenso wie als Serviceroboter. Bei sozialen Robotern ist die Verwendung von KI weitgehend Standard, wenn man an Gesichts- und Stimmerkennung, Emotionserkennung und natürlichsprachliche Fähigkeiten denkt. Die Roboterethik kann zunächst als Keimzelle und Spezialgebiet der Maschinenethik aufgefasst werden. Gefragt wird dann danach, ob ein Roboter ein Subjekt der Moral (engl. „moral agent") sein und wie man diese implementieren kann. Man kann aber nicht nur nach den Pflichten oder Verpflichtungen (noch schwächer: Aufgaben), sondern auch den Rechten der Roboter fragen und danach, ob diese Objekte der Moral (engl. „moral patients") sind. Nicht zuletzt ist es möglich, die Disziplin in einem ganz anderen Sinne zu verstehen, nämlich in Bezug auf die Folgen des Einsatzes von Robotern für Menschen. In dieser Ausrichtung kann sie in Technik- und Informationsethik verortet oder diesen zugeordnet werden.

Die Maschinenethik kann von den klassischen Bereichsethiken getrennt werden. Während diese stets den Menschen als Subjekt der

Moral thematisieren (auch in der Tierethik, wo das Tier Objekt der Moral ist, nicht Subjekt), fragt sie nach der Maschine als Subjekt der Moral. Und während sich die Bereichsethiken meist damit begnügen, über Maschinen nachzudenken, baut sie Maschinen, zusammen mit Künstlicher Intelligenz und Robotik, um sie dann zu erforschen und womöglich in die Praxis zu bringen. Autonomen Systemen wie bestimmten KI-Systemen und bestimmten Robotern kann man moralische Regeln beibringen. Meist sind dies vorgegebene Regeln, an die sich die Maschine unbedingt hält. Es gibt aber auch Prototypen, die ihre künstliche Moral anpassen und weiterentwickeln. Beide Ansätze haben Vor- und Nachteile, je nach Ausgangslage, Zielsetzung und Kontext. Das maschinelle Subjekt hat übrigens vieles von dem nicht, was das menschliche hat. Ein Roboter ist nicht gut oder böse, und man kann ihn moralisch nicht zur Verantwortung ziehen. Er kann aber unter mehreren Optionen die geeignete auswählen, unter Berücksichtigung moralischer Regeln oder Metaregeln bzw. Prinzipien.

Die KI-Ethik erhält Auftrieb durch Entwicklungen seit 2022 wie ChatGPT, DeepL Write und DALL-E 2 und 3 oder Lensa. Zunächst handelt es sich dabei um ebenso mächtige wie disruptive Tools. Bei ChatGPT stellt sich die Frage, wie fehleranfällig und vorurteilsbeladen (oder prinzipienverhaftet) das Reinforcement Learning from Human Feedback (RLHF) ist. Zudem kann die Datenqualität unter die Lupe genommen werden. Auch wenn Dokumente und Quellen von Arbeitskräften klassifiziert und qualifiziert werden, bedeutet das nicht unbedingt, dass ihre Verwendung unproblematisch ist. Die Arbeitsverhältnisse selbst thematisiert die Wirtschaftsethik. Bei DeepL Write kann man beanstanden, dass dieses Lektorprogramm offensichtlich nicht den Regeln des Rechtschreibrats, sondern eigenen Regeln folgt. So werden Rechtschreibfehler, die mit Sonderzeichen im Wortinneren zusammenhängen, also mit einer sogenannten geschlechtergerechten Sprache, nicht als solche erkannt bzw. beanstandet. Dies kann man in der Informationsethik und in der Medienethik untersuchen. DALL-E 3 und sein Nachfolger 4o Image sowie Lensa schaffen auf der Grundlage von Text- und Bildmaterial wirkungsstarke Visualisierungen. Angeblich werden bei Lensa die weiblichen Avatare sexualisiert, was aber nicht von allen Benutzern bestätigt werden kann. Die KI-Ethik dringt zum Kern vor, zum Machine Learning, und widmet sich der Herkunft und Qualität der Daten und dem Aufbau und der Anpassung der Algorithmen. Sie behandelt mehr und mehr, wie Roboterethik und Maschinenethik, ganz grundsätzliche Aspekte, etwa in Bezug auf das Verhältnis zwischen (den Funktionsweisen und Endresultaten) künstlicher und menschlicher Intelligenz.

Kollaborationsroboter

Kooperations- und Kollaborationsroboter sind moderne Industrieroboter, die mit uns Schritt für Schritt an einem gemeinsamen Ziel (Kooperationsroboter) bzw. Hand in Hand an einer gemeinsamen Aufgabe arbeiten, wobei wiederum ein bestimmtes Ziel gegeben ist (Kollaborationsroboter). Sie nutzen dabei ihre mechanischen und sensorischen Fähigkeiten und treffen Entscheidungen mit Blick auf Produkte und Prozesse im Unternehmen bzw. in der Einrichtung. Co-Robots oder Cobots, wie sie gelegentlich genannt werden, können in Einzelfällen auch als Serviceroboter auftreten, etwa im medizinischen und pflegerischen Bereich. Die intensive Beschäftigung mit kooperativen und kollaborativen Robotern hat ihren Startpunkt in den 1990er-Jahren. In den 2010er-Jahren begannen sie sich durchzusetzen und in der Produktion zu verbreiten. In der Raumfahrt können sie Astronauten auf Raumstationen oder bei Oberflächenmissionen unterstützen, etwa durch gemeinsame Reparaturen, Objektmanipulation oder Datenverarbeitung.

Kooperations- und Kollaborationsroboter haben meist einen Arm oder ein Armpaar und zwei bis drei Finger. Sechs bis sieben Freiheitsgrade (womit die Anzahl der unabhängigen Bewegungsachsen gemeint ist) erlauben eine entsprechende Beweglichkeit und Anpassungsfähigkeit. Es handelt sich mehrheitlich um Leichtbauroboter, die zwischen den Orten bewegt werden können, also mobil mindestens in diesem passiven Sinne sind. Sie kooperieren oder kollaborieren mit Menschen, wobei sie ihnen ausgesprochen nahe kommen und die Tätigkeiten ineinander greifen können. Trotz der engen Zusammenarbeit verspricht man sich eine hohe Sicherheit im Betrieb, vor allem in Bezug auf das Gegenüber, das nicht verletzt werden darf, sondern im Gegenteil geschützt und entlastet werden soll. Co-Robots sind autonome, intelligente, lernfähige Systeme und als Generalisten angelegt, wobei die Veränderungen auf Software- ihre Entsprechungen auf Hardwareseite haben müssen, etwa insofern Werkzeuge und Greifhände ausgewechselt und erweitert werden können. Sie sind in der Lage, von Menschen zu lernen, indem diese ihre Arme bewegen oder ihnen etwas vor ihren Kameras und Sensoren vormachen.

Soziale Robotik und Maschinenethik können zur Verbesserung der Roboter auch im sozialen und moralischen Sinne beitragen. Aus Technik- und Informationsethik heraus ist danach zu fragen, ob Co-Robots wie ein menschliches Gegenüber wirken und wie weit ihre autonomen und intelligenten Fähigkeiten reichen sollen. Gerade die Zweiarmigkeit scheint die Industrieroboter in Lebewesen zu verwandeln, was Erwartungen weckt und Bindungen stärkt, und Tablets können für Mimik genutzt werden, die im Zusammenspiel mit natürlichsprachlicher Kommunikation eine humanoide Anmutung erzeugt. Die Wirtschaftsethik widmet sich den Chancen und Risiken bei Ergänzung und Ersetzung von Werktätigen. Einerseits können Kooperations- und Kollaborationsroboter anstrengende und stumpfsinnige Arbeiten übernehmen, andererseits nach entsprechendem Training alleine oder zusammen mit ihresgleichen mannigfaltige Aufgaben ausführen, was den menschlichen Partner letztlich überflüssig machen könnte.

Komet

Ein Komet ist ein kleiner Himmelskörper aus Eis, Staub und Gestein, der bei Annäherung an die Sonne eine leuchtende Koma – so bezeichnet man die den Kern umgebende Gas- und Staubhülle – und oft einen Schweif ausbildet. Kometen gelten als Überbleibsel aus der Entstehungszeit des Sonnensystems. Es gibt allerdings auch welche, die interstellare Objekte sind. Missionen wie Rosetta der ESA haben ihre physikalischen und chemischen Eigenschaften untersucht. Manche Theorien sehen Kometen als mögliche Wasserlieferanten oder Lieferanten von Kohlenstoff- oder Stickstoffverbindungen für die junge Erde. Der

Kuipergürtel und die Oortsche Wolke gelten als Quelle von Kometen innerhalb des Sonnensystems.

Kommerzielle Raumfahrt

Die kommerzielle Raumfahrt umfasst alle raumfahrtbezogenen Aktivitäten von privatwirtschaftlichen Unternehmen. Dazu zählen Start, Betrieb und Nutzung von Satelliten, Weltraumtourismus, Fracht- und Crewtransporte sowie Kommunikationsdienste. Firmen wie SpaceX, Blue Origin oder Axiom Space verändern die Raumfahrtlandschaft grundlegend. Sie sind auch verantwortlich für das deutliche Mehr an Weltraummüll. Die Rolle der staatlichen Agenturen verschiebt sich zunehmend in Richtung Regulierung und Partnerschaft.

Kommunikationssatellit

Ein Kommunikationssatellit überträgt Signale für Fernsehen, Telefonie, Internet oder militärische Kommunikation. Er befindet sich oft im geostationären Orbit, kann aber ebenso in niedrigen oder mittleren Umlaufbahnen operieren. Konstellationen wie Starlink von SpaceX zielen auf weltweiten Internetzugang, auch in abgelegenen Gegenden. Im Ukrainekrieg war der Dienst sehr gefragt und für das von Russland angegriffene Land sehr wichtig. Kommunikationssatelliten bilden das Rückgrat der globalen digitalen Infrastruktur.

Kosmische Inflation

Die kosmische Inflation ist ein theoretisches Modell, das eine extrem schnelle Expansion des Universums kurz nach dem Urknall beschreibt. Veröffentlicht wurde es 1981 vom Physiker und Kosmologen Alan Harvey Guth. Es erklärt die großräumige Homogenität und auffällige Geometrie (nämlich die Flachheit) des beobachtbaren Kosmos und löst mehrere Probleme der klassischen Urknalltheorie wie das Horizont-,

Flachheits- und Monopolproblem. Trotz indirekter Hinweise ist die kosmische Inflation bislang nicht empirisch nachgewiesen. Sie ist eng mit der Quantenfeldtheorie und der Frühphase der Kosmologie verbunden.

Kosmische Strahlung

Kosmische Strahlung besteht aus hochenergetischen Teilchen, die aus dem Weltall auf die Erde treffen. Sie stammt u.a. von Supernovae, aktiven Galaxienkernen oder der Sonne. Für Raumfahrtmissionen stellt sie ein erhebliches Gesundheitsrisiko dar, insbesondere bei längeren Aufenthalten außerhalb des Erdmagnetfelds. Schutzmaßnahmen und Strahlenmessung sind zentrale Aspekte der Missionsplanung.

Kosmologie

Kosmologie ist die Lehre vom Ursprung, vom Aufbau und von der Entwicklung des Universums als Ganzes. Sie verbindet Astronomie, Physik und Philosophie. Zentrale Themen sind Urknall, dunkle Materie, dunkle Energie, Raumzeitgeometrie und Schicksal des Kosmos. Moderne Kosmologie basiert auf Beobachtungen der Hintergrundstrahlung, Galaxienverteilungen und Gravitationswellen.

Kosmonaut

„Kosmonaut" ist die russische Bezeichnung für einen Raumfahrer. Der Begriff wurde in der Sowjetunion als Äquivalent zu „Astronaut" eingeführt. Juri Alexejewitsch Gagarin aus Kluschino (Oblast Smolensk) war 1961 der erste Mensch im All. Russische Kosmonauten sind seit Jahrzehnten Teil internationaler Raumfahrtprojekte, vor allem auf der ISS. Ausbildung und Auswahl gelten als besonders rigoros.

Kosmos

„Kosmos" ist eine Bezeichnung für das geordnete Universum als Ganzes. Sie stammt aus dem Altgriechischen und steht für Struktur und Harmonie im Gegensatz zum Chaos. Der Begriff wird philosophisch, poetisch und wissenschaftlich verwendet. In der Raumfahrt verweist er auf das beobachtbare und messbare All, das weit über unser Sonnensystem hinausreicht.

Krieg

Krieg ist ein nationaler oder internationaler Konflikt, bei dem die gegnerischen Parteien Streitkräfte, mehr oder weniger schwere Waffen sowie physische und psychische Gewalt einsetzen, um ihre politischen, wirtschaftlichen oder religiösen Ziele zu erreichen. Es werden Gebäude, Verkehrswege und Infrastrukturen zerstört, Soldaten und Zivilisten umgebracht, verletzt, gefoltert und vergewaltigt, um die Übermacht zu erhalten und die Moral des Gegners zu zermürben, und nebenbei Tiere getötet und die Umwelt verstrahlt, verseucht und geschädigt. Die Soldaten sind mehrheitlich Männer, die zwangsverpflichtet wurden oder freiwillig im Dienst sind. Ein Bürgerkrieg findet zwischen verfeindeten Gruppen in einem Land statt, ein Völkermord durch ein Massaker in einem anderen Land oder die Auslöschung eines Teils der eigenen Bevölkerung. An einem Weltkrieg sind die Großmächte beteiligt. Bei einem Atomkrieg werden Kernwaffen wie Atombomben verwendet, mit denen das Leben ganzer Landstriche ausgelöscht werden kann. Neben dem Klimawandel, dem Verlust der Artenvielfalt und Pandemien durch Zoonosen gilt der Krieg als eine der massivsten Bedrohungen für die Menschheit.

Die ersten großen Kriege spielten sich bereits im 25. Jahrhundert v.u.Z. ab. Aus der klassischen Antike sind die Perserkriege einer Allgemeinheit bekannt, zudem die makedonischen Kriege („333, bei Issos Keilerei"). Die Kreuzzüge, die zwischen dem 11. und 13. Jahrhundert von der Kirche ausgingen, hatten nicht nur eine religiöse, sondern auch eine wirtschaftliche Motivation. Der Dreißigjährige Krieg (1618 bis 1648) begann als religiöse Auseinandersetzung und wurde dann mehr und mehr mit politischer Zielsetzung geführt und mit Gebietsansprüchen verknüpft. Der Erste Weltkrieg fand von 1914 bis 1918 statt, der Zweite Weltkrieg von 1939 bis 1945, wobei in letzterem Atombomben (auf Hiroshima und Nagasaki) abgeworfen wurden. Mit Blick auf die jüngere Geschichte Europas sind die Balkankriege (1991 bis 2001) und der Ukrainekrieg (seit 2022) – entstanden durch den Überfall Russlands auf seinen Nachbarn – zu nennen. Krieg im Weltraum ist bislang nicht Realität, aber Gegenstand von geopolitischer Planung und Science-Fiction. Weltraumwaffen, antisatellitare Systeme und Störungen kritischer Infrastrukturen werfen neue sicherheitspolitische Fragen auf. Die Trump-Regierung hat 2025 mit Plänen zu einem Golden Dome reagiert.

Krieg kann wirtschaftliche Gründe haben. Man will sich z.B. der Ressourcen eines Lands bemächtigen oder von der Wirtschaftskraft eines Staats profitieren, oder man unterbricht im Rahmen des Handelskriegs im engeren Sinne mit militärischen Mitteln Handelswege und -beziehungen, um einen Gegner in die Knie zu zwingen. Im 13. Jahrhundert kämpften etwa im östlichen Mittelmeer die Wirtschaftsmetropolen Genua, Pisa, Venedig und Marseille gegeneinander, und in den Ersten und Zweiten Weltkrieg waren Handelskriege eingebettet. Oft sind wirtschaftliche, politische und religiöse Gründe miteinander verbunden. Krieg kann die Wirtschaft stärken, etwa die Rüstungsindustrie, die sozusagen per Definition zu den Kriegsgewinnlern gehört, insbesondere aber auch schwächen, weil Produktionsstätten, Rohstoffe und Vertriebswege nicht mehr im gewohnten Maße zur Verfügung stehen, Inflation und Rezession herrschen und Personal dadurch fehlt, dass Männer (in manchen Fällen auch Frauen) eingezogen und Personen beider Geschlechter getötet und verletzt werden. Wirtschaftskrieg ist kein Krieg im eigentlichen Sinne, kann jedoch den wirtschaftlichen Niedergang eines Konkurrenten anstreben.

Auf Krieg folgt Frieden, auf Frieden Krieg. Einzelne, Gruppen, Gesellschaften, Völker und Staaten vermeiden im Frieden physische und psychische Gewalt und setzen auf ethische und rechtliche Normen, um ihre politischen und wirtschaftlichen Ziele zu erreichen. Sie bereiten im

Frieden aber auch Kriege vor, im eigenen oder in einem anderen Land. Umgekehrt gibt es in Kriegen stets Bemühungen, einen Frieden herbeizuführen, sei es durch Aufgabe oder durch Einigung. Ein Waffenstillstand unterbindet Kampfhandlungen, etwa um die Versorgung von Zivilisten zu gewährleisten oder diese in Sicherheit zu bringen, und kann (muss nicht) in Friedenszeiten münden. Friedensverhandlungen waren häufig fruchtbar, wie beim Westfälischen Frieden, der 1648 den Dreißigjährigen Krieg beendete. Forderungen nach ihnen können freilich ebenso, wie im Ukrainekrieg, als unpassend empfunden werden, da Aggressor und Opfer der Aggression in gewisser Weise auf eine Stufe gestellt werden. Der Weltraumvertrag von 1967 verbietet Massenvernichtungswaffen im Orbit, lässt den Einsatz konventioneller Waffen jedoch im Unklaren.

Militärroboter unterstützen die Streitkräfte im Kampf (Kampfroboter) und bei der Herstellung von Sicherheit, bei der Auskundschaftung und in der Logistik (Sicherheitsroboter, Überwachungsroboter, Entschärfungsroboter, Transportroboter). Manche von ihnen werden bei der Polizei genutzt (Polizeiroboter). Militärroboter sind Serviceroboter, zumindest wenn man die gröbste Einteilung nach Industrie- und Servicerobotern hernimmt, zuweilen auch soziale Roboter. Autonome Kampfsysteme sind in der prototypischen Entwicklung und testweisen Anwendung, im regulären Einsatz aber die Ausnahme. KI-Forscher und Robotiker aus aller Welt haben bei der Eröffnung der IJCAI 2015 am 28. Juli 2015 in einem offenen Brief ein Verbot von autonomen Waffensystemen angemahnt. Zu den Unterzeichnern gehörten Stephen Hawking, Steve Wozniak, Noam Chomsky und Elon Musk. Weitere Proteste und Petitionen schlossen sich an, etwa ein offener Brief von Elon Musk und über 100 weiteren Unternehmern und Wissenschaftlern an die Vereinten Nationen, veröffentlicht am 20. August 2017 vom Future of Life Institute.

Während ein Angriffskrieg aus ethischer Sicht verurteilt werden kann, kann ein Verteidigungskrieg befürwortet werden, da die Grundrechte der Bevölkerung und die Souveränität des Staats verletzt werden und man geeignete Maßnahmen ergreifen muss. Ob man Kampfroboter zu den Servicerobotern zählen kann, ist umstritten. In manchen Einteilungen stehen sie neben Industrierobotern, Servicerobotern und

Weltraumrobotern, während andere Militärroboter den Servicerobotern zugerechnet werden. Ob man sie den sozialen Robotern zuschlagen kann, ist ebenfalls unklar, wobei dafür spricht, dass Krieg eine uralte, typische soziale (wenngleich grausame und zerstörerische) Aktivität ist. Die Militärethik widmet sich u.a. dem Recht zum Krieg und dem Recht im Krieg, der Gewaltanwendung durch das Militär, der Verpflichtung und der Verantwortung von Soldaten und der Triage bei Verwundungen. Technikethik und Informationsethik untersuchen die Nutzung von Technologien und Computersystemen zur Kriegsführung in moralischer Hinsicht. Die Maschinenethik entwickelt mit Robotik und Künstlicher Intelligenz moralische Maschinen, die sich auf dem Schlachtfeld etwa an ein Recht im Krieg halten und ein künstliches Gewissen aufweisen. Umwelt- und Tierethik betrachten die Kollateralschäden für nichtmenschliche Lebewesen und die unbelebte Natur bzw. die Instrumentalisierungsmöglichkeiten bei Tieren zu Kriegszwecken, Wirtschafts- und speziell Unternehmensethik die ökonomischen Implikationen von Kriegen und die Begründungen und Rechtfertigungen von Handelskriegen.

Künstliche Intelligenz

Der Begriff „Künstliche Intelligenz" („KI"; engl. „artificial intelligence" bzw. „AI") steht für einen eigenen wissenschaftlichen Bereich der Informatik, der sich mit dem menschlichen Denk-, Entscheidungs- und Problemlösungsverhalten beschäftigt, um dieses durch computergestützte Verfahren ab- und nachbilden zu können. Es geht darum, dass Aufgaben, deren Erledigung eigentlich menschliche Intelligenz erfordert, von Maschinen übernommen werden. Zudem kann man das tierische Denk-, Entscheidungs- und Problemlösungsverhalten zum Vorbild nehmen – oder eine ganz andere Vorstellung von Intelligenz. Die Intelligenz von Maschinen selbst kann ebenfalls mit dem Begriff gemeint sein, also die künstliche Intelligenz als Gegenstand und Ergebnis. Um beides zu unterscheiden, wird vorgeschlagen, den Namen der Disziplin großzuschreiben, die Bezeichnung ihres Gegenstands dagegen kleinzuschreiben. Immer mehr ist auch das Wahrnehmungsverhalten von Bedeutung, etwa bei intelligenten Maschinen.

Bis zuletzt hat der Intelligenzbegriff der schwachen KI dominiert. Ihr geht es vornehmlich um die Simulation intelligenten Verhaltens bzw. die Berücksichtigung einzelner Aspekte menschlicher Intelligenz, bezogen auf bestimmte Anwendungsgebiete. Durch die Praxis werden inzwischen Fähigkeiten nachgefragt, die man eher der starken KI (oder der General Artificial Intelligence) zuordnen würde, die – seit ihren Anfängen in den 1950er-Jahren – im eigentlichen Sinne denkende Maschinen (womöglich deren Bewusstsein und Gefühle) erreichen will und bisher in wesentlichen Aspekten gescheitert ist. Roboter (insbesondere Cobots und soziale Roboter) sollen vorsichtig gegenüber Menschen sein, in ihren Worten und Handlungen, und sie sollen sich moralisch verhalten. Tatsächlich genügt aber auch hier zunächst die schwache KI.

Für die klassische und Soziale Robotik spielt die KI eine zentrale Rolle. Nicht nur humanoide Kunstwesen müssen eine gewisse Intelligenz aufweisen, sondern z.B. auch Maschinen der Industrie 4.0. Sie alle bringen die Software sozusagen in die Realität, wo sie beobachten und dazulernen kann (wobei künstliche Intelligenz nicht zwingend Machine-Learning-Anwendungen umfasst). Ferner profitieren spezialisierte Agenten, hervorgebracht von der Informatik, von einschlägigen Fähigkeiten. Die Maschinenethik wird von Vertretern der Künstlichen Intelligenz und Philosophen dominiert, und ihr geht es um die (nicht zuletzt emotionale) Intelligenz von Maschinen bei Entscheidungen und Handlungen mit moralischen Implikationen.

Auf dem Mars navigieren Rover wie Perseverance mithilfe KI-basierter Bildauswertung eigenständig durch unwegsames Gelände. Raumsonden analysieren ihre Umgebung, erkennen Anomalien und priorisieren wissenschaftliche Daten selbstständig. Auf der Internationalen Raumstation interagierte der sprachgesteuerte Assistent CIMON mit Astronauten und unterstützte Experimente. KI spielt auch eine zentrale Rolle bei der Steuerung von Robotern, der Wartung orbitaler Infrastruktur und der Missionsplanung unter Unsicherheiten. In der Satellitentechnologie verbessert sie die Auswertung von Erdbeobachtungsdaten. Langfristig soll KI in autonomen Raumfahrzeugen für interplanetare oder interstellare Missionen Entscheidungen treffen, wo kein direkter Funkkontakt möglich ist.

Seit den 2010er-Jahren wird die KI immer mehr zum Experimentier- und Spielfeld von IT-Konzernen, Suchmaschinenanbietern und Betreibern von Social Networks. Diese wollen u.a. ihre Benutzer durchleuchten und sie auf Produkte aufmerksam machen, wollen sie kategorisieren und instrumentalisieren. Die generative KI hat seit den 2020ern die Aufmerksamkeit der breiten Öffentlichkeit erregt. Mit einem Schlag wurde jeder zum bewussten Anwender, nutzte also die KI-Tools, spielte und probierte damit herum und war sich bewusst, ein Teil einer Disruption zu sein. Auch die Ethik hat sich der künstlichen Intelligenz zugewandt und arbeitet in der Informationsethik oder als eigenständige KI-Ethik ihre Chancen und Risiken heraus. Sie versucht sich zudem, was nicht unbedingt ihre Aufgabe ist, als regulierende Kraft, wobei sie häufig von Politik und Wirtschaft an die Hand genommen wird.

Kugelgestalt der Erde

Bereits in der Antike kannte man Belege für die Kugelgestalt der Erde. Aristoteles (384 – 322 v.u.Z.) bemerkte, dass der Erdschatten, der auf den Mond fällt, stets rund ist, was eine kugelförmige Erde nahelegt. Von ihm stammen noch weitere Argumente (Sternbilder, die je nach geografischer Breite sichtbar oder nicht sichtbar sind; Schwerkraft, die alles zum Erdmittelpunkt zieht). Wenn sich ein Schiff entfernt, verschwindet zuerst der Rumpf, dann der Rest, einschließlich der Masten (umgekehrt beim Zurück- und Näherkommen). Dies lässt sich durch die Krümmung der Erdoberfläche erklären. Michael Bürker schreibt in seinem Buch „Von Eratosthenes bis Einstein", die „Krümmung der Meeresoberfläche" sei in den Küstenregionen „eine Alltagserfahrung" gewesen. Eratosthenes von Kyrene (um 276/273 – 194 v.u.Z.) maß den Erdumfang, indem er den Sonnenstand zur Mittagszeit in Syene und Alexandria verglich. Das Resultat war erstaunlich genau. Die Behauptungen der Flat-Earth-Bewegung hätten also schon im Altertum ohne Probleme widerlegt werden können.

Kuipergürtel

Der Kuipergürtel ist eine Region jenseits der Neptunbahn, in der sich zahlreiche eisige Kleinkörper befinden. Er ist Heimat von Zwergplaneten wie Pluto (früher als Planet eingestuft), Haumea (benannt nach der Fruchtbarkeitsgöttin Haumea aus der Mythologie von Hawaii) und Makemake (benannt nach Makemake, dem Schöpfer- und Fruchtbarkeitsgott aus der Mythologie der Osterinsel). Der Gürtel enthält Kometenkerne und bietet Einblicke in die Frühgeschichte des Sonnensystems. Die NASA-Sonde New Horizons lieferte erste Nahaufnahmen aus dieser fernen Zone.

Kultur

Unter Kultur (von lat. „cultura": „Bearbeitung, Anbau, Pflege") wird das vom Menschen materiell und immateriell Geschaffene verstanden, im Gegensatz etwa zur Natur. Landschaften wandeln sich zu Kulturlandschaften, in Forst- und Landwirtschaft wachsen in systematischer und kultivierter Form sowohl Pflanzen als auch Tiere heran (Kulturflächen in Verbindung mit Bodenkultur), Dörfer, Städte, Gewerbegebiete und Industrieanlagen wuchern ebenso wie Straßennetze und Schienenstränge für den Verkehr (Kulturflächen im Zusammenhang mit Siedlungs- und Betriebsflächen). Die Technik bringt Geräte, Maschinen und Systeme mit sich, die der Erweiterung menschlicher Handlungsfähigkeit dienen. Die Kulturtechnik der Schrift ermöglicht Literatur und Wissenschaft, und in der Kunst wird man zum Schöpfer um der Schöpfung willen (Geisteskultur). Spezifische Entwicklungen und Nutzungen von Kultur formen die Kulturen (wie die Subkulturen). Die Kulturwissenschaft untersucht die Grundlagen, Merkmale und Folgen der Kultur und der Kulturen.

Unter der (der Kultur gegenübergestellten) Natur wird der Teil der Welt verstanden, der nicht vom Menschen geschaffen wurde, sondern von selbst entstanden ist. Bei einem engen Begriff ist die Natur der Erde gemeint, die natürliche Umwelt, bei einem weiten die Natur des

Kosmos, sodass beispielsweise der Mond und die Sonne dazu zu zählen wären. Die Natur wird von den Naturwissenschaften erforscht, die belebte von der Biologie (einschließlich der Ökologie), die unbelebte u.a. von Physik und Geologie. Kultur ist oft ein Eingriff in die Natur. Sie mag ihr die Zivilisation entgegensetzen, in der Grundbedürfnisse einfach und bequem befriedigt werden, und sie kann einerseits die Natur der Zerstörung ausliefern (z.B. durch Exzesse der Wirtschaft), andererseits die Zerstörung durch die Natur verhindern (etwa durch Naturgewalten oder durch giftige Pflanzen und räuberische Tiere). Durch Kultur und Technik wird Natur auch verändert, etwa im Falle von Züchtungen und Zusammenfügungen (bis hin zum Cyborg), und überhaupt erst in bestimmter Weise wahrgenommen (z.B. durch ein Mikroskop oder ein Teleskop).

Kulturgüter sind materielle oder immaterielle Güter, die geschützt werden sollen. Dazu zählen bestimmte Bauwerke, Kunstwerke oder Sprachen. In ihrer Gesamtheit sind die Kulturgüter das kulturelle Erbe oder Kulturerbe der Menschheit. Die UNESCO (United Nations Educational, Scientific and Cultural Organization) hilft dabei, das Weltkulturerbe zu bestimmen und zu erhalten. Die materiellen oder immateriellen Güter werden zu diesem Zweck in einer Liste erfasst. Immer wieder ist das Welterbe – das Weltkulturerbe wie das Weltnaturerbe – durch Strömungen und Radikalisierungen in Kulturen (die sich dann gegen andere Kulturen bzw. Religionen richten) bedroht. So zerstörten die Taliban im März 2001 die Buddha-Statuen von Bamiyan, die Anhänger des IS im August 2015 den Baal-Tempel von Palmyra. Auch Kulturen können geschützt werden. So gibt es Naturvölker, die kaum in Kontakt mit der Zivilisation kamen und besondere Sitten und Gebräuche oder Sprachen und Dialekte haben, und Berg- und Inselbewohner mit Traditionen und Trachten, die einen hohen Stellenwert genießen (Volkskultur).

In der Raumfahrt spielt die Kultur eine wachsende Rolle, von interkultureller Zusammenarbeit über Symbole und Rituale bis hin zu Fragen wie: Was nehmen wir mit ins Weltall? Welche Sprache sprechen wir dort? Welches Bild des Menschen repräsentiert die Raumfahrt? Ein solches wurde über die Pioneer-Plaketten vermittelt, zwei goldene Platten an Bord der interstellaren Raumsonden Pioneer 10 und Pioneer 11, und über die Voyager Golden Record, eine Datenplatte mit Bild- und Audioinformationen an der Hülle der interstellaren Raumsonden Voyager 1 und Voyager 2. In diesem Zusammenhang kann man von der menschlichen Kultur sprechen, die Kontakt mit einer unbekannten nichtmenschlichen aufnehmen will. Auch Kunst, Film und Literatur prägen das kulturelle Bild vom Kosmos. So mischen sich in Science-Fiction-Geschichten und -Filmen unterschiedliche Kulturen in Raumschiffen, die ihren Beitrag zur Konfliktentstehung und -lösung leisten. Auf fremden Planeten trifft man auf Kulturen von Außerirdischen, wenn diese nicht bereits Teil der Besatzung waren, und erlebt häufig einen kosmischen Clash of Cultures. In manchen Fällen wird sogar eine Kunstsprache mit eigener Semantik und Syntax geschaffen, wie das Klingonische.

Der Begriff der Kultur kann verwendet werden, um sich über eine angebliche Unkultur zu erheben, also eine andere Form der Kultur zu missbilligen oder die eigene durchzusetzen (wie im Kulturkampf des 19. Jahrhunderts oder im Aufeinandertreffen von unterschiedlichen Geschmäckern im 19. und 20. Jahrhundert, mit Begrifflichkeiten wie „Kunstbanause" oder „Kulturbanause"), oder über die Natur mit ihren Pflanzen und Tieren, die als primitiv und instinktiv angesehen werden (die Menschen dagegen als reflektierend und rational). Umwelt- und Tierethik können dies thematisieren und problematisieren, Umwelt- und Tierschutz dem entgegentreten. Technik-, Informations- und Roboterethik widmen sich den Folgen des Einsatzes von Technik bzw. Informations- und Kommunikationstechnologien und (teil-)autonomen Maschinen, Wirtschaftsethik und speziell Unternehmensethik den Abhängigkeiten von Kultur und Wirtschaft und der Tendenz von Konzernen, die Kultur (respektive Ideologie) des Wachstums als Raubbau an der Natur (auch der Natur von Trabanten und fremden Planeten) zu zelebrieren.

Kunst

Kunst (lat. „ars") ist das von Menschen geschaffene Künstliche in einem kulturellen Kontext mit einer sozialen Funktion in einer ästhetischen Dimension. Es kann sich um ein Artefakt (das Kunstwerk im engeren

Sinne), eine Struktur oder einen Prozess handeln. Der Künstler will sein Geschick zeigen, etwas Besonderes und Schönes in die Welt oder etwas zur Entfaltung und Anschauung bringen, unter Anwendung von Kulturtechniken wie der Schrift oder der Zeichnung. Eine Triebfeder der Kunst ist die sexuelle Leidenschaft, verwandelt zur kreativen Kraft, die das sexuelle Begehren – gerichtet häufig auf existierende oder imaginierte Personen – unterstützt und den Körper als Objekt einbezieht. Zu den sogenannten schönen Künsten zählen bildende Kunst (Malerei, Grafik, Fotografie, Digitalkunst, Bildhauerei, Architektur), Musik (Komposition, Vokalmusik, Instrumentalmusik), Literatur (Lyrik, Dramatik, Epik) und darstellende Kunst (Tanz, Theater, Kabarett, Film). Kunst und Kultur sind Gegenentwürfe zur Natur, wobei sie diese, ihre Ansichten, Lebewesen und Rohstoffe, ständig integrieren und transformieren. Manche Kunstformen entfalten eine immersive Wirkung, wie der Roman, das Drama oder das Computerspiel. Der Leser, Zuschauer oder Benutzer wird also in das Geschehen hineingezogen und gibt sich der Illusion hin. Diese kann gezielt zerstört werden, z.B. durch den V-Effekt, wie ihn Bertolt Brecht entwickelt hat, um die Kunst (oder die „Kunstpause") zur Agitation zu verwenden. Ob Kunst außerhalb der Kultur möglich ist, etwa hervorgebracht von Tieren wie Affen, ist umstritten. Eingeordnet und erforscht wird die Kunst von der Kunstgeschichte oder Kunstwissenschaft.

Aus der Altsteinzeit sind Skulpturen, Gebrauchsgegenstände, Musikinstrumente und Höhlenmalereien erhalten. Vieles erfüllt eine bestimmte Funktion, innerhalb eines Kults oder der Beschaffung und Verarbeitung von Nahrung. Die Antike bringt einzigartige Mosaiken, Tempel und Pyramiden hervor. Im Mittelalter dominiert in Europa die Kirche als Auftraggeber, wodurch sich in der geistlichen Kunst hohe Qualität und enorme Variation finden, in der weltlichen jedoch Leerstellen. In der frühen Neuzeit und der Aufklärung treten als Mäzene der Adel und das Bürgertum hinzu. Der Künstler wird zum Selbstständigen in mentaler und ökonomischer Hinsicht und bedient den Kunstmarkt. Universalgenies wie Leonardo da Vinci tauchen auf, Kunst und Technik verbindend. Gemälde und Bücher erleben eine weite Verbreitung. Theaterstücke sowie Musik- und Tanzdarbietungen verwöhnen ihr Publikum in speziell errichteten Häusern mit technisch ausgeklügelten

Bühnen. Die Literatur wird als eigenständiger Bereich in und neben der Kunst begriffen und kennt Meister wie William Shakespeare, die später Johann Wolfgang von Goethe und Friedrich Schiller inspirieren. In der Moderne wird das Kunstwerk mehr und mehr zum Selbstständigen und Unabhängigen, zur L'art pour l'art, die Kunstfreiheit zum bestimmenden Prinzip. Impressionismus, Expressionismus und Surrealismus prägen die Malerei. Die abstrakte bildende Kunst verdrängt die gegenständliche, die sich aber weiter – etwa als figurative – hält. Männliche Maler wie Claude Monet, Vincent van Gogh und Pablo Picasso sowie Malerinnen (Georgia O'Keeffe, Frida Kahlo) werden zeitlebens oder posthum zu regelrechten Popstars. Erwin Piscator und Brecht versuchen sich an einer erneuten Funktionalisierung der Kunst. In der Postmoderne bietet die Digitalkunst mit ihren Video- und Klanginstallationen, ihren 3D-Welten (Augmented und Virtual Reality) und ihrer elektronischen Literatur (Computerlyrik, Handyromane, Enhanced E-Books) innovative Ansätze. Die Pop-Art wird nicht nur durch die USA (Andy Warhol, Roy Lichtenstein), sondern auch durch Japan (Takashi Murakami) geprägt.

Der Kunstmarkt mit seinen Anfängen im 17. Jahrhundert richtet sich vor allem auf die bildende Kunst. Akteure sind u.a. Künstler, Kunstagent, Kunstkritiker, Kunstgalerist, Kunsthändler, Kunstsammler und Kunstliebhaber. Orte sind Kunstgalerien, Kunstmessen, Sammlerbörsen, Kunstauktionen und Kunstmuseen, wobei letztere für Wiederherstellung, Ausstellung und Ausleihe wesentlich sind. Das Kunstobjekt wird zum Spekulations- und Investitionsobjekt. Antike und mittelalterliche Schätze, aber auch Werke des Impressionismus, des Expressionismus, des Surrealismus und der abstrakten Malerei werden zu Summen im Millionenbereich gehandelt. An Bedeutung gewinnt die Digitalkunst. Non-Fungible Tokens (NFTs), nicht ersetzbare digitale Besitznachweise, werden in den 2020er-Jahren bekannt. Die Blockchain ist die dahinterliegende Technologie. In ihr wird der Verweis mit dem zugehörigen Hashwert gespeichert. Repräsentiert wird ein konkretes Objekt wie ein digitales Kunstwerk, ein digitales Sammlerobjekt oder ein Meme. Dabei geht es um Einzelwerke oder um Serien. 1,3 Millionen Dollar soll der Popsänger Justin Bieber Anfang 2022 für ein NFT-Bild eines gelangweilten Affen aus der Kollektion des Bored Ape Yacht Club ausgegeben haben. Selbst Bilder, die von Affen und anderen Tieren geschaffen wurden, haben hohe Preise erzielt, was freilich nichts mit Non-Fungible Tokens zu tun hat.

In der bildenden Kunst spielt der Weltraum eine gewisse Rolle, als Motiv, Metapher, Projektionsfläche und Gegenstand gestalterischer Erkundung. Bereits in der Frühneuzeit zeigten Maler wie Hieronymus Bosch fantastische Himmelswelten und surreale Sphären, die sich heute mitunter als vorwissenschaftliche Annäherungen an kosmische Vorstellungen lesen und als Ansammlungen von astronomischen Artefakten und extraterrestrischen Organismen ansehen lassen. Später griff Caspar David Friedrich die romantische Sehnsucht nach dem Unendlichen auf. In der Moderne beschäftigten sich Maler und Bildhauer wie Wassily Kandinsky, Yves Klein und Joan Miró mit Formen, Farben und Räumen, die an Planeten, Sterne oder kosmische Bewegungen erinnern. In der Gegenwart greifen Künstler reale Bilddaten aus der Raumfahrt – etwa Aufnahmen des Hubble-Weltraumteleskops – auf, um diese malerisch oder digital zu transformieren. Von Bildhauern wird die Idee des Kosmos in Science-Fiction-bezogenen Plastiken, symbolhaften Metallskulpturen oder großformatigen Installationen ästhetisch verarbeitet. Man setzt Materialien wie Titan, Aluminium oder Licht ein, um Schwerelosigkeit, Expansion oder Leere zu versinnbildlichen. Manche Werke orientieren sich an Raumfahrtobjekten, andere lassen sich als eigenständige Weltmodelle deuten. Weltraumkunst ist nicht selten spekulativ und visionär. Sie thematisiert das Verhältnis des Menschen zum Universum, zur Technik und zu seiner eigenen Begrenztheit. Ein Teil dieser Kunst wird bewusst für den Orbit oder andere Planeten gedacht. Sogenannte Space Art (Weltraumkunst im engeren Sinne) verwendet Raumfahrt- und Weltraummotive oder wird ins Weltall geschickt, wie die Golden Record mit ihrem schmucken Cover an der Hülle der beiden Voyager-Sonden. Museen, Sammlungen und Messen greifen das Thema verstärkt auf – nicht zuletzt in Verbindung mit KI, virtueller Realität und immersiven Technologien.

Kritik an der Kunst übt die Kunstkritik, entweder bezogen auf einzelne Kunstwerke und bestimmte Kunstströmungen oder den Kunstbetrieb insgesamt. Dieser wird zudem zum Gegenstand von Kunstwissenschaft, Ökonomik, Soziologie, Psychologie, Philosophie und speziell

Ethik. Eine Kunstethik konnte sich als Bereichsethik nicht etablieren, doch eine Basis aufgebaut werden, nicht zuletzt im Zusammenspiel mit Informationsethik, Medienethik und Wirtschaftsethik. Zudem rücken im 21. Jahrhundert Fragen zu Herkunft und Produktion in den Vordergrund. Es geht zum einen um die Rückgabe von Raubkunst und aufgrund von Notlagen verkauften Artefakten und zum anderen um die Aufarbeitung des Missbrauchs von Modellen in der Malerei, in der Bildhauerei sowie in Fotografie und Film. Neben solchen berechtigten Anliegen fallen in Europa ab ca. 2010 zunehmende Moralisierungstendenzen aller Art auf. So werden in Museen und Galerien die Titel von Kunstwerken umbenannt oder mit Platzhaltern versehen, Triggerwarnungen ausgesprochen und „Giftkammern" mit pikanten Darstellungen eingerichtet sowie Beschreibungen von Kunstwerken in sogenannter geschlechtergerechter Sprache verfasst. „Kulturelle Aneignung" wird zum Kampfbegriff in der Musik wie in der bildenden Kunst, wobei eine Reinheit der Kultur vorausgesetzt wird, die in der Ideologie der extremen Rechten beheimatet ist. Wie die Kunst angesichts solcher Veränderungen die Freiheit bewahren kann, die seit Jahrhunderten unverbrüchlich zu ihr gehört, wird die Zukunft weisen.

L

Lagrange-Punkt

Ein Lagrange-Punkt ist eine Position im Weltraum, an der sich die Gravitationskräfte zweier Himmelskörper und die Zentrifugalkraft im gemeinsamen rotierenden Bezugssystem gegenseitig aufheben. In einem Zwei-Körper-System wie dem von Erde und Sonne existieren fünf solcher Punkte. Sie werden mit L1 bis L5 bezeichnet, wobei „L" für „Lagrange" steht. L4 und L5 sind stabil, sodass dort kleinere Objekte wie Raumsonden oder Asteroiden langfristig stabile Umlaufbahnen einnehmen können. Die Punkte L1, L2 und L3 sind hingegen instabil. Das James-Webb-Weltraumteleskop ist in der Nähe von L2 positioniert und bewegt sich auf einer sogenannten Halo-Bahn um diesen Punkt, da eine exakte Positionierung im instabilen L2 nicht dauerhaft möglich wäre. Lagrange-Punkte sind strategisch bedeutsam für Astronomie, Kommunikation und Raumfahrtmissionen in den interplanetaren Raum.

Landefähre

Eine Landefähre (engl. „lander"), nach dem englischen Wort auch Lander genannt, ist ein Raumfahrzeugmodul, das für die kontrollierte Landung auf der Oberfläche eines Himmelskörpers konstruiert ist. Sie kann unbemannt oder bemannt sein und wird bei Missionen zu Mond, Mars oder Asteroiden eingesetzt. Historische Beispiele sind die Mondlandefähre Eagle (Apollo 11) und die Viking-Lander auf dem Mars. Landefähren müssen auf extreme Bedingungen vorbereitet sein, etwa Vakuum, Strahlung oder unebenes Gelände, von Kraterböden über Geröllfelder bis hin zu Hanglagen. Anders als in der Science-Fiction müssen sie aber kein außerirdisches Leben fürchten.

Leben

Das Leben entstand mit der chemischen Evolution und bildete sich dann im Zuge der biologischen Evolution (auch einfach Evolution genannt) weiter aus. Lebewesen sind zum Leben fähige Einheiten, sogenannte Organismen, die u.a. zu den Bakterien, Pilzen, Pflanzen und Tieren zählen. Die Biologie (altgr. „bíos": „Leben") erforscht das Leben bzw. Lebewesen, zusammen mit der Chemie, einer weiteren Naturwissenschaft. Zu den Lebenswissenschaften gehören zudem Medizin, Agrartechnologie und Ernährungswissenschaften. Das Leben auf der Erde benötigt Ribonukleinsäure (RNA) und Desoxyribonukleinsäure (DNA), die Informationen zur Entwicklung von Organismen enthalten. Dass es Leben auf anderen Planeten gibt, ist wahrscheinlich, aber nicht gesichert. Untersucht wird dies von der Astrobiologie. Hypothesen reichen von mikrobiellen Lebensformen auf Mars oder Europa bis hin zu technologisch hochentwickelten Zivilisationen in fernen Galaxien. Neben dem naturwissenschaftlichen Begriff des Lebens existiert der sozial- und geisteswissenschaftliche. Im allgemeinen Sprachgebrauch geht es häufig einfach um Lebenszeit und -alter des Menschen (oder des Tiers).

Mit dem Leben der Individuen ist i.d.R. der Tod verbunden, die Auslöschung geistiger und mit der Zeit – im Zuge der Verwesung – auch körperlicher Zustände. Man spricht von einem Kreislauf der Natur, vom Entstehen und Vergehen. Die Angst der Menschen vor dem Tod und der Austausch darüber in Familien und Gesellschaften sowie der Aufbau von Machtstrukturen münden in religiöse Vorstellungen und Vorschriften zu einem Leben vor dem und nach dem Tod und in technische Ideen zu einem ewigen Leben, wie sie bei Transhumanisten verbreitet sind. Soziale Roboter mögen animaloid oder humanoid gestaltet sein und Eigenschaften von Lebewesen simulieren, sind aber nicht im eigentlichen Sinne sterblich: Sie verlassen nicht die Welt, sondern werden zu Schrott. Die Angst des Tiers vor dem Tod führt zu Fluchtbewegungen, Schutzmaßnahmen und Kampfhandlungen. Unsterblichkeit oder zumindest extreme Langlebigkeit wird einigen wenigen Lebewesen nachgesagt, etwa Turritopsis nutricula, einer Quallenart, oder Hydra, also Süßwasserpolypen.

Der Mensch muss seine Ernährung sicherstellen, um seinen Energiebedarf zu decken und damit sein Überleben zu ermöglichen. Bereits Jäger, Sammler und Hirten bilden traditionelle Formen der Wirtschaft aus, die auf die Beschaffung von Essen zielen. Die Landwirtschaft fördert die Sesshaftigkeit, insofern Bauern ihre Felder wiederholt bestellen wollen und Flächen zunehmend begehrt und besetzt werden. Wasser wird sowohl direkt konsumiert als auch zur Bewässerung verwendet. Die Erwerbswirtschaft ist vom Austausch von Waren bestimmt, oft über größere Distanzen hinweg, und führt nach und nach zur globalen Wirtschaftswelt. Der Händler wird zu einer zentralen Figur. Er gestattet mit seiner Tätigkeit ein abwechslungsreiches Leben selbst in abgelegenen Gegenden und gleicht die Lebensformen und -träume in der Welt ein Stück weit an.

Bei außerirdischem Leben handelt es sich um Lebensformen, die nicht von der Erde stammen. Ob solche überhaupt existieren, gehört zu den offenen Fragen der Wissenschaft und damit der Astrobiologie. Der Begriff schließt einfachste Mikroorganismen ebenso ein wie komplexe Lebensformen oder kollaborative, intelligente Zivilisationen. Grundlage der Forschung in der Astrobiologie ist in erster Linie das auf die Erde bezogene Verständnis von Leben, das auf bestimmten chemischen und physikalischen Bedingungen basiert, etwa dem Vorhandensein flüssigen Wassers, organischer Moleküle, stabiler Energiequellen und einer relativ konstanten Umgebung. Die Suche nach außerirdischem Leben erfolgt auf unterschiedlichen Wegen. Einerseits überprüfen Raumsonden und Rover potenziell lebensfreundliche Himmelskörper in der näheren kosmischen Umgebung. Andererseits richtet sich der Blick auf Exoplaneten, deren Atmosphäre auf sogenannte Biosignaturen hin analysiert wird.

Die Philosophie stellt in der Ontologie die Frage nach dem Sein bzw. Seienden und damit auch nach dem Leben. Die Naturphilosophie hat eine Nähe zur Ontologie und erforscht zusammen mit der Philosophie der Biologie, der Philosophie der Chemie und der Philosophie der Physik die Prinzipien der belebten und unbelebten Natur. Bereits Leukipp und Demokrit haben eine Atomtheorie entwickelt und Leben auf anderen Planeten für möglich gehalten. Die Ethik untersucht Voraussetzungen, Eigenschaften und Folgen eines guten Lebens und interessiert sich in diesem Zusammenhang für Lust, Glück und Glückseligkeit. Sie kann sich wie andere Disziplinen der Frage nach dem Sinn des Lebens widmen, die allerdings nicht unbedingt sinnvoll ist. Das Leben auf der Erde ist vor knapp vier Milliarden Jahren entstanden und wird vielleicht noch sechs Milliarden bestehen, bis zum Erlöschen der Sonne, doch in welcher Form, steht in den Sternen.

Lebenserhaltungssystem

Ein Lebenserhaltungssystem stellt in Raumfahrzeugen oder auf Raumstationen die Grundbedingungen für menschliches Überleben sicher, etwa in Bezug auf Luft, Wasser, Temperatur und Druck. Es reguliert Sauerstoff, filtert Kohlendioxid, kontrolliert die Feuchtigkeit und ermöglicht Abfallrecycling. Solche Systeme werden auch für Langzeitmissionen zum Mond oder Mars weiterentwickelt. Autarke Systeme mit geschlossenen Stoffkreisläufen sind ein Zukunftsziel.

Lebewesen

Lebewesen sind zum Leben fähige Einheiten, auch als Organismen bekannt, die u.a. zu den Bakterien, Pilzen, Pflanzen und Tieren zählen. Sie haben einen eigenen Stoffwechsel und sind zur Fortpflanzung imstande.

Im Zuge der Evolution haben sich Trillionen von Individuen und Millionen von (Unter-)Arten entwickelt. Viren wie HIV oder SARS-CoV-2 gehören nicht zu den Lebewesen, sind jedoch auf deren Stoffwechsel angewiesen. Die Biologie (altgr. „bíos": „Leben") erforscht das Leben bzw. Lebewesen, zusammen mit der Chemie, einer weiteren Naturwissenschaft, die ebenso (wie die Physik) auf die unbelebte Natur zielt. Dass es Lebewesen auf anderen Planeten gibt, in welcher Form auch immer, ist wahrscheinlich, doch keineswegs gesichert. Es ist ferner die Frage, ob sie notwendigerweise auf Kohlenstoff basieren oder andere biochemische Grundlagen haben können.

Die Wirtschaft hat über Jahrtausende tierische und menschliche Lebewesen für Vorbereitung, Herstellung, Vertrieb und Entsorgung benötigt. Freiwillige und unfreiwillige Arbeitskräfte (Sklaven bzw. Nutz- und Lasttiere) stehen in Arbeitsprozessen zur Verfügung. Wild- und Nutztiere werden gefangen, gezüchtet, gehalten und getötet, um Rohstoffe, Kleidungsstücke oder Nahrungsmittel aus ihnen zu gewinnen. In den Anfängen der Raumfahrt wurden größere Lebewesen mitgeführt, nun erforscht man kleinere im Weltall. In der Industrie 4.0 werden Menschen durch Industrieroboter ersetzt oder ergänzt. Serviceroboter übernehmen Aufgaben in Alten- und Pflegeheimen und in Hotels. Als Endverbraucher und Interaktionspartner (bzw. Datenlieferant) ist nach wie vor das Lebewesen gefragt. Das Geschäft mit dem Tod (und mit dem Leben) beherrschen religiöse Organisationen ebenso wie Bestattungsunternehmen und Versicherungen.

Die Philosophie stellt in der Ontologie die Frage nach dem Sein bzw. Seienden und damit auch nach dem Leben und dem Status der Lebewesen. Die Wirtschaftsethik widmet sich dem Umstand, dass menschliche Arbeitskräfte mehr und mehr durch Industrie- und Serviceroboter, also Nichtlebewesen, substituiert werden. Sie sieht einerseits Risiken für den Lebensunterhalt und die Sinnstiftung (trotz der Entfremdung von der Arbeit), andererseits Chancen für die Lebensgestaltung. Technikethik, Informationsethik und Roboterethik untersuchen die Folgen des Einsatzes von Technik bzw. Informations- und Kommunikationstechnologien und (teil-)autonomen Maschinen, auch mit Blick auf Bodyhacking. Gen- und biotechnische Eingriffe und Entwicklungen, bis hin zu Chimären, sind der Gegenstand der Bioethik.

Lichtgeschwindigkeit

Die Lichtgeschwindigkeit beträgt im Vakuum 299.792.458 Meter pro Sekunde. Sie ist die höchste bekannte Geschwindigkeit im Universum und bildet eine fundamentale Konstante in der Physik. In der Relativitätstheorie ist sie der Grenzwert für die Informationsübertragung. Nach ihr kann also nichts schneller als Licht sein. In der Raumfahrt limitiert sie die Kommunikationsgeschwindigkeit und stellt eine große Hürde für interstellare Reisen dar, etwa wegen der begrenzten Datenübermittlung und der Steuerbarkeit von Raumfahrzeugen.

Lichtjahr

Ein Lichtjahr ist eine Längeneinheit, die der Strecke entspricht, die Licht in einem Jahr im Vakuum zurücklegt, also etwa 9,46 Billionen Kilometer. Es wird zur Angabe astronomischer Entfernungen verwendet, z.B. zwischen Sternen und Galaxien. Das Lichtjahr wird oft fälschlicherweise für eine Zeiteinheit gehalten („Ich habe dich seit Lichtjahren nicht mehr gesehen!"), so wie ein Quantensprung für einen Riesensatz. Weitere Längeneinheiten sind die Astronomische Einheit (AE) und das Parsec.

Longtermism

Der Longtermism (von engl. „longtermism", dt. wörtlich „Langfristigkeit", eigentlich „Langfristdenken") versucht das Leben der Menschheit in der fernen Zukunft auf positive Weise zu beeinflussen, etwa durch die Vermeidung von Krisen und Katastrophen. Auch die Beschleunigung des Wirtschaftswachstums, die Ausbreitung von KI-Systemen oder die Eroberung des Weltalls können dazu beitragen. Dabei entsteht allerdings wiederum die Gefahr von Krisen und Katastrophen, wie im Zuge der Umweltzerstörung. Manche Vertreter heben deshalb die Notwendigkeit einer moralischen Stärkung, sozialen Einbettung und ökologischen Rücksichtnahme hervor. Eine ganz andere Stoßrichtung hat der Antinatalismus (engl. „antinatalism"), der der Menschheit (überdies der Tier- und Pflanzenwelt) helfen will, indem er sie mithilfe von Geburtenrückgang dezimiert.

Zur Einordnung bzw. Begründung des Longtermism werden Modelle normativer Ethik wie der Utilitarismus (als Form des Konsequentialismus) herangezogen. Mit diesem ist der effektive Altruismus verflochten, der hier mit seiner Optimierung von Ressourcen wie Zeit und Kapital eine besondere Rolle spielt. Exponenten des Silicon Valley wie Peter Thiel und Entrepreneure wie Elon Musk gelten als Sympathisanten der Denkrichtung und setzen auf Technologien aller Art, um das Leben und den Fortschritt der Menschheit zu sichern. Manche von ihnen sind Transhumanisten. Zu den prägenden Einrichtungen des Longtermism gehören das Future of Humanity Institute in Oxford (UK), die Forethought Foundation for Global Priorities Research am selben Ort sowie das Future of Life Institute in Campbell (USA) und Brüssel (Belgien).

Ein Grundproblem des Longtermism ist, dass die Folgen technischer und gesellschaftlicher Entwicklungen und damit zusammenhängender Entscheidungen trotz Disziplinen wie Soziologie, Technik- und Informationsethik sowie Technikfolgenabschätzung nur schwer vorausgesagt werden können. Dies liegt u.a. an den zahlreichen Abhängigkeiten und unbekannten Neuerungen. Obwohl eine Stärke von Utilitarismus und effektivem Altruismus gerade im Einbezug von Tieren liegt, ist der Longtermism vor allem auf Menschen gerichtet. Bei Entrepreneuren wie Elon Musk kann gefragt werden, ob sie wirklich das Leben der Menschheit in der fernen Zukunft oder vielmehr ihr Leben in der nahen Zukunft auf positive Weise beeinflussen wollen. Insgesamt scheint der Longtermism die Gegenwart eher zu vernachlässigen, womit er unverkennbar religiöse Züge trägt.

M

Magnetar

Magnetare sind Neutronensterne mit einem extrem starken Magnetfeld. Sie entstehen meist nach Supernovae und zeigen Ausbrüche hochenergetischer Strahlung, etwa in Form von Gammablitzen oder Röntgenstrahlung. Ihre Erforschung liefert Erkenntnisse über Materie unter extremen Bedingungen und über die Rolle von Magnetfeldern in der Astrophysik.

Mars

Der Mars – benannt nach dem römischen und italischen Kriegsgott, der wiederum Ähnlichkeit mit dem griechischen Gott Ares hat – ist der vierte Planet des Sonnensystems und wird seit den 1960er-Jahren intensiv erforscht. Er gilt wegen seiner geologischen Vergangenheit, möglicher Wasserreserven und moderater Tageslängen als vielversprechender Kandidat für bemannte Missionen. Raumsonden und Rover wie Curiosity und Perseverance liefern detaillierte Daten über Oberfläche, Klima und Atmosphärenverhältnisse. Die Bilder und Videos werden auf Instagram und TikTok veröffentlicht und erreichen so die breite Öffentlichkeit, insbesondere auch junge Menschen. Immer wieder wird an auffällige Objekte herangezoomt, über die man sich dann Gedanken machen oder zu denen man Nachforschungen anstellen kann. Wie Arnold Hanslmeier in seinem Buch „Einführung in Astronomie und Astrophysik" schreibt, befindet sich auf dem Mars der größte Vulkan im Sonnensystem. Es handelt sich um den Olympus Mons mit einem Durchmesser von 500 Kilometern und einer Höhe von 25 Kilometern. Der Mars steht im Zentrum langfristiger Raumfahrtstrategien.

Marskolonie

Eine Marskolonie ist eine hypothetische, dauerhaft bewohnte menschliche Siedlung auf dem Mars. Ein wichtiger Bestandteil sind die Marsstationen. Ziel ist es, unabhängig von der Erde leben und produzieren zu können. Herausforderungen sind Strahlung, Ressourcenverfügbarkeit, psychologische Belastung und Energieversorgung. Projekte von Raumfahrtagenturen und privaten Unternehmen (z.B. SpaceX) verfolgen langfristig die Vision einer multiplanetaren Menschheit. Damit dürften sie einem Irrtum unterliegen, denn selbst eine weitgehend zerstörte Erde wäre lebensfreundlicher als der Mars.

Marsmenschen

Der italienische Astronom Giovanni Schiaparelli beschrieb 1877 ein System vermeintlicher Kanäle auf dem Mars, was Spekulationen über hochentwickeltes Leben auslöste. In der Folge waren Marsmenschen (Marsianer) immer wieder Figuren in Science-Fiction-Büchern und -Filmen, etwa in „Stranger in a Strange Land" (1961) von Robert A. Heinlein, wobei es sich bei dem Helden der Geschichte um einen Erdling handelt, der auf dem Mars aufgewachsen ist.

Marsstation

Eine Marsstation ist eine Station auf dem Mars, auf der Menschen leben und arbeiten. Es gibt gegenwärtig keine Umsetzung davon. Wie eine Raumstation dient die Marsstation der Forschung, Entwicklung und Erprobung. An sie angegliedert könnten Einrichtungen mit Weltraumteleskopen sein. Sie wird anders als eine Mondstation – die ebenfalls noch nicht Realität ist – zunächst kein Ausgangspunkt oder Aufenthaltsort für den Weltraumtourismus sein, schon weil die Reise zum roten Planeten sehr lange dauert, nämlich ca. neun Monate, und die Bedingungen dort extrem sind. Eine Marsstation ist ein wesentliches Element einer Marskolonisation, also einer Besiedlung und Ausbeutung des roten Planeten. Eine Marskolonisation ist wesentlich schwieriger zu bewerkstelligen als eine Mondkolonisation.

Der Mars spielt in der Science-Fiction eine wichtige Rolle. Lange wurde darin die Auffassung vertreten, dass er bewohnt ist. Aus dem Roman „Stranger in a Strange Land" („Fremder in einer fremden Welt") von Robert A. Heinlein aus dem Jahre 1961 stammt das marsianische Wort „to grok", das Elon Musk als Namen für sein Large Language Model (LLM) genommen hat. Es bedeutet, dass man etwas so gut versteht, dass man förmlich mit ihm verschmilzt. Der Unternehmer ist es auch, der die Idee eines bemannten Marsflugs hartnäckig verfolgt und von einer Besiedlung ausgeht, was mit seiner Sympathie für den Longtermism zusammenhängen mag. Eine Verwirklichung könnte in den 2030er- oder 2040er-Jahren erfolgen, wobei sie von einer internationalen Zusammenarbeit und einem politischen und unternehmerischen Gestaltungswillen abhängig ist.

Eine (noch nicht existierende) Marsstation bildet wie eine Raumstation oder eine (noch nicht existierende) Mondstation ein weitgehend autarkes System. Sie ist druckdicht und temperaturgeregelt. Wasser und Luft werden wiederaufbereitet. Strom wird vor allem durch Solaranlagen gewonnen, wie beim Rover Curiosity, zudem vielleicht durch Kraftwerke. Wesentlich ist der Schutz vor Strahlung. Als mögliches Siedlungsgebiet gilt Elysium Planitia, eine Ebene, die nahe am Marsäquator liegt und gute Bedingungen für Solarenergie bietet. Auch der

Gale-Einschlagkrater, wo sich Curiosity aufhält, das Valles Marineris, ein riesiges Canyonsystem, und die Lavaröhren bei Tharsis, die Schutz vor Strahlung bieten könnten, sind Optionen. Mithilfe von Terraforming könnte man versuchen, die Gebiete bzw. den ganzen Planeten an die Anforderungen irdischer Lebewesen anzupassen. Fliegende und fahrende Weltraumroboter würden eine Marsstation mit der unwirtlichen Außenwelt verbinden.

Ein bemannter Flug zum Mars soll ab Ende der 2020er-Jahre oder Anfang der 2030er-Jahre stattfinden. Elon Musk hat immer wieder Versprechungen in dieser Richtung gemacht, die allerdings von Fachleuten in Zweifel gezogen werden. An einer Mondkolonisation ist er nicht interessiert – er hält ein Engagement auf dem Mond für eine Verschwendung von Ressourcen, obwohl dieser als Zwischenstation dienen könnte. Auf dem Mars soll nach der Vorstellung von Politikern und Wirtschaftsvertretern einerseits Forschung und Entwicklung betrieben werden, andererseits der Abbau von Metallen und Mineralien stattfinden. Marsstationen könnten zur Umweltbelastung auf dem Planeten beitragen. Eine moderne Umweltethik berücksichtigt die Umwelt außerhalb der Erde. Die Wissenschaftsethik beleuchtet Möglichkeiten und Grenzen einer Forschung im Weltall, die Wirtschaftsethik die Grenzen der Ausbeutung. Insgesamt dürfte Elon Musk einem Irrtum erliegen: Selbst eine weitgehend zerstörte Erde ist ein lebenswerterer Ort als der Mars.

Marvin

Marvin – mit vollem Namen Marvin the Paranoid Android – ist ein Roboter aus „Per Anhalter durch die Galaxis" („The Hitchhiker's Guide to the Galaxy") von Douglas Adams. Auf der Basis einer Hörspielserie entstand von 1979 bis 1992 eine fünfteilige Romanreihe, deren erstes Werk den genannten Titel trägt. Der humanoide Roboter hat, wie im gleichnamigen Film sichtbar wird, einen riesigen kugelförmigen Kopf und schleppt sich neben den Menschen durch die Gegend. Er ist bekannt für den Satz „Leben, erzähl mir bloß nichts vom Leben".

Maschinenethik

Die Maschinenethik erforscht die maschinelle Moral und bringt, zusammen mit Künstlicher Intelligenz und Robotik, moralische Maschinen hervor. Ihr Ausgangspunkt sind i.d.R. teilautonome oder autonome Maschinen, etwa Chatbots, Pflege- und Therapieroboter, Haushaltsroboter und Roboterautos. Diese sollen sich moralisch adäquat verhalten. Auch unmoralische Maschinen sind möglich und als Studienobjekte und Abschreckungsbeispiele sinnvoll.

Zu beachten ist, dass „maschinelle Moral" (wie „moralische Maschine") ein Terminus technicus ist, so wie „künstliche Intelligenz". Die heutige maschinelle Moral hat mit der menschlichen schlicht und ergreifend bestimmte Aspekte gemein. So kann eine moralische Maschine beispielsweise moralische Regeln befolgen. Intuition oder Empathie hat sie nicht, genauso wenig Bewusstsein oder Selbstbewusstsein im Sinne mentaler Zustände oder einen freien Willen.

Der Begriff der Algorithmenethik wird teilweise synonym, teilweise eher in der Diskussion über Suchmaschinen und Vorschlagslisten sowie Big Data verwendet. Die Roboterethik ist eine Keimzelle und ein Spezialgebiet der Maschinenethik bzw., nach einer verbreiteteren Sichtweise, ein der Informationsethik zugehöriges oder unabhängiges Gebiet, das gezielt andere Fragen behandelt, etwa zur Verantwortung und zu den Rechten von Robotern.

Die generative KI hat der Maschinenethik ein neues Feld beschert, ohne dass ihr Name immer genannt wird. Beim Reinforcement Learning from Human Feedback (RLHF) werden bestimmte Prinzipien beachtet und gestärkt. Über Prompt Engineering auf Systemebene wird ein bestimmtes Verhalten, das sich wiederum an den Prinzipien orientiert, erzwungen. Über Filter und andere Sicherheitsmechanismen werden bestimmte Inhalte ausgeschlossen.

Systeme mit eingebauten Wertvorgaben, wie sie etwa durch Alignment im Rahmen von Finetuning und Guardrails im Zusammenhang mit Prompt Engineering und Filtersystemen realisiert werden, könnten in der Raumfahrt helfen, Risiken zu minimieren, etwa bei der Interpretation von Kommandos oder bei Entscheidungen im Notfall. Auch in autonome Roboter oder Assistenzsysteme könnten Prinzipien und Guardrails integriert werden. Die Maschinenethik befindet sich in der Raumfahrt noch in den Anfängen.

Mehrstufenrakete

Eine Mehrstufenrakete besteht aus mehreren hintereinandergeschalteten Antriebseinheiten (sogenannten Stufen), die nacheinander gezündet und abgeworfen werden. Dadurch wird die Nutzlast effizienter in den Orbit oder darüber hinaus befördert. Das Prinzip wurde erstmals systematisch in der Raumfahrt ab den 1950er-Jahren eingesetzt. Raketen wie Saturn V oder Ariane 5 beruhen auf diesem Konzept.

Mensch

Der Mensch gehört zur Gattung Homo, mit der Art des Homo sapiens („verständiger, vernünftiger, kluger, weiser Mensch") und dessen Vorgänger Homo erectus („aufgerichteter, aufrecht gehender Mensch"). Er bewohnt seit Jahrmillionen die Erde und hat nie einen anderen Planeten besucht, wenn man vom Entsenden von Weltraumfähren und -robotern absieht; lediglich auf den Trabanten der Erde, den Mond, hat er seinen Fuß gesetzt. Als Homo oeconomicus maximiert er seinen Nutzen, ist Teil der Wirtschaft, als Produzent, Konsument oder Prosument. Als Homo politicus und Homo sociologicus ist er in ein Staats- und Gemeinwesen eingebunden, in dem er Rechte und Pflichten wahrnimmt und spezifische Handlungen ausführt, die sich auf Regierung, Verwaltung oder Gesellschaft beziehen. Im Homo faber erscheint der ein Handwerk oder eine Kunst ausübende, ein Werkzeug oder eine Technik schaffende Mensch, der damit seine Umwelt und sich selbst verändert.

Der Mensch hat sich in einem langen Evolutionsprozess nach der einen Lesart aus dem Tier heraus entwickelt, nach der anderen ist und bleibt er ein Tier. Auf die Frage, was ihn womöglich von diesem unterscheidet, hat man zahlreiche Antworten gefunden, die auf körperliche und geistige Merkmale sowie kulturelle Techniken und künstlerische Fähigkeiten verweisen. Der aufrechte Gang ist ein Beispiel, der Gebrauch von Werkzeug, der allerdings auch im Tierreich zu finden ist, ein anderes, oder die Sprachfähigkeit, die freilich auch in der Tierwelt vorhanden ist; überhaupt muss man sagen, dass sich fast jedes scheinbar eindeutige Merkmal bei längerem Nachdenken und Umschauen relativieren lässt. Man muss konkret werden, um die Grenze sichtbar werden zu lassen, das Anfertigen von Geräten und Maschinen herausgreifen, das Herstellen und Verkaufen von Produkten, das Bezahlen mit Geld, das Schreiben und Unterschreiben.

Verknüpft mit dem Menschsein wird vielfach die Moralfähigkeit. Zwar kann man bei (nichtmenschlichen) Tieren vormoralische Qualitäten annehmen, und sie können sich in altruistischer Weise um abhängige und verletzte Lebewesen der eigenen oder einer anderen Art kümmern; sie können sich aber nicht bewusst für eine böse oder gute Handlung entscheiden, sodass man feststellen muss, dass es z.B. keine bösen oder guten Haie oder Hunde gibt. Ob der Mensch als grundsätzlich gut angesehen werden kann, wird oftmals bezweifelt; seine Moral scheint nicht nur ambivalent zu sein, sondern es bestehen auch Dissonanzen zwischen Denken und Verhalten und zwischen Moral und Moralität. Im Ökonomischen wird dies immer wieder sichtbar, sei es in der Zerstörung von Lebensraum, der Ausbeutung von Arbeitskräften oder der Massentierhaltung. Sicherlich lassen sich einige Vorgänge mit unterschiedlichen Interessen von Personen und Gruppen erklären, und es würde zu kurz greifen, in jedem Menschen eine gewisse Schizophrenie als Motivation für das erwähnte Destruktive anzunehmen.

Der Humanismus als gesellschaftspolitisches Programm der Gegenwart betont den Menschen als vernunftbegabtes und in gewisser Weise herausragendes Wesen. Meistens wird das Tier ausgeblendet, manchmal berücksichtigt, etwa indem Verwandtschaft (zwischen den Lebewesen) und Verantwortung (des Menschen für das Tier) erkannt werden. Der Transhumanismus, an den Humanismus anknüpfend und ihn zugleich überwindend, wirbt für die selbstbestimmte Weiterentwicklung des Menschen, seine biologische, chemische und technische Erweiterung und Verbesserung, und wenn man nicht als Cyborg das ewige Leben erreicht, von dem manche Anhänger träumen, dann vielleicht, so propagieren es einige Wissenschaftler, durch die Sicherung der individuellen Gedankenwelt und des persönlichen Bewusstseins in virtuellen Speichern. Ob der unsterbliche Mensch noch ein Mensch wäre, muss diskutiert werden, und man könnte als wesentliches Merkmal höheren Lebens durchaus die Sterblichkeit des Organismus verstehen. Darüber, ob der nicht dem Tod geweihte Mensch überhaupt noch eine Umwelt antreffen würde, in der er dauerhaft existieren könnte, mag man ebenfalls debattieren.

Die Philosophie fragt mit Immanuel Kant u.a. danach, was der Mensch ist und was er wissen kann. Die Technikphilosophie widmet sich dem modernen Homo faber und den Vorstellungen und Überzeugungen des Transhumanismus und erkundet, wiederum mit dem Königsberger Aufklärer, was man hoffen darf. Die Maschinenethik entdeckt im autonomen System ein neues mögliches (überaus merkwürdiges und unvollständiges) Subjekt der Moral. In Technik- und Informationsethik kann der ausdrückliche Wunsch nach dem Cyborg ein Thema sein, wobei moralische Probleme in den Vordergrund rücken, etwa die Bevorzugung oder Schädigung der eigenen oder einer anderen Person, in Wirtschafts-, Umwelt- und Tierethik der sichtbare Wille, die Welt mit ihren natürlichen Ressourcen umzuformen und zu zerstören, wodurch das (höherentwickelte, nichtmenschliche) Tier, das Interessen und Rechte besitzt, seine Lebensgrundlage verliert, und letztlich der Homo oeconomicus seine Wirtschaftsgrundlage. Es sind in der Ethik die Pflichten des Menschen zu untersuchen, nicht nur seinen Mitmenschen und seinen Nachkommen, sondern auch seiner Umwelt gegenüber. Am Ende sollte deutlich werden, ob der Homo sapiens seinem Namen gerecht geworden ist.

Mensch-Maschine-Interaktion

Die Mensch-Maschine-Interaktion (MMI), im Englischen „human-machine interaction" (HMI) genannt, behandelt die Interaktion zwischen Mensch und Maschine. Synonym oder mehr auf die Kommunikation bezogen spricht man auch von Mensch-Maschine-Kommunikation (engl. „human-machine communication"). In vielen Fällen ist die Maschine ein Computer bzw. enthält Informations- und Kommunikationstechnologien (IKT) und Anwendungs- oder Informationssysteme. Von daher existieren enge Beziehungen zur und erhebliche Überschneidungen mit der Mensch-Computer-Interaktion (MCI), im Englischen „human-computer interaction" (HCI). Spektakuläre jüngere Produkte, an denen die MMI mitgewirkt hat, sind Touchscreen und Datenbrille.

Der Fachbereich Mensch-Computer-Interaktion der Gesellschaft für Informatik (GI) in Deutschland definiert auf seiner Website unter der Überschrift „Ziele und Aufgaben" als Themen der MCI – die auch zentral für die Mensch-Maschine-Interaktion sind – u.a. „die benutzerorientierte Analyse und Modellierung von Anwendungskontexten", „Prinzipien, Methoden und Werkzeuge für die Gestaltung von interaktiven, vernetzten Systemen" und „multimodale und multimediale Interaktionstechniken". Evaluation und Zertifizierung spielen ebenfalls eine wichtige Rolle. Zudem wird die Integration der benutzergerechten Gestaltung von Informatiksystemen in die Softwareentwicklung angeführt. Innerhalb der MMI und neben der MCI ist die Mensch-Roboter-Interaktion (engl. „human-robot interaction") relevant, überdies die Mensch-Roboter-Kollaboration (engl. „human-robot collaboration"). Roboter sind nicht einfach Computer; oft sind sie mobil und haben, vor allem wenn sie tier- oder menschenähnlich umgesetzt sind, einen Körper und Gliedmaßen. Ihre Art der Verkörperung (engl. „embodiment", wobei dieser Begriff auch einen speziellen Ansatz in der Robotik meint) hat mannigfache Implikationen, für Fortbewegung und Selbstlernen sowie die Mensch-Maschine-Interaktion. In der Tier-Maschine-Interaktion geht es, wenn man den Begriff analog zu demjenigen der MMI denkt, um Design, Evaluierung und Implementierung von (in der Regel höherentwickelten bzw. komplexeren) Maschinen und Computersystemen, die mit Tieren interagieren und kommunizieren. Im englischsprachigen Raum taucht der Begriff „animal-machine interaction" (AMI) durchaus auf. Der deutsche Begriff muss sich erst etablieren.

Bei (teil-)autonomen Maschinen wie Agenten, bestimmten Robotern, bestimmten Drohnen und selbstständig fahrenden Autos stellt sich die Frage nach dem adäquaten Design nicht bloß im herkömmlichen, sondern auch im sozialen und moralischen Sinne. Sie sollen sich z.B. zum Wohle ihrer Interaktionspartner verhalten und diese weder verletzen noch beleidigen. Die Maschinenethik („machine ethics", um auch hier den englischen Begriff anzubringen) begreift Maschinen als neuartige, merkwürdige, unvollständige Subjekte der Moral, Menschen und Tiere als Objekte. Sie kann, wie die Soziale Robotik, die sich mit (teil-)autonomen Maschinen beschäftigt, die sich in soziale Gemeinschaften einfügen und in Befolgung sozialer Regeln mit Menschen (evtl. auch mit Tieren) interagieren und kommunizieren, eine wichtige Partnerin der Mensch-Maschine-Interaktion sein.

Die MMI gewinnt offensichtlich neue Bereiche hinzu. Für die beteiligten Disziplinen – die GI nennt auf ihrer Website, ausgehend von der Informatik, u.a. Design, Pädagogik, Psychologie, Organisations-, Arbeits- und Wirtschaftswissenschaften, Kultur- und Medienwissenschaften sowie Rechts- und Verwaltungswissenschaften (hinzuzufügen wären noch Philosophie und Ethik mitsamt Maschinen- oder Roboterethik sowie die Künstliche Intelligenz) – ergeben sich damit verschiedene Herausforderungen. Sie müssen sich mit bis dato unbekannten Objekten befassen, und sie müssen weitere Disziplinen wie Tierethik und Biologie neben sich zulassen. Ist die interdisziplinäre Kraftanstrengung von Erfolg gekrönt, sind innovative und disruptive Technologien zu erwarten, die auch für die Wirtschaft erhebliche Bedeutung haben, sei es als Teil cyberphysischer Systeme in der Industrie 4.0, sei es in Form von innovativen Endbenutzerwerkzeugen oder von Systemen in der Raumfahrt.

Mensch-Roboter-Kollaboration

Der Begriff der Mensch-Roboter-Kollaboration (MRK), engl. „humanrobot collaboration", steht sowohl für die Disziplin als auch den Gegenstand, ähnlich wie die „Mensch-Computer-Interaktion", die „Mensch-Maschine-Kommunikation" oder die „Mensch-Roboter-Interaktion". Die Disziplin entwickelt und erforscht Mensch-Roboter-Konstellationen der besonderen Art. Diese sind vor allem durch die Nähe und die Form der Zusammenarbeit zwischen Mensch und Roboter gekennzeichnet. Die Soziale Robotik kann Beiträge zur MRK leisten.

Kollaboration ist nach dem üblichen Verständnis mehr als Kooperation. Man arbeitet in ihrem Fall nicht nur mit einem gemeinsamen

Ziel, sondern auch Hand in Hand an einer gemeinsamen Aufgabe. Üblicherweise findet sie statt zwischen zwei, drei oder mehr Menschen. Wenn sie Roboter und Mensch vereint, spricht man eben von Mensch-Roboter-Kollaboration. Es sind mehr als Tandems möglich, und zwar Teams unterschiedlicher Zusammensetzung, etwa mit einem Menschen und zwei Robotern oder zwei Menschen und einem Roboter.

Typische Vertreter in der MRK sind Cobots, wie man sie aus Industrie und Logistik kennt und die man auch Kooperations- und Kollaborationsroboter nennt. Zu den Herstellern gehören ABB, Kuka, Rethink Robotics und Neura Robotics. Weitere Roboter erfüllen die Kriterien, z.B. bestimmte Serviceroboter wie Pflegeroboter oder Sexroboter. Pflegeroboter wiederum können auf der Basis von Cobots entstehen. Selbst Kampfroboter mögen Komponenten der Mensch-Roboter-Kollaboration sein. Diese ist also offensichtlich nicht auf einen Robotertyp beschränkt.

Die Roboter in der MRK haben meist physische Merkmale, die sie mit Menschen teilen, etwa einen Arm oder zwei Arme (wie YuMi von ABB). Manchmal haben sie einen Körper oder einen Kopf. Zudem weisen sie ähnliche Eigenschaften in Bezug auf Interaktion und Kommunikation (mithin Intelligenz) auf, in manchen Anwendungsbereichen gar natürlichsprachliche Fähigkeiten. Nicht zuletzt wachsen Mensch und Maschine zu einem soziotechnischen System zusammen, wodurch sich wiederum eine Zuständigkeit der Wirtschaftsinformatik ergibt.

Die MRK wandert von Produktion und Logistik in den Alltag, in Beratung, Begleitung, Betreuung, Pflege und Therapie. Auch die Raumfahrt ist betroffen. Es handelt sich teilweise um ein Übergangsstadium, das in die Kollaboration von Maschinen mündet, teilweise um die Startpunkte einer engen Beziehung zwischen Mensch und Maschine. Diese kann uns guttun, sie kann uns aber auch abhängig machen. Es gilt in der weiteren Beschäftigung mit dem Thema, die einzelnen Einsatzgebiete kritisch zu überprüfen, nicht zuletzt aus der Perspektive von Informationsethik und Roboterethik, und es müssen – z.B. im Kontext der Wirtschaftsethik – die Betroffenen gefragt werden, ob Arbeit, Pflege und Betreuung dieser Art in ihrem Sinne sind.

Merkur

Merkur – benannt nach dem römischen Gott Mercurius (eingedeutscht Merkur), Gott der Händler und Diebe sowie Götterbote, der mit dem griechischen Hermes gleichgesetzt werden kann – ist der erste, also der sonnennächste Planet und der kleinste im Sonnensystem. Er besitzt keine nennenswerte Atmosphäre, extreme Temperaturschwankungen und eine stark zerklüftete Oberfläche. Er ist schwer zu erreichen, da Raumsonden beim Anflug gegen die starke Sonnenanziehung abbremsen müssen. Die europäisch-japanische Mission BepiColombo untersucht seit 2018 Struktur, Magnetfeld und geologische Besonderheiten. Die Sonde ist nach Giuseppe Colombo benannt, einem italienischen Mathematiker, der die erste Merkur-Mission Mariner 10 mitgeplant hatte. Wie Ilja Bohnet in seinem Buch „Die 42 größten Rätsel der Astronomie" festhält, ist BepiColombo am 8. Januar 2025 „zum sechsten und letzten Mal vor seiner Ankunft 2026 nah an Merkur vorbeigeflogen".

Mikrogravitation

Mikrogravitation beschreibt die nahezu schwerelose Umgebung in einer Umlaufbahn um die Erde oder in Raumfahrzeugen. Sie erlaubt besondere physikalische und biologische Experimente, da sich Prozesse und Objekte dort anders verhalten als unter Erdschwerkraft. Mikrogravitation beeinflusst Muskelabbau, Flüssigkeitsverteilung und Zellverhalten. Dies ist ein zentrales Forschungsthema auf der ISS, bezogen auf Menschen wie auf Tiere.

Milchstraße

Die Milchstraße ist die Galaxie, in der sich unser Sonnensystem befindet. In der Antike hielt man sie – wie Arnold Hanslmeier in seinem Buch „Einführung in Astronomie und Astrophysik" schreibt – für die ausgeschüttete Milch der Göttin Hera, der Göttin der Ehe, der Frauen und der Familie (nebenberuflich die Göttin des Monds). „Das große Buch der Astronomie" von National Geographic Deutschland gibt zur

Auskunft: „Die Milchstraße entstand dem Volk der San zufolge, als ein Mädchen eine Handvoll Asche in den Himmel warf." Bei den San handelt es sich um indigene Ethnien im südlichen Afrika, oft als Buschmänner (Bushmen) bezeichnet, ein Begriff, der vor Ort verwendet, von bestimmten Instanzen aber auch kritisiert wird.

Die Milchstraße ist eine Spiralgalaxie mit mehreren hundert Milliarden Sternen und einem Durchmesser von etwa 100.000 Lichtjahren. Ihre Struktur und Rotation sowie der Einfluss dunkler Materie sind Gegenstand der Forschung. Sie bewegt sich gemeinsam mit der Andromedagalaxie und vielen weiteren (vor allem kleinen) Galaxien (wie der großen und der kleinen Magellanschen Wolke) als sogenannte Lokale Gruppe (engl. „local group") durch den Kosmos. Mit der Andromedagalaxie wird sie eines Tages kollidieren. Wie Ilja Bohnet im Gespräch mit dem Astronomen Matthias Steinmetz herausarbeitet, wird dies „relativ unspektakulär verlaufen". Die „beiden gigantischen Massenansammlungen" – so heißt es in seinem Buch „Die 42 größten Rätsel der Astronomie" – werden sich „im Wesentlichen unberührt durchdringen".

Militarisierung des Weltraums

Die Militarisierung des Weltraums umfasst alle Bestrebungen, militärische Fähigkeiten ins Weltall zu verlagern, einschließlich Satellitenüberwachung, Navigation, Kommunikation und potenziell Stationierung von Waffen. Obwohl der Weltraumvertrag von 1967 Massenvernichtungswaffen im Weltall verbietet, schreitet die Planung durch Militärs voran. ASAT-Tests (das Akronym steht für engl. „anti-satellite activities" und meint Antisatellitenwaffen) und militärische Raumkommandos werfen Fragen zur Rüstungskontrolle auf.

Mir

Mir war die erste dauerhaft bemannte Raumstation der Sowjetunion und später Russlands. Sie wurde zwischen 1986 und 2001 betrieben und war bis zur ISS das größte künstliche Objekt im Orbit. Mir ermöglichte Langzeitaufenthalte im Weltall und war ein Meilenstein in der internationalen Kooperation und Forschung. Sie trug wie Sputnik 1 und der Erstflug von Juri Alexejewitsch Gagarin zum Prestige der Sowjetunion bei. Im Jahre 2001 verglühte sie kontrolliert über dem Pazifik.

Mond

Der Mond ist wie die Sonne ein Objekt, das die Fantasie und die Kreativität der Menschen von alters her angeregt und ihr Leben bestimmt hat. Er leuchtet durch das reflektierte Licht der Sonne und hat damit – zumindest als Vollmond – schon für frühe Menschen die Nacht zum Tag gemacht. Zu den mit dem Mond verbundenen Gottheiten zählen Luna (römische Gottheit), Selene (griechische Gottheit, die Luna entspricht), Chandra (hinduistische Gottheit) und Nanna (mesopotamische Gottheit). „Das große Buch der Astronomie" von National Geographic Deutschland gibt zur Auskunft, dass in Persien der Mond die Mondgottheit Mäh darstellte.

Der Mond ist der einzige natürliche Satellit der Erde und der am besten erforschte Himmelskörper nach unserem Planeten. Arnold Hanslmeier schreibt in seinem Buch „Einführung in Astronomie und Astrophysik": „Unser Mond ist durch die Kollision der Erde mit einem marsgroßen Planeten in der Frühzeit des Sonnensystems entstanden." Er hat erheblichen Einfluss auf Gezeiten, Erdrotation und biologische Rhythmen, etwa bei Meerestieren (wogegen die Wirkung auf Menschen nicht oder nicht eindeutig belegt ist).

Der Mond war Ziel des Apollo-Programms und steht wieder im Fokus durch das Artemis-Programm (NASA in Zusammenarbeit mit ESA, JAXA und CSA). Geplant sind Rückkehr (zum ersten Mal soll eine Frau den Mond betreten), Ressourcenabbau und Einrichtung dauerhafter Stationen (sogenannter Mondstationen), auf denen Menschen leben und arbeiten. Da dafür zahlreiche Materialien und Geräte auf den Trabanten geschafft werden müssen, dürfte es sich um ein Projekt handeln, das sich über Jahrzehnte erstreckt.

Mondlandung

Die erste bemannte Mondlandung erfolgte am 20. Juli 1969 im Rahmen der Apollo-11-Mission. Die US-Amerikaner Neil Armstrong und Buzz Aldrin betraten als erste Menschen den Mond. Aldrin hinterließ den bekannten Fußabdruck im Mondstaub, der zum Gegenstand von Verschwörungstheorien wurde. Von Armstrong stammt der Satz „That's one small step for (a) man, one giant leap for mankind.", der zum geflügelten Wort wurde. Insgesamt fanden zwischen 1969 und 1972 sechs bemannte Mondlandungen statt. Die Ereignisse gelten als Höhepunkt der Raumfahrtgeschichte und als wissenschaftliche, technologische und persönliche Meisterleistung.

Mondstation

Eine Mondstation ist eine Station auf dem Mond, auf der Menschen leben und arbeiten. Es gibt gegenwärtig keine Umsetzung davon. Abzugrenzen ist die Mondstation von einer Raumstation, die sich in der Umlaufbahn der Erde befindet. Wenn eine Raumstation in der Umlaufbahn des Monds errichtet wird, wird diese nicht als Mondstation bezeichnet. Wie eine Raumstation dient die Mondstation der Forschung, Entwicklung und Erprobung. An sie angegliedert könnten Einrichtungen mit Weltraumteleskopen sein. Sie ist ein wesentliches Element einer Mondkolonisation, also einer Besiedlung und Ausbeutung des Erdtrabanten. Zudem kann sie ein Ausgangspunkt und Aufenthaltsort für den Weltraumtourismus sein.

In den Science-Fiction-Büchern von Jules Verne mit den Titeln „Von der Erde zum Mond" (1865) und „Reise um den Mond" (1870) gelangt die Besatzung nicht bis zur Oberfläche. Im Science-Fiction-Film „Frau im Mond" (1929) von Fritz Lang ist sie auf dem Mond unterwegs, richtet sich dort aber nicht häuslich ein – die Rakete ist die Unterkunft. Das Artemis-Base-Camp-Konzept der NASA von 2020 sieht eine moderne Mondkabine, einen Rover (einen Mondrover) und eine Art Wohnmobil vor. Eine Verwirklichung könnte in den 2030er-Jahren erfolgen, wobei sie von einer internationalen Zusammenarbeit und einem politischen und unternehmerischen Gestaltungswillen abhängig ist.

Eine (noch nicht existierende) Mondstation bildet wie eine Raumstation ein weitgehend autarkes System. Sie ist druckdicht und temperaturgeregelt. Wasser und Luft werden wiederaufbereitet. Pflanzen dürften eine Rolle bei der Umwandlung von Kohlenstoffdioxid (Kohlendioxid) in Sauerstoff spielen. Strom wird vor allem durch Solaranlagen gewonnen, womöglich auch durch Kraftwerke. Wesentlich ist der Schutz vor Strahlung. Mithilfe von Weiterentwicklungen von Raumschiffen wie Starship von SpaceX können Güter zum Mond befördert werden. Ferngesteuerte und (teil-)autonome Weltraumroboter würden eine Mondstation mit der Außenwelt verbinden.

Seit den 2020er-Jahren werden die Pläne für Mondstationen konkreter. Es soll einerseits Forschung und Entwicklung betrieben, andererseits der Weltraumtourismus gestärkt und der Abbau von Metallen und Mineralien vorbereitet werden. Mondstationen können zur Umweltbelastung auf dem Trabanten beitragen. Eine moderne Umweltethik berücksichtigt die Umwelt außerhalb der Erde. Die Wissenschaftsethik beleuchtet Möglichkeiten und Grenzen einer Forschung im Weltall, die Wirtschaftsethik die Grenzen der Ausbeutung.

Mondvertrag

Der Mondvertrag (im englischen Original „Agreement Governing the Activities of States on the Moon and Other Celestial Bodies", dt. „Übereinkommen zur Regelung der Tätigkeiten von Staaten auf dem Mond und anderen Himmelskörpern") ist ein internationales Abkommen von 1979, das die Nutzung des Monds und anderer Himmelskörper regelt. Er verbietet nationale Aneignung und schreibt vor, dass der Mond mitsamt seinen natürlichen Ressourcen zum „gemeinsamen Erbe der Menschheit" (im englischen Original „the common heritage of mankind") gehört. Nur wenige Staaten haben den Vertrag ratifiziert, wobei die großen Raumfahrtnationen nicht darunter sind. Er wird als rechtlich wichtig, aber politisch schwach angesehen.

Multimessenger-Astronomie

Die Multimessenger-Astronomie ist ein modernes Teilgebiet der Astrophysik, das verschiedene „Boten" (Messenger) des Universums kombiniert, um kosmische Phänomene besser zu verstehen. Dazu gehören elektromagnetische Wellen (z.B. Licht), Gravitationswellen, Neutrinos und kosmische Teilchenstrahlung. Ziel ist es, durch die gleichzeitige Beobachtung derselben Ereignisse mit unterschiedlichen Detektoren ein umfassenderes Bild zu erhalten, etwa bei Supernovae, Neutronensternverschmelzungen oder Schwarzen Löchern. Der Durchbruch gelang 2017 mit der gleichzeitigen Erfassung von Gravitationswellen und Licht aus der Kollision zweier Neutronensterne.

Musik

Musik ist, neben Literatur, bildender Kunst und darstellender Kunst, eine Kunstgattung, die Musik (im Sinne von akustischen Proben und Werken) hervorbringt, mithilfe der Notenschrift und von Instrumenten (bereits in Urzeiten von Trommeln und Flöten) bzw. Gesang. Die Töne mit unterschiedlicher Lautstärke, Klangfarbe, Höhe und Dauer reihen sich, zusammen mit Pausen, zu Melodien. In Liedern spielen Refrains eine Rolle, sich wiederholende, eingängige Elemente. Musik steht für sich selbst oder begleitet Werke der Darstellenden Kunst. Die Musikwissenschaft erforscht die Geschichte, die Erzeugung und den Verwendungszweck von Musik, wobei sie Begriffe und Methoden unterschiedlicher Disziplinen heranzieht. Auch mit Komponisten und Musikern beschäftigt sie sich.

Der Mensch musiziert seit zehntausenden Jahren, alleine oder zusammen mit anderen (Duett, Chor oder Orchester). Er lässt sich von Tönen aus dem Tierreich inspirieren, etwa vom Zwitschern und Pfeifen der Vögel, oder nutzt seine Fantasie. Er will seiner Freude oder seiner Trauer Ausdruck verleihen, zudem Partner und Partnerinnen anlocken und für sich gewinnen. Die Minnesänger des Mittelalters sind ebenso im Gedächtnis der Gesellschaft geblieben wie die Komponisten des 18.

und 19. Jahrhunderts, von Johann Sebastian Bach über Wolfgang Amadeus Mozart bis hin zu Ludwig van Beethoven. Elvis Presley, die Beatles, die Rolling Stones, Michael Jackson und Madonna setzten in der Rock- und Popmusik neue Maßstäbe, nicht zuletzt in Bezug auf Anzahl und Begeisterung der Fans.

Tonträger waren und sind Schallplatten, Audiokassetten und Compact Discs (CDs). Mit tragbaren Abspielgeräten wie dem Walkman konnte man ab 1979 Musik unterwegs hören. In den 1990er-Jahren kamen Formate wie MP3 auf, durch die Stücke und Lieder auf Servern vorgehalten und auf Clients aller Art, z.B. Geräte wie MP3-Player und später Smartphones, heruntergeladen werden konnten. Heutzutage wird Musik, wie Film, oft gestreamt. Für Künstler und Künstlerinnen sowie die Musikindustrie bedeutete die Digitalisierung eine Herausforderung und eine Umstellung. Sie mussten auf neue Geschäftsmodelle wechseln, etwa Geld mit Werbung verdienen, oder verstärkt Konzerte anbieten. Mit einer speziellen Sprachsynthese kann man künstlichen Gesang produzieren, den man dann einer virtuellen Figur zuordnen mag. So wurde zuerst in Japan und dann weltweit Miku Hatsune berühmt, nicht zuletzt in Form (einer Darstellung) eines Hologramms.

Etliche Kompositionen und Lieder beschäftigen sich mit dem Weltraum. Gustav Mahler schrieb – so Hermann Unger in seiner „Musikgeschichte in Selbstzeugnissen" – zu seiner 8. Sinfonie von 1906 in einem Brief: „Denken Sie sich, dass das Universum zu tönen und zu klingen beginnt. Es sind nicht mehr menschliche Stimmen, sondern Planeten und Sonnen, welche kreisen." „The Planets" (1914 – 1916) ist eine Orchestersuite von Gustav Holst. Es kommen darin alle fremden Planeten unseres Sonnensystems vor. Von Karlheinz Stockhausen stammt „Sternklang" (1971), ein avantgardistisches Werk für Musiker, die im Freien auf weiträumig verteilten Plätzen singen und spielen. „Set the Controls for the Heart of the Sun" (1968) von Pink Floyd ist eine psychedelische Reise mit kosmischen Klängen, mit den gewählten Instrumenten irgendwo zwischen Weltmusik und „Weltenmusik". „Space Oddity" (1969) von David Bowie erzählt im Jahr des ersten Mondflugs die traurige Geschichte von Major Tom. Elton John hat mit „Rocket Man" (1972) eine melancholische Reflexion über die Einsamkeit im All und den Verlust der Menschlichkeit versucht. „Major Tom" („Völlig losgelöst") aus dem Jahre 1982 von Peter Schilling, die Figur aus dem Song von David Bowie wiederaufnehmend, wird zu einem der Glanzstücke der Neuen Deutschen Welle. Zu erwähnen ist ferner die Filmmusik, darunter die Eingangsmelodie von „Raumschiff Enterprise" („Star Trek"), zu der die berühmten Worte „Der Weltraum – unendliche Weiten …" ertönen.

Musikinstrumente sind auf der ISS zugelassen und werden immer wieder genutzt. Sie dienen der eigenen Übung und Unterhaltung, der Unterhaltung der Crew, wenn diese dazu Lust hat, und der Bekämpfung der Langeweile. Antonia Morin stellte am 1. Juli 2019 für BR Klassik fest: „Als musikalische Grundausstattung sind einige Instrumente immer an Bord der ISS: eine E-Gitarre, ein Keyboard, ein Dudelsack, eine Akustikgitarre, eine Ukulele und eine Flöte." Die Journalistin Miriam Kramer berichtete am 13. Mai 2013 über den kanadischen Astronauten Chris Hadfield, der auf der ISS das erwähnte „Space Oddity" von Bowie in einer akustisch, vor allem aber visuell beeindruckenden Darbietung gecovert hatte: „The first Canadian commander of the orbiting outpost is seen floating through the station modules singing, playing guitar and staring back at Earth throughout the video. The five minute long farewell also features views of the outside of the space station and a time-lapse shot of the Earth as seen from orbit." Der Meister selbst soll – wenige Jahre vor seinem Tod – sehr angetan davon gewesen sein. Nicht auf der ISS, aber im Rahmen ihres kurzen Weltraumausflugs sang Katy Perry einen Teil von Louis Armstrongs „What a Wonderful World".

Mit der Musik eroberten Menschen ungeachtet ihrer Herkunft und ihres Aussehens die Herzen des Publikums. Im 20. Jahrhundert drängte das äußere Erscheinungsbild mehr und mehr in den Vordergrund, und man castete Mitglieder von Girlbands und Boygroups nicht nur nach musikalischen Kriterien. Kunst und Kommerz gingen in allen Bereichen immer mehr zusammen. Dennoch gab es weiter Entwicklungen jenseits des Mainstreams. Musik ist für viele Hörer und Hörerinnen eine Inspiration. Sie lernen und arbeiten, während sie Songs hören, sie widmen sich mit ihrer Unterstützung anderen Kunstgattungen. Dabei hilft, dass Musik nebenbei gehört werden kann und eine emotionalisierende und stimulierende Wirkung hat. Ebenso kann sie aber zur Überdeckung und Ablenkung eingesetzt werden. Eine Kunstethik als Bereichsethik vermochte sich bisher kaum zu etablieren. Medien-, Wirtschafts- und Medizinethik decken manche Aspekte der Musikproduktion und -rezeption ab.

Mythologie

Viele Planeten, Monde und Sternbilder sind nach mythologischen Figuren benannt, zudem einige Raumfahrtprogramme. Bei den Planeten des Sonnensystems werden Namen aus der römischen Götterwelt geborgt. Bei Merkur, Venus, Mars, Jupiter, Saturn und Neptun (früher auch Pluto) werden jeweils bestimmte Eigenschaften widergespiegelt, etwa in Bezug auf Bewegung, Farbe oder Stellung. Uranus ist eine Ausnahme, da er nach dem griechischen Himmelsgott benannt wurde, wobei den römischen Göttern oft griechische mehr oder weniger entsprechen, wie Zeus dem Jupiter. Auch die zahlreichen Monde der großen Planeten tragen Namen aus der Mythologie, und zwar oft solche, die in einer Beziehung zur Hauptgottheit stehen: Jupitermonde etwa nach Opfern, Geliebten und Nachkommen des Zeus bzw. Jupiter (z.B. Io, Europa), Saturnmonde nach Titanen (z.B. Rhea, Enceladus). Eine Besonderheit stellen die Monde des Uranus dar, die nach Figuren aus Werken von William Shakespeare (Titania, nach der Feenkönigin in „A Midsummer Night's Dream" bzw. „A Midsommer nights dreame", dt. „Ein Sommernachtstraum") und Alexander Pope (Belinda und Umbriel, aus „The Rape of the Lock") bezeichnet wurden.

Sternbilder sind seit der Antike durch den ptolemäischen Sternkatalog überliefert, in dem zahlreiche Konstellationen nach mythologischen Gestalten benannt sind, etwa Orion, Andromeda, Perseus oder Kassiopeia. Die in der Neuzeit entdeckten Sternbilder des Südhimmels tragen dagegen meist profane Namen, wie Mikroskop, Schiffskompass (Kompass) oder Kreuz des Südens. Einzelne Sterne sind i.d.R. nicht mythologisch konnotiert, sondern haben (angepasste) arabische Namen, die aus der islamischen Astronomie des Mittelalters stammen, wie Betelgeuse (Beteigeuze) oder Aldebaran. Der lateinische Name Proxima Centauri bedeutet im Deutschen wörtlich „die Nächste des Zentauren". Er bezeichnet den sonnennächsten bekannten Stern überhaupt – der rund 4,24 Lichtjahre entfernt ist – und ist Teil eines Dreifachsternsystems im Sternbild Centaurus (Zentaur), das den weisen Cheiron (einen der Zentauren oder Kentauren) darstellt, womit doch wieder ein mythologischer Bezug (hier im Einflussbereich des alten Griechenlands) vorhanden ist.

Bei Zwergplaneten und größeren Asteroiden zeigt sich ebenfalls ein Rückgriff auf die Mythologie, allerdings erweitert um nichteuropäische Kulturkreise. So ist Makemake nach dem Schöpfer- und Fruchtbarkeitsgott aus der Mythologie der Osterinsel benannt, während „Haumea" auf eine Fruchtbarkeitsgöttin von Hawaii zurückgeht. Eris, ein weiterer Zwergplanet, erhielt den Namen der griechischen Göttin der Zwietracht, vielleicht ein Verweis auf die Kontroversen um die neue planetarische Klassifikation. Die Benennungen dieser Körper obliegen der Internationalen Astronomischen Union (IAU), die dabei zunehmend weltkulturelle Vielfalt berücksichtigt. Erstaunlicherweise sind die Stimmen noch leise, die eine Umbenennung der Himmelskörper fordern. So ist Zeus eine ambivalente Figur – mächtig und verehrt, zugleich aber in zahlreichen Erzählungen ein Gewalttäter. Eine systematische Überprüfung mythologischer Namen auf moralische Implikationen oder problematische Hintergründe findet bislang kaum statt.

N

Nachhaltigkeit im Weltraum

Nachhaltigkeit im Weltraum meint den verantwortungsvollen Umgang mit Ressourcen und Aktivitäten im Orbit und darüber hinaus. Dazu gehören die Vermeidung und Bekämpfung von Weltraummüll, der schonende Einsatz von Materialien, die Wiederverwendbarkeit von Systemen und die Minimierung ökologischer und gesellschaftlicher Risiken. Auch gerechter Zugang, langfristige Nutzbarkeit und die Frage nach interplanetarer Verantwortung zählen zum Konzept nachhaltiger Raumfahrt. Die kommerziellen Interessen, die sich etwa auf den Weltraumtourismus oder den Weltraumbergbau beziehen, stehen den Nachhaltigkeitszielen entgegen.

NASA

Die NASA, ausgeschrieben National Aeronautics and Space Administration, ist die zivile Raumfahrtbehörde der Vereinigten Staaten von Amerika. Sie wurde 1958 als Reaktion auf den sowjetischen Start von

Sputnik 1 gegründet und ist seitdem die wohl einflussreichste Organisation der internationalen Raumfahrt. Die NASA koordiniert und betreibt Weltraumforschung, entwickelt Technologien für bemannte und unbemannte Missionen und ist für zahlreiche Erdbeobachtungsprogramme verantwortlich.

Historisch bedeutend war der Beitrag der NASA zur Erforschung des Mondes durch das Apollo-Programm. Sie war an der Entwicklung und dem Betrieb des Space Shuttle beteiligt, führte das Hubble-Weltraumteleskop ein und betreibt gemeinsam mit internationalen Partnern die Internationale Raumstation (ISS). In jüngerer Zeit verfolgt sie mit dem Artemis-Programm das Ziel, erneut Menschen auf den Mond zu bringen. Überdies soll eine bemannte Marsmission vorbereitet werden, die in den 2030er- oder 2040er-Jahren stattfinden könnte.

Die NASA arbeitet eng mit Raumfahrtagenturen anderer Länder (etwa mit ESA und JAXA) sowie mit privaten Unternehmen zusammen. Im Kontext der sogenannten NewSpace-Entwicklung kooperiert sie mit SpaceX, Boeing und Blue Origin. Sie betreibt Bildungs- und Öffentlichkeitsarbeit, um das Verständnis für Raumfahrt, Technik und Naturwissenschaften in der Gesellschaft zu fördern. Ihre Wissenschaftsvermittlung, die auch über X (vormals Twitter), Instagram und TikTok stattfindet, kann als vorbildlich angesehen werden.

Natur

Unter Natur wird der Teil der Welt verstanden, der nicht vom Menschen geschaffen wurde, sondern der von selbst entstanden ist. Bei einem engen Begriff ist die Natur der Erde gemeint, die natürliche Umwelt, bei einem weiten die Natur des Kosmos, sodass beispielsweise der Mond und die Sonne zur Natur zu zählen wären. Die Natur wird von den Naturwissenschaften erforscht, die belebte von der Biologie (einschließlich der Ökologie), die unbelebte u.a. von der Physik und von der Geologie. Die Chemie kann sich auf beide Bereiche beziehen. Die belebte Natur wird von Individuen und Arten von Lebewesen gebildet. Am Anfang war die Erde frei von Leben. Dieses begann mit der chemischen Evolution und bildete sich im Zuge der biologischen Evolution weiter aus. Die Artenvielfalt ist vom Hintergrundsterben bestimmt und vom Massenaussterben bedroht. Zum Leben der Individuen gehört i.d.R. der Tod, die Auslöschung geistiger und mit der Zeit körperlicher Zustände. Man spricht von einem Kreislauf der Natur, vom Entstehen und Vergehen.

Der Natur entgegengesetzt wird die Kultur des Menschen, nicht zuletzt seine Kunst. Dennoch ist und bleibt er Teil der belebten Natur. Er macht aus Landschaften sogenannte Kulturlandschaften und baut Dörfer und Städte sowie Wege, Straßen und Schienen für den Verkehr. Mit Blick auf fremde Planeten wie den Mars ist Terraforming eine Vision. Wildtiere werden als Teil der Natur gesehen. Einige Arten können Artefakte anfertigen, etwa als Behausungen, und Verhaltensformen weitergeben. Das Nutz- und Haustier ist mit der Kultur des Menschen verbunden und kann seiner Züchtung entstammen. Der Natur gegenübergestellt wird zudem die Technik, die man als Teil der Kultur auffassen kann. Aus ihr heraus entstehen Geräte, Maschinen und Systeme, die der Beherrschung oder dem Verständnis der Natur dienen. Nur wenige Tiere können Artefakte im Sinne von Werkzeugen hervorbringen und diese dann nutzen. Der Homo faber bezwingt mit technischen Mitteln seine Mitmenschen und seine Umwelt. Die Kulturtechnik der Schrift ermöglicht Literatur und Wissenschaft.

Die Wirtschaft beansprucht und verbraucht Ressourcen der belebten und unbelebten Natur. Sie wandelt diese in Rohstoffe und diese dann gegebenenfalls in Produkte um oder prägt Kulturlandschaften mit. Immer häufiger betreibt sie Raubbau an der Natur. Ökologisches Wirtschaften widersetzt sich diesem Trend und versucht sich an nachhaltigen Formen. Biologische Produkte erfreuen sich großer Beliebtheit, immer mehr auch rein pflanzliche, sodass die Massentierhaltung eines Tages in manchen Ländern zurückgedrängt werden könnte. Naturschutzgebiete dienen dem Schutz vor Besiedlung und Bewirtschaftung. Ein großes Problem sind die Umweltverschmutzung durch Abgase und Abwässer von Industrieanlagen und die Entstehung von Abfall. Insbesondere Plastikmüll vernichtet Leben in Gewässern, lässt Vögel und Säugetiere verenden und Menschen krank werden. In die Natur von Mond und Mars und in die von weiteren Planeten und Asteroiden wird durch die

Raumfahrt eingegriffen, die immer mehr von wirtschaftlichen Interessen bestimmt ist.

Die Naturphilosophie beschäftigt sich mit dem Wesen der Natur, die Umweltethik mit den moralischen Aspekten einer Nutzung und Unterwerfung, auf der Erde wie auf anderen Planeten. Die Tierethik fragt nach den Pflichten des Menschen gegenüber Tieren und nach deren Rechten. Während die Moralökonomie eher die Interessen der Wirtschaft vertritt und allenfalls versucht, diese mit intrinsischen und instrumentellen Werten der Natur zu verbinden, ist die Moralphilosophie weniger in der Ökonomie bewandert, zugleich weniger von ihr abhängig, sodass sie sich z.B. für einen Erhalt der Natur starkmachen kann. Technikethik, Informationsethik und Roboterethik widmen sich den Folgen des Einsatzes von Technik bzw. Informations- und Kommunikationstechnologien und (teil-)autonomen Maschinen. Naturverklärung findet in Esoterik und Religion statt. Ein Schluss vom Sein auf das Sollen gilt als Sein-Sollen-Fehlschluss oder naturalistischer Fehlschluss. Der Mensch muss sich nicht nach der Natur richten. Er sollte aber in angemessener und befriedigender Weise in ihr und mit ihr leben.

Nebula

Eine Nebula (von lat. „nebula": „Nebel") ist eine interstellare Wolke aus Gas und Staub. Man unterscheidet u.a. Emissionsnebel, Reflexionsnebel, Dunkelnebel und planetarische Nebel. Nebel in diesem Sinne können als Geburtsort neuer Sterne dienen oder sind Überreste explodierter Sonnen (Supernovae). Sie sind oft visuell spektakulär und liefern Daten zur Sternentwicklung und zur chemischen Zusammensetzung des Universums.

Neptun

Neptun – benannt nach dem römischen Gott der Gewässer und des Meers, der wiederum mit dem griechischen Poseidon gleichgesetzt wurde – ist der achte und äußerste Planet des Sonnensystems. Er ist ein sogenannter Eisriese (wie es auch Uranus einer ist) mit starker atmosphärischer Dynamik, tiefblauer Farbe und extremen Winden. Neptun hat 14 bekannte Monde, darunter Triton, ein sogenannter Eismond (wie es auch Jupiters Europa ist), benannt nach dem Meeresgott Triton aus der griechischen Mythologie. Die Raumsonde Voyager 2 ist mit Stand 2025 das einzige Raumfahrzeug, das Neptun besucht hat.

Neutronenstern

Ein Neutronenstern ist der extrem dichte Überrest eines kollabierten Sterns nach einer Supernova. Er besteht fast ausschließlich aus Neutronen und hat lediglich etwa 10 bis 20 Kilometer Durchmesser, bei bis zu 1,5 Sonnenmassen. Neutronensterne rotieren oft sehr schnell (Millisekundenbereich) und senden Radiopulse aus – man spricht dann von Pulsaren.

NewSpace

„NewSpace" bezeichnet eine Phase der Raumfahrtentwicklung im 21. Jahrhundert, die durch das verstärkte Auftreten privatwirtschaftlicher Akteure, durch innovationsgetriebene Geschäftsmodelle und durch eine hohe Risikobereitschaft geprägt ist. Das Konzept steht im Gegensatz zum traditionellen, staatlich dominierten Raumfahrtsektor und umfasst insbesondere Unternehmen, die unabhängig von großen nationalen Agenturen operieren und neue Wege in Technologie, Finanzierung und Organisation beschreiten.

Typisch für NewSpace sind kostensenkende Innovationen wie wiederverwendbare Trägersysteme, modulare Kleinsatelliten, automatisierte Produktionsprozesse und agile Entwicklungsmethoden. Firmen wie SpaceX, Rocket Lab, Blue Origin, Planet Labs oder Astroscale zählen zu den prominentesten Vertretern. Sie setzen auf marktorientierte Lösungen, schnelle Entwicklungszyklen und zunehmend auf vertikal integrierte Wertschöpfungsketten. Dabei stehen nicht nur erdnahe Dienste wie Kommunikation, Fernerkundung oder Navigation im Fokus, sondern auch langfristige Projekte wie Weltraumtourismus, Marsmissionen oder Rohstoffgewinnung im All.

NewSpace ist nicht auf ein einzelnes Land beschränkt, sondern entwickelt sich weltweit, in den USA, in Europa, in China, in Indien, in Israel und in Australien. Der Staat bleibt ein zentraler Partner und Auftraggeber, übernimmt jedoch zunehmend die Rolle des Regulierers, Investors oder Nutzers anstelle des alleinigen Betreibers. Neue Finanzierungsmodelle, darunter Venture Capital, Public-Private Partnerships und institutionelle Förderprogramme, ermöglichen selbst kleineren Akteuren den Einstieg in den Weltraumsektor.

Neben den wirtschaftlichen Chancen bringt NewSpace auch Herausforderungen mit sich, u.a. die Regulierung eines wachsenden und international zersplitterten Markts, die Sicherung orbitaler Verkehrswege, die Erörterung der Datenhoheit und die Vermeidung von Weltraummüll. NewSpace verändert das Selbstverständnis der Raumfahrt, nämlich vom staatlichen Prestigeprojekt hin zur kommerziellen Infrastruktur – mit allen Chancen und Risiken, die eine solche Entwicklung mit sich bringt und die von Wirtschafts-, Informations- und Umweltethik reflektiert werden können.

Nuklearantrieb

Ein Nuklearantrieb nutzt die Energie aus Kernreaktionen zur Fortbewegung von Raumfahrzeugen. Dabei gibt es als Hauptformen nukleare Thermalantriebe, die ein Arbeitsmedium erhitzen und ausstoßen, und nukleare elektrische Antriebe, bei denen Strom für Ionen- oder Plasmatriebwerke erzeugt wird. Nuklearantriebe versprechen hohe Effizienz für Langstreckenmissionen, z.B. zum Mars. Technische, sicherheitstechnische und politische Fragen stehen ihrer breiten Umsetzung bisher im Wege.

Die ersten Bemühungen starteten 1954/1955 in einem Projekt, das 1958 von der neu gegründeten NASA übernommen wurde. Diese schreibt auf ihrer Website: „The Nuclear Engine for Rocket Vehicle Applications (NERVA) was a joint NASA and Atomic Energy Commission endeavor to develop a nuclear-powered rocket for both long-range missions to Mars and as a possible upper-stage for the Apollo Program." In der Gegenwart wird ein Raumfahrzeug mit nuklear-thermischem Raketentriebwerk von Lockheed Martin in Zusammenarbeit mit BWX Technologies im Rahmen eines DARPA-Programms entwickelt.

O

Oblateness

Oblateness (von engl. „oblateness": „Abplattung") bezeichnet die Abweichung eines rotierenden Himmelskörpers von der perfekten Kugelform. Durch die Eigenrotation entsteht an den Polen eine Abplattung, am Äquator eine Ausbuchtung. Gasriesen wie Jupiter und Saturn weisen besonders hohe Oblateness-Werte auf, Planeten wie die Erde eher geringe. Die Formveränderung beeinflusst Umlaufbahnen, Gravitationsfeldberechnungen und Atmosphärenmodelle und ist relevant für Navigation und Fernerkundung.

O'Neill-Zylinder

Ein O'Neill-Zylinder ist ein theoretisches Habitat für dauerhaftes Leben im Weltraum. Das Konzept wurde 1976 vom US-amerikanischen Physiker Gerard K. O'Neill vorgestellt und sieht zwei gegenläufig rotierende Zylinder vor, je etwa 8 Kilometer im Durchmesser und 30 Kilometer lang. Die Rotation erzeugt künstliche Schwerkraft an den Innenflächen.

Die Struktur soll Sonnenlicht über Spiegel einfangen und autarke Lebensbedingungen ermöglichen. Der O'Neill-Zylinder ist ein Motiv der Weltraumutopie und eine technische Inspirationsquelle für Raumkolonisationsszenarien.

Oortsche Wolke

Die Oortsche Wolke ist eine hypothetische, kugelförmige Region am äußersten Rand des Sonnensystems. Sie soll Billionen eisiger Körper enthalten und Ursprung langperiodischer Kometen sein. Benannt ist sie nach dem niederländischen Astronomen Jan Hendrik Oort (1900 – 1992). Die Oortsche Wolke wurde bislang nicht direkt beobachtet, gilt aber in ihrer Existenz als wahrscheinlich. Sie markiert den Übergang vom Einflussbereich der Sonne zum interstellaren Raum und dürfte Thema und Ziel zukünftiger Explorationsmissionen sein.

Operationsroboter

Mit einem Operationsroboter lassen sich Maßnahmen im Rahmen einer Operation oder gar eine ganze Operation durchführen. Er ist in der Lage, sehr kleine und sehr exakte Schnitte zu setzen und präzise zu fräsen und zu bohren. Er wird entweder – das ist die Regel – durch einen Arzt gesteuert, der vor Ort ist, oder er arbeitet – in einem engen zeitlichen und räumlichen Rahmen – mehr oder weniger autonom. Eine Operation ist ein mithilfe von Instrumenten und Geräten vorgenommener Eingriff am oder im Körper eines menschlichen bzw. tierischen Patienten zum Zweck der Behandlung, der Erkennung oder der Veränderung. Sie findet im besten Falle in geschützten Räumen statt, etwa in einem Krankenhaus oder einer Arztpraxis. Der Operationsroboter wurde ursprünglich mit Blick auf ungeschützte Räume geschaffen, etwa ein Schlachtfeld. Der Arzt sollte die Verwundeten aus sicherer Entfernung operieren können. Selbst für Operationen auf einer Raumstation oder auf dem Mond könnte ein solches System theoretisch verwendet werden, sofern eine entsprechende Infrastruktur gewährleistet ist.

Der DaVinci-Operationsroboter von Intuitive Surgical ist weit verbreitet und in Kliniken für die radikale Prostatektomie und die Hysterektomie zuständig. Er ist ein Teleroboter und als solcher nicht autonom oder auch nur teilautonom, kann aber z.B. das Zittern der Hände ausgleichen. Das Amigo Remote Catheter System wird bei Herzoperationen eingesetzt, das CyberKnife Robotic Radiosurgery System zur Krebsbehandlung, das Magellan Robotic System für Eingriffe in Blutgefäße. Der Smart Tissue Autonomous Robot (Star) des Sheikh Zayed Institute, ein autonomer Operationsroboter, kann Wunden mit großer Sorgfalt und Gleichmäßigkeit zunähen, ist aber noch zu langsam für den regulären Einsatz. MIRO vom Deutschen Zentrum für Luft- und Raumfahrt (DLR) ist ein Roboterarm für chirurgische Anwendungen. Er ist verwandt mit Kooperations- und Kollaborationsrobotern (Co-Robots oder Cobots) in der Industrie und kann dem Chirurgen assistieren und sich mit ihm bei Tätigkeiten so abwechseln, dass beide ihre Stärken auszuspielen vermögen und ihre Schwächen ausgeglichen werden. Der Roboter spaceMIRA (die Abkürzung steht für „Miniaturized In Vivo Robotic Assistant") hat 2024 im Labor der ISS mehrere Operationen an simuliertem Gewebe durchgeführt, ferngesteuert von Chirurgen auf der Erde.

Zu den Vorteilen eines Operationsroboters gehört, dass die Operation meist schonender ist als bei konventionellen Verfahren und damit vom Patienten besser vertragen wird. Der Arzt kann das Operationsfeld bei vielen Apparaturen optimal einsehen und beherrschen. Zu den Nachteilen gehört, dass künstliche Operationsassistenten sehr teuer sind und nach einer zusätzlichen gründlichen Einarbeitung der bedienenden und betreuenden Personen verlangen. Überhaupt ist die Amortisierung umstritten. Aus Sicht der Ethik, etwa der Informationsethik oder Medizinethik, ist die Frage der Verantwortung zentral. Diese wird bei manchen Modellen einfach zu beantworten sein, da sie lediglich Werkzeuge des Arztes sind. Allerdings gibt es zuweilen die Option, eine definierte (Teil-)Aufgabe autonom ausführen zu lassen, und es wird eben mit autonomen Systemen experimentiert. Bei ihrem Gebrauch wäre nicht nur der Mediziner (wenn überhaupt), sondern auch der Hersteller bzw. der Entwickler in die Verantwortung zu nehmen, mithin das Krankenhaus.

Orbit

Der Orbit (von lat. „orbita": „Bahn") ist die Umlaufbahn eines Himmelskörpers oder Satelliten um ein massereicheres Objekt, dessen Schwerkraft ihn auf seiner Bahn hält, bei der Erde der Erdorbit oder die Erdumlaufbahn. Je nach Höhe und Form unterscheidet man verschiedene Orbits, etwa den niedrigen Erdorbit (engl. „low Earth orbit", kurz „LEO"), den geostationären Orbit (engl. „geostationary Earth orbit", kurz „GEO") oder elliptische Bahnen.

P

Paralleluniversum

Ein Paralleluniversum ist ein hypothetisches Universum, das neben unserem eigenen existiert. Die Idee ist Bestandteil der Multiversumtheorien (engl. „multiverse theories") in der Kosmologie und der Quantenphysik. In der Viele-Welten-Interpretation der Quantenmechanik spalten sich bei jeder möglichen Entscheidung (also einem quantenmechanischen Ereignis) neue Universen ab. Paralleluniversen sind rein theoretisch und entziehen sich empirischer Überprüfung und Bestätigung.

Ilja Bohnet schreibt in seinem Buch „Die 42 größten Rätsel der Astronomie" zum Zusammenhang zwischen Multiversumtheorien und dem anthropischen Prinzip: „Das Konzept des Multiversums macht das logisch unbefriedigende anthropische Prinzip überflüssig." Dieses besagt, dass die Naturkonstanten und Gesetzmäßigkeiten des Universums so erscheinen, als wären sie genau auf die Entstehung von intelligentem Leben abgestimmt.

Paralleluniversen sind ein beliebter Gegenstand in Science-Fiction-Büchern und -Filmen und dienen als erzählerisches Mittel für alternative Realitäten oder Zeitlinien. Im Film „Doctor Strange" (2016) kommt ein Multiversum vor (das dann seine Bedeutung in „Doctor Strange in the Multiverse of Madness" von 2022 entfaltet), in der Serie „Stranger Things" (ab 2016) eine Schattenwelt bzw. die „andere Seite" (engl. „The Upside Down").

Perseverance

Perseverance (engl. „perseverance": „Ausdauer", „Beharrlichkeit") ist ein Marsrover der NASA, der am 18. Februar 2021 im Jezero-Krater auf der nördlichen Halbkugel des Mars gelandet ist. Er gehört zur Mission namens Mars 2020 und wurde entwickelt, um gezielt nach Spuren früheren mikrobiellen Lebens zu suchen. Der Rover entnimmt Gesteinsproben, speichert sie in versiegelten Behältern und bereitet sie damit auf eine zukünftige Rückführung zur Erde vor. Ausgestattet mit Kameras, Laserspektrometern und Umweltmessgeräten erforscht Perseverance die geologische Geschichte des Kraters. Er testete zudem neue Technologien, darunter das Mars Oxygen In-Situ Resource Utilization Experiment (MOXIE) und die Drohne Ingenuity, die erstmals einen motorisierten Flug auf einem fremden Planeten unternahm und dabei ein Selfie von ihrem Schatten machte.

Pflanzen

Pflanzen zählen, wie Tiere, Bakterien und Pilze, zu den Lebewesen. Sie gewinnen über Fotosynthese chemische Energie aus Lichtenergie, die i.d.R. von der Sonne stammt. Wasser und Kohlenstoffdioxid (Kohlendioxid) werden in Sauerstoff und Kohlenhydrate umgewandelt. Blumen sind ebenso Pflanzen wie Büsche und Bäume. Entsprechend sind Bestandteile etwa Blüten, Stiele, Blätter, Äste und Stämme sowie Wurzeln. Die Botanik ist die Disziplin, die Ontogenese, Metabolismus, Struktur, Wachstum, Bewegung und Kommunikation der Pflanzen erforscht. Auch deren Einbettung in die belebte und unbelebte Natur (mithin die Eignung der Böden), das Verhältnis der Pflanzenwelt (Flora) zur Tierwelt (Fauna) und die wirtschaftliche Nutzung dieser natürlichen Ressourcen sind ihr Thema.

Am Anfang der Entwicklung der Pflanzen standen die Algen. Neben den Bakterien gehörten diese zu den ersten Lebewesen. Vor ca. 500 Millionen Jahren eroberten die Pflanzen das Land und besiedelten fast alle Lebensräume bis zu einer gewissen Höhe (Vegetationsgrenze). Zahlreiche Kreaturen sind auf sie angewiesen, verzehren sie, suchen ihren Schutz, lassen sich Schatten spenden, genießen ihre Schönheit. Etliche Pflanzen wiederum sind von Insekten, Vögeln und Säugetieren für Bestäubung und Vermehrung abhängig. Als Pflanzenfresser werden Tiere bezeichnet, die sich ausschließlich oder fast ausschließlich von Pflanzen ernähren, im Gegensatz zu den Fleischfressern. Bei Menschen spricht man von Veganern bzw. Vegetariern (die keine Tiere, aber womöglich Tierprodukte essen).

Die Züchtung und der Anbau von Pflanzen vermindern die Abhängigkeit von der Wildnis. Der Jäger und Sammler wird mehr und mehr vom Bauern verdrängt, der sich wiederum – wenn er für mehr als den Eigenbedarf produziert – durch den Händler seinen Absatz sichern kann. Die Wirtschaft in ihrer ursprünglichen Ausprägung entsteht. Nutzpflanzen können nicht nur – als solche oder in Form ihrer Früchte und Samen – der Ernährung, sondern auch der Herstellung von Kleidungsstücken, Schuhwerk und Behältnissen dienen. Mit Holz fertigt man Häuser und Möbel an und unterhält man Lagerfeuer und Öfen. Kohle, umgewandelte Vegetation der Karbonzeit, ist wichtig für die Energiegewinnung, ebenso Erdöl, das sich aus Überresten von Tieren und Pflanzen gebildet hat.

Werkzeuge werden in der Landwirtschaft seit Jahrtausenden eingesetzt, z.B. in Gestalt von Sensen, Harken und Pflügen. Später kamen Geräte und Fahrzeuge wie Sä- und Dreschmaschinen und Traktoren hinzu. Die Robotik spielt in der Landwirtschaft eine gewisse Rolle. Sie kann dabei helfen, Rehkitze in Getreide- und Maisfeldern zu erkennen (Kombination von Mähdrescher und Drohne), den Zustand von Beeren und Gemüsen zu beurteilen und Unkraut mechanisch zu vernichten. Ferner ist sie beim Schutz von Anbauflächen und bei der Ernte von Bedeutung. Wenn der Organismus mit Technik verschmilzt, z.B. mit Sensoren, wird der pflanzliche Cyborg geboren, und analog zu Human

Enhancement und Animal Enhancement kann man – auch wenn es um gentechnische Veränderungen geht – von Plant Enhancement sprechen. Zudem ist hier der Begriff des Biohackings relevant.

Pflanzen sind in der Raumfahrt relevant für Lebenserhaltungssysteme: Sie produzieren Sauerstoff, binden Kohlendioxid, das vor allem von Menschen, aber genauso von Tieren (wie Mäusen) im Raumschiff oder auf der Raumstation ausgeatmet wird, und dienen als Nahrungsquelle und Frischkost der Astronauten. Ihre Kultivierung unter Mikrogravitation stellt eine große technische und biologische Herausforderung dar. Forscher auf der ISS untersuchen Wachstum, Blütenbildung und Wurzelverhalten. Langfristig sollen Pflanzen auch auf oder neben Mond- und Marsstationen gedeihen, etwa in speziellen Gewächshäusern. Bisher wurde kein Planet, Zwergplanet oder Mond entdeckt, auf dem Pflanzen oder andere Lebewesen zu finden sind.

Häufig hat die Zerstörung der Natur, auch die der Pflanzenwelt, mit intensiver Wirtschaft zu tun. Es werden Wälder abgeholzt (mit Folgen für Klimaentwicklung, Bodenbeschaffenheit und Tierwelt), Monokulturen durchgesetzt und Arten ausgerottet. Dünger und Pestizide tragen zur Umweltverschmutzung bei. In diesem Zusammenhang sind Wirtschafts- und Umweltethik gefragt. Von Natur aus verfügen verschiedene Pflanzen über weitgehende Möglichkeiten, eine Gefahr zu identifizieren und sich gegenseitig zu informieren. Sie kommunizieren über das Wurzelwerk und die Luft. Bei allen Fähigkeiten können ihnen kaum Rechte zugesprochen werden, wohl aber Werte. Während sich eine Tierethik etablieren konnte, mit Begründungen von Pflichten direkt gegenüber Lebewesen, die Rechte haben, ist eine Pflanzenethik durchaus umstritten. Zudem können einige Aspekte, die sie verhandeln will, in der Umweltethik abgedeckt werden.

Philosophie des Weltraums

Die Philosophie des Weltraums ist so alt wie das menschliche Nachdenken über den Ursprung und die Beschaffenheit der Welt. Lange bevor es Raumfahrt gab, entwickelten Philosophen Begriffe, Ideen und Modelle, um das Universum gedanklich zu fassen. Der Weltraum wurde dabei nicht nur als physikalisches Gebilde gedacht, sondern auch als Ausdruck einer kosmischen Ordnung. Seine scheinbare Unerklärbarkeit reizte den analytischen Verstand, seine offensichtliche Schönheit den empirischen Sinn. Zu erwähnen ist, dass viele frühe Philosophen auch Mathematiker waren oder mit ihrer Arbeit die modernen Naturwissenschaften vorbereitet haben.

Die klassischen Disziplinen der Philosophie erbringen auf unterschiedliche Weise Beiträge zur Auseinandersetzung mit dem Weltraum. Logik hilft bei der Analyse wissenschaftlicher Theorien und Argumente zur Struktur des Universums. Erkenntnistheorie fragt, was wir über den Kosmos wissen können und wie sicher dieses Wissen ist, sei es bei Beobachtungen mithilfe von Teleskopen oder beim Umgang mit künstlicher Intelligenz. Ethik, insbesondere Weltraumethik, thematisiert Verantwortung im All, etwa bei Ressourcenabbau oder interstellarer Kommunikation. Ontologie untersucht das Sein an sich – also etwa, ob Raum und Zeit eigenständig existieren, was Schwarze Löcher sind oder wie das Wesen eines Roboters bestimmt werden kann, der fremde Planeten kolonisiert und sich auf diesen repliziert, eine Frage, die auch Roboter- und Maschinenethik berührt.

Pythagoras von Samos (ca. 570 – 495 v.u.Z.) war ein griechischer Philosoph und Mathematiker, der das Denken über den Kosmos entscheidend prägte. Er gilt als einer der Ersten, die das Universum nicht mythologisch, sondern als geordnetes Ganzes auffassten. In seiner Schule wurde der Begriff „Kosmos" eingeführt – als Ausdruck für eine harmonisch strukturierte Welt. Pythagoras sah in der Zahl das Grundprinzip aller Dinge und übertrug dieses Denken auf die Himmelskörper. Er vertrat die Vorstellung, dass Planeten und Sterne nach mathematischen Proportionen kreisen und dabei eine unhörbare „Sphärenmusik" erzeugen. Außerdem wurde in seinem Kreis erstmals die Kugelgestalt der Erde angenommen. Seine These war, wie Arnold Hanslmeier in seinem Buch „Einführung in Astronomie und Astrophysik" schreibt, „dass sich alle Himmelskörper um die im Zentrum des Weltalls ruhende Erde drehen".

Eine weitere Schlüsselgestalt (und eine Lichtgestalt) der vorsokratischen Philosophie war Demokrit (ca. 460 – 370 v.u.Z., damit sogar jünger als Sokrates selbst), der den Raum als unendlich verstand und mit seiner Atomlehre die Vorstellung unzähliger Welten in einem leeren, grenzenlosen Kosmos entwickelte. Für Demokrit (und Leukipp) bestand das Universum aus Atomen und dem Leeren – einer realen, ausdehnbaren Struktur, in der sich Materie zufällig verbindet, trennt und neue Welten bildet. Leben auf anderen Himmelskörpern war für ihn eine denkbare Konsequenz eines gesetzlosen, aber geordneten Universums. Er war damit einer der Wenigen, die die Erde als nicht einzigartig dachten. Der Astronom und Mathematiker Aristarch von Samos (um 310 v.u.Z. – 230 v.u.Z.) vertrat als einer der Ersten das heliozentrische Weltbild.

Im Gegensatz dazu bevorzugten Platon (428/427 – 348/347 v.u.Z.) und Aristoteles (384 – 322 v.u.Z.) ein geschlossenes, geozentrisches Weltbild. Der Kosmos war für sie endlich, harmonisch geordnet und hierarchisch strukturiert, mit der Erde im Mittelpunkt und den Himmelskörpern als ewigen, göttlichen Sphären. Dieser ebenso naheliegende wie falsche Gedanke – vor dem selbst Aristoteles, der Ethik, Logik und Naturwissenschaften so stark beeinflusst und die Kugelgestalt der Erde mit so großer Klarheit erkannt hat, nicht gefeit war – prägte über Jahrhunderte das astronomische Weltverständnis und wurde im Mittelalter von der Scholastik weitergetragen. Durch Claudius Ptolemäus (ca. 100 – 160 n.u.Z.) wurde das geozentrische Weltbild zum mathematisch ausgearbeiteten System und das ptolemäische Weltbild sprichwörtlich.

Im Mittelalter kam es nach Arnold Hanslmeier zu einer Stagnation in den Wissenschaften, auch in der Astronomie. Er betont in seinem Buch den Beitrag arabischer Gelehrter. Den ersten Bruch mit der aristotelischen Himmelsordnung wagte im 15. Jahrhundert Nikolaus von Kues, auch Cusanus genannt (1401 –1464). Er sprach der Erde den kosmischen Mittelpunkt ab, dachte das Universum wie Demokrit als unbegrenzt und betonte, dass jede Perspektive gleichwertig sei. Das Zentrum des Universums sei überall und nirgends. Diese radikale Relativierung bereitete den geistigen Boden für das heliozentrische Weltbild Kopernikus', das die Erde aus ihrer Sonderstellung löste, wofür es freilich bereits in der Antike Ansätze gab, wenn man an den Astronomen und Mathematiker Aristarch von Samos denkt oder den Astronomen Seleukos von Seleukia (um 190 v.u.Z. – 150 v.u.Z.), der das Werk seines Vorgängers fortführte und einzelne seiner Behauptungen nachwies.

Giordano Bruno, geboren 1548, radikalisierte diese Umkehrung. Er postulierte nicht nur, dass die Sonne ein gewöhnlicher Stern sei, sondern dass es zahllose Sonnensysteme mit – wieder eine Reminiszenz an Demokrit – bewohnten Planeten gebe. Sein Universum war unendlich, dynamisch und voller Intelligenz. Damit wurde der Weltraum entmystifiziert und auch pluralisiert, denn die Erde wurde eine Welt unter vielen. Für seine spekulative Kosmologie, die mit religiösen Dogmen brach, wurde Bruno 1600 durch die römische Inquisition, die direkt dem Papst unterstellt war, hingerichtet. Das Treiben von Wissenschaft war schon immer gefährlich, ob aus religiösen oder politischen Gründen.

Parallel dazu bahnten sich empirischere Modelle an. Galileo Galilei (1564 – 1642) beobachtete mit dem Fernrohr Jupitermonde und Sonnenflecken, die das Bild eines perfekten, unveränderlichen Himmels zerstörten. Damit wurde der Weltraum erstmals konkret erfahrbar, mit all seinen „Fehlern" und „Abweichungen", und mathematisch beschreibbar. Der Übergang von der spekulativen Kosmologie zur wissenschaftlichen Astronomie markierte einen tiefen Wandel in der Vorstellung vom All. Auch Galilei wurde von der Kirche verfolgt, wenn auch nicht ermordet.

Die philosophische Reflexion über den Weltraum hat sich bis heute gehalten – von der Raum-Zeit-Theorie des Realisten Albert Einstein über die Kosmologie der Quantenphysiker bis hin zur Diskussion der interplanetaren Expansion der Technikethiker. Doch die Grundfragen bleiben: Was war vor dem Urknall? Ist der Mensch allein im Universum? Wie würden ihn die Außerirdischen behandeln? Was bedeutet Endlichkeit im Unendlichen? Und welche Ordnung – wenn überhaupt eine – liegt dem Kosmos zugrunde?

Pioniere der Himmelskunde

Die moderne Erforschung des Weltraums beginnt mit wenigen, aber grundlegenden Denkern, die das Bild vom Kosmos revolutionierten. Nikolaus Kopernikus (1473 – 1543) aus Thorn (Königlich Preußen) formulierte das heliozentrische Weltbild, in dem nicht die Erde, sondern die Sonne im Zentrum des Planetensystems steht. Dies stellte einen radikalen Bruch mit der antiken und mittelalterlichen Lehre dar. Die katholische Kirche setzte sein Werk „De revolutionibus orbium coelestium", das kurz vor seinem Tod veröffentlicht wurde, im Jahre 1616 auf den Index.

Galileo Galilei (1564 – 1642) aus Pisa (Republik Florenz) nutzte erstmals systematisch das Fernrohr zur Beobachtung des Himmels. Er entdeckte die Jupitermonde, die Phasen der Venus, die Krater des Monds und die Sonnenflecken. Letztere zeigten sozusagen die Unvollkommenheit der Himmelserscheinungen, was Widerspruch bei Christoph Scheiner aus Bayrisch-Schwaben auslöste, einem Jesuiten, der auch als Astronom tätig war. Im Jahre 1633 wurde der Pisaner von der römischen Inquisition der Ketzerei angeklagt, weil er das heliozentrische Weltbild öffentlich vertreten hatte, und bis zum Lebensende verfolgt. In seinem Buch „Von Eratosthenes bis Einstein" geht Michael Bürker ausführlich darauf ein.

Johannes Kepler (1571 – 1630) aus Weil der Stadt (Herzogtum Württemberg) beschrieb die Planetenbahnen als Ellipsen und formulierte drei Gesetze, die bis heute Grundlage der Himmelsmechanik und nach ihm benannt sind (Keplersche Gesetze). Sie wurden später durch Isaac Newtons Gravitationstheorie ergänzt. Gemeinsam leiteten diese Denker die wissenschaftliche Wende ein, die aus der mittelalterlichen Himmelsbetrachtung eine empirisch begründete Himmelskunde machte – die Voraussetzung für die moderne Astronomie und Raumfahrt.

Isaac Newton (1643 – 1727) aus Woolsthorpe-by-Colsterworth in der Grafschaft Lincolnshire formulierte das Gravitationsgesetz, das erstmals erklärte, warum sich Planeten wie von Kepler beschrieben bewegen. Er verband Himmelsmechanik und irdische Physik zu einem einheitlichen System. Seine drei Bewegungsgesetze sind Grundlage der klassischen Mechanik und bis heute zentral für Raumfahrt und Orbitaldynamik. Das Werk „Philosophiæ Naturalis Principia Mathematica" (1687) brachte die mathematische Grundlage für das heliozentrische Weltbild, das durch Kopernikus, Galileo und Kepler vorbereitet worden war. Newton schuf die theoretische Synthese.

Albert Einstein (1879 – 1955) aus Ulm (Königreich Württemberg) revolutionierte mit der Relativitätstheorie unser Verständnis von Raum, Zeit, Gravitation und Lichtgeschwindigkeit – alles zentrale Begriffe für die kosmische Physik und moderne Raumfahrt. Seine Allgemeine Relativitätstheorie (1915) beschreibt die Gravitation nicht als Kraft, sondern als Krümmung der Raumzeit – grundlegend für die Kosmologie und die Erklärung Schwarzer Löcher sowie die Satellitennavigation (GPS). Er lieferte das theoretische Fundament für die moderne Astrophysik. Einstein ist für die Raumzeit, was Kepler für die Planetenbahnen war.

Weitere Pioniere des 19. und 20. Jahrhunderts wie Willem de Sitter (1872 – 1934), Alexander Friedmann (1888 – 1925), Georges Lemaître (1894 – 1966) und Edwin Hubble (1889 – 1953) werden in dem Buch „Weltall, Neutrinos, Sterne und Leben" von Dieter Frekers und Peter Biermann vorgestellt, nachdem diese die Leistungen von Carl Friedrich Gauß (1777 – 1855) auf den Gebieten der Mathematik, Physik und Astronomie hervorgehoben haben. Hubble klassifizierte die Spiralgalaxien, zu denen Milchstraße und Andromedanebel gehören, und beschäftigte sich mit der Expansion des Weltalls. Das Hubble-Weltraumteleskop ist nach ihm benannt. Die Autoren gehen auch auf Stephen Hawking (1942 – 2018) ein, etwa im Zusammenhang mit der Hawking-Strahlung.

Planet

Ein Planet ist ein Himmelskörper, der sich in einer Umlaufbahn um einen Stern befindet, genügend Masse hat, um eine annähernd runde Form zu bilden, und seine Umlaufbahn von anderen Objekten freigeräumt hat. Diese Definition wurde 2006 von der IAU (International Astronomical Union) mit Sitz in Paris beschlossen. Im Sonnensystem gibt es acht anerkannte Planeten, von Merkur bis Neptun. Pluto, über viele Jahre ein Mitglied der illustren Runde, gilt seit 2006 als Zwergplanet. Exoplaneten, also Planeten außerhalb des Sonnensystems, werden seit den 1990er-Jahren zunehmend entdeckt.

Planetenschutz

Planetenschutz (engl. „planetary protection") bezeichnet laut NASA alle Maßnahmen, um wechselseitige biologische Kontamination zwischen Erde und anderen Himmelskörpern zu vermeiden (wobei neben Planeten auch Monde relevant sind). Es soll verhindert werden, dass irdische Mikroorganismen fremde Ökosysteme beeinträchtigen – oder außerirdische Organismen die der Erde.

Der Planetenschutz wird von internationalen Gremien wie COSPAR koordiniert und betrifft vor allem Missionen zu Mars und Europa (dem Mond von Jupiter). Planetenschutz ist die Erweiterung des Umweltschutzes in den Weltraum hinein bzw. kann als Teil eines umfassend verstandenen Umweltschutzes gelten.

Planetentransit

Nach Arnold Hanslmeier („Einführung in Astronomie und Astrophysik") ist ein Transit eines Planeten gegeben, „wenn dieser von der Erde aus gesehen vor der Sonnenscheibe vorübergeht". „Dies betrifft nur die unteren Planeten Merkur und Venus und ist wegen deren Bahnneigung ein seltenes Ereignis." Der nächste Venustransit wird sich nach seinen Angaben am 11. Dezember 2117 ereignen.

Pluto

Pluto war bis 2006 der neunte Planet des Sonnensystems und wurde dann von der IAU zum Zwergplaneten herabgestuft, da er seine Umlaufbahn nicht freigeräumt (also die Trümmer beseitigt) hat. Er gehört zum Kuipergürtel und besitzt fünf bekannte Monde, darunter Charon, benannt nach dem Fährmann in der griechischen Mythologie, der die Seelen der Verstorbenen über den Fluss Styx oder Acheron in den Hades bringt. Die Raumsonde New Horizons lieferte 2015 erste Nahaufnahmen und revolutionierte das Wissen über Plutos Geologie und Atmosphäre.

Auf die Statusänderung reagierten Medien und Weltrauminteressierte emotional. Die Frankfurter Rundschau schrieb noch zehn Jahre danach: „Der Tag, an dem Pluto degradiert wurde", wobei sie einen Artikel der dpa benutzte.

Private Raumfahrtunternehmen

Private Raumfahrtunternehmen entwickeln und betreiben Raumfahrtsysteme auf kommerzieller Basis. Dazu zählen Startdienste, Satellitenbau, Mondmissionen und sogar Weltraumtourismus. Firmen wie SpaceX (Gründer: Elon Musk), Virgin Galactic (Gründer: Richard Branson), Blue Origin (Gründer: Jeff Bezos), Rocket Lab (Gründer: Peter Joseph Beck) oder Axiom Space (Gründer: Kam Ghaffarian) prägen den sogenannten NewSpace-Sektor. Sie arbeiten oft in Partnerschaft mit staatlichen Agenturen und beschleunigen durch Innovation und Wettbewerb die Entwicklung neuer Technologien und Geschäftsmodelle.

Privatsphäre

Die Privatsphäre ist der nichtöffentliche Raum eines Menschen, in dem er seine Persönlichkeit und Individualität auslebt und entfaltet und Grundbedürfnisse wie Sexualität, Reinigung und Entleerung befriedigt (Intimsphäre). Das Recht auf Privatsphäre ist ein Menschenrecht und vom allgemeinen Persönlichkeitsrecht abgedeckt. Mit dem englischen Begriff „privacy" wird die Privatsphäre oder das Privatleben bezeichnet. Im Deutschen hat er sich ebenfalls durchgesetzt, etwa mit Blick auf Luxusimmobilien. Auch Tieren kann eine Privatsphäre zugesprochen werden. Diese bleibt freilich gewahrt, wenn man ihnen mit versteckten Kameras und anderen verdeckten Mitteln auf den Leib rückt.

Die Privatsphäre (wie die Intimsphäre) wird zu unterschiedlichen Zeiten unterschiedlich verstanden. So konnten sich im Mittelalter und in der Renaissance nicht viele in ihrem Alleinsein oder in ihrer Zweisamkeit einrichten. Die Armen mussten rund um die Uhr die Blicke der Mitbewohner ertragen. An Höfen war es entgegen der allgemeinen Sitte im Barock nicht unüblich, dass die Könige vor den Augen ihrer Untertanen ihre Notdurft verrichteten. Die Digital Natives sind angeblich weniger an Privatheit interessiert als frühere Generationen, gerade im virtuellen Raum. Allerdings versuchen sie i.d.R. ebenso ihre Intimsphäre zu schützen, außer bei gewollten Tabubrüchen.

Die Digitalisierung ist mit unterschiedlichen Gefahren für die Privatsphäre verbunden. Persönliche bzw. personenbezogene Daten können auf einfache Weise an zahlreichen Orten – sowohl im privaten als auch im halböffentlichen oder öffentlichen Raum – gesammelt und dann weitergegeben und ausgewertet werden. Technologien wie Sprachassistenten (womöglich zusammen mit Stimmerkennung und Emotionserkennung) und Gesichtserkennungssysteme (womöglich zusammen mit Emotionserkennung) – etwa bei sozialen Robotern – stellen bei allen Vorzügen bei der Bedienung und Möglichkeiten der Forschung in der Anwendung eine Bedrohung für den Einzelnen und die Gesellschaft dar.

Die Datenschutz-Grundverordnung (DSGVO) vereinheitlicht die Regeln zur Verarbeitung personenbezogener Daten durch Unternehmen, Behörden und Vereine, die innerhalb der EU einen Sitz oder ihre Kundschaft haben. Es sind technische, wirtschaftliche, gesellschaftliche und individuelle Aspekte vorhanden. In der DSGVO sind Prinzipien verankert wie Privacy by Design (der Schutz der Daten wird schon bei der Gestaltung der Systeme berücksichtigt) und Privacy by Default (der Schutz der Daten ist der Normalfall, wobei der Benutzer ihn unter Umständen selbst durch Anpassung der Dienste oder Geräte abschwächen kann).

In der Raumfahrt können technisch bedingtes Monitoring, medizinische Dauerdiagnostik und automatisierte Systeme zur Status- und Verhaltensanalyse das individuelle Bedürfnis von Astronauten nach Rückzug und Selbstbestimmung erheblich einschränken. Hinzu kommt, dass physische Rückzugsräume in Raumfahrzeugen meist extrem begrenzt sind. Die eingeschränkte oder fehlende Möglichkeit zur Intimität – sei sie physisch, emotional oder kommunikativ – kann psychischen Stress, soziale Spannungen und langfristige Belastungen hervorrufen.

Privatsphäre ist daher nicht allein ein soziales, kulturelles oder rechtliches Gut, sondern ein psychologisch relevantes Element des astronautischen Wohlbefindens. Sie muss bei der Gestaltung von Raumstationen und künftigen Mond- oder Marsbasen ausdrücklich berücksichtigt werden, und zwar architektonisch, technisch, organisatorisch und ethisch. Dabei ist der interkulturelle Umgang mit Nähe und Distanz zu beachten, ebenso wie der Umgang mit Daten, Überwachungstechnologien und KI-Systemen. Falls Wearable Social Robots oder andere soziale Roboter an Zahl und Einfluss zunehmen, sind auch diese in dieser Hinsicht zu überprüfen.

Die Privatsphäre wurde immer wieder in der Medienethik und in der Rechtsethik behandelt, etwa im Zusammenhang mit der Berichterstattung über Prominente. Sie ist ein wichtiges Thema der Informationsethik, vor allem mit Blick auf die informationelle Autonomie, also die Möglichkeit, selbstständig auf Informationen zuzugreifen, über die Verbreitung von eigenen Äußerungen und Abbildungen selbst zu bestimmen sowie die Daten zur eigenen Person einzusehen und gegebenenfalls anzupassen. Nicht zuletzt können Wirtschaftsethiker diverse Fragen aufwerfen. So mag der Arbeitsplatz, auch wenn er in einem Büro oder in einer Fabrik angesiedelt ist, die Privatsphäre verletzen, z.B. wenn private E-Mails gelesen werden oder Überwachungskameras installiert sind.

Prototyp

Ein Prototyp (altgr. „protos": „Erster", „typos": „Urbild, Vorbild, Gestalt") ist ein Modell, das in Wissenschaft oder Wirtschaft erstellt wird, um die wesentlichen Elemente bzw. Funktionen eines erdachten und gewünschten Bauteils oder Produkts zu zeigen. Es sollen damit Ideen überprüft, Reaktionen getestet und Sponsoren gefunden werden. Grundsätzlich will man demonstrieren, dass etwas im Prinzip umsetzbar ist. Prototypen spielen in der Technik und in der Informatik eine große Rolle.

Ein Prototyp geht oft über ein statisches Modell hinaus und kann dynamische Züge haben bzw. durch den Benutzer (etwa den möglichen Kunden) manipuliert werden. Digitale Zwillinge können als virtuelle

Prototypen eingesetzt werden. Allerdings bilden sie hauptsächlich fertige Produkte (sowie Produktionsstätten und -prozesse) ab und unterstützen eine Weiterentwicklung. Virtuelles Prototyping hat eine gewisse Tradition und kann Kosten sparen. Mit dem 3D-Druck haben sich neue, ebenfalls relativ günstige Möglichkeiten für die Erstellung von Prototypen und Modellen überhaupt eröffnet (Rapid Prototyping).

Prototypen sind essenziell für den Entwicklungsprozess. War ihre Herstellung früher u.U. mit erheblichen Kosten verbunden, kann heute durch moderne Mittel ein überzeugendes Ergebnis erzielt werden. Es gibt dennoch nach wie vor Prototypen, etwa im Automobilbereich, die einen hohen Aufwand verursachen, der sich freilich rechnen mag. Der Frage, ob ein Prototyp falsche Vorstellungen vermittelt und damit zu falschen Entscheidungen führt, können Wissenschaftsethik und Wirtschaftsethik – vor allem in ihrer Form als Unternehmensethik – nachgehen.

Ein Prototyp im Zusammenhang mit dem Weltraum ist ein erster funktionsfähiger Entwurf eines Raumfahrzeugs, Weltraumroboters oder Weltraumwerkzeugs bzw. eines anderen Systems oder Instruments mit passendem Bezug. Er dient der Überprüfung von Konzepten, der Erprobung unter realen Bedingungen und der Vorbereitung der Serienproduktion. In der Raumfahrt werden oft mehrere Entwicklungsstufen durchlaufen, von der Skizze, auch mithilfe von generativer KI erstellt, über den Technologiedemonstrator bis hin zum einsatzbereiten System. Prominente Beispiele sind die frühen Starship-Modelle von SpaceX. Die NASA hat im 21. Jahrhundert auf ihrer Website Illustrationen von Mond- und Marsstationen veröffentlicht, die als Vorlage von Prototypen dienen können.

Proxima Centauri

Proxima Centauri ist der sonnennächste bekannte Stern, etwa 4,24 Lichtjahre entfernt und Teil des Alpha-Centauri-Systems. Es handelt sich um einen roten Zwerg mit geringer Leuchtkraft. 2016 wurde ein erdähnlicher Exoplanet (Proxima Centauri b) in seiner habitablen Zone entdeckt. Aufgrund seiner relativen Nähe ist das System ein bevorzugtes Ziel theoretischer interstellarer Missionen, etwa im Rahmen des Projekts Breakthrough Starshot, das im Jahre 2016 von Yuri Milner, Stephen Hawking und Mark Zuckerberg ins Leben gerufen wurde. Trotz des klangvollen Namens, der relativ nahen Lage und erster Annäherungsversuche im Geiste ist Proxima Centauri nicht der bevorzugte Schauplatz der Schriftsteller und Bildmacher (wie der Science-Fiction-Regisseure). In der Trilogie „The Three-Body Problem" („Die drei Sonnen") von Liu Cixin (ab 2008) wird die Himmelsregion immerhin als potenzieller Rückzugs- oder Beobachtungsposten der Trisolarier erwähnt, die aus einem anderen System stammen.

Q

Quantenkommunikation

Quantenkommunikation nutzt die Prinzipien der Quantenmechanik – etwa Verschränkung und Superposition – zur sicheren Übertragung von Informationen. In der Raumfahrt gilt sie als Schlüsseltechnologie für abhörsichere Kommunikation zwischen Satelliten, Bodenstationen und Raumfahrzeugen. Erste Tests mit Quantenkommunikationssatelliten, wie dem chinesischen Micius (benannt nach dem chinesischen Philosophen und Optiker Mozi, der im späten 5. Jahrhundert v.u.Z. lebte), zeigen die Machbarkeit im Orbit. Die Technologie steht noch am Anfang, hat aber großes Potenzial für globale Netzwerke und interplanetare Datenübertragung. Erforscht wird sie u.a. vom Fraunhofer-Institut für Angewandte Optik und Feinmechanik IOF, vom Institut für Quantenphysik (IQP) der Universität Hamburg und vom DLR in Zusammenarbeit mit der Universität Ulm.

Quasar

Ein Quasar (engl. „quasi-stellar object") ist der extrem leuchtkräftige Kern einer aktiven Galaxie, der von einem supermassereichen Schwarzen Loch gespeist wird. Durch die Akkretion (also das Einsammeln) großer Materiemengen entstehen elektromagnetische Strahlungsausbrüche, die über Milliarden Lichtjahre sichtbar sind. Quasare zählen zu den fernsten und ältesten bekannten Objekten im Universum. Ihre Beobachtung liefert Erkenntnisse über Galaxienentwicklung, Kosmologie und Schwarze Löcher.

R

Radioisotopengenerator

Ein Radioisotopengenerator (Radioisotope Thermoelectric Generator, kurz RTG) wandelt die Wärme aus dem Zerfall radioaktiver Isotope – meist Plutonium-238 – in elektrische Energie um. Er wird in Raumsonden und Rovern eingesetzt, wenn das Sonnenlicht nicht ausreicht, etwa bei Voyager, Cassini oder Perseverance. Er ist – dies zur Abgrenzung zum Nuklearantrieb – kein Antriebssystem, sondern eine Energiequelle. RTGs sind zuverlässig und langlebig, werfen aber sicherheits- und entsorgungsrelevante Fragen auf und betreffen Planetenschutz und Umweltschutz.

Rakete

Eine Rakete ist ein Antriebssystem, das durch den Rückstoß aus ausgestoßenem Gas Vortrieb erzeugt. Sie funktioniert unabhängig von atmosphärischem Sauerstoff und ist daher für die Raumfahrt geeignet. Raketen bestehen aus Triebwerk, Treibstofftanks und Nutzlast. Man unterscheidet Feststoff-, Flüssigkeits- und Hybridraketen. Kleinraketen sind ca. 18 Meter lang, mittlere Trägerraketen wie die SpaceX Falcon 9 ca. 70 Meter, Schwerlastraketen wie das NASA Space Launch System (SLS, Block 1) ca. 98 Meter.

Raumanzug

Ein Raumanzug ist ein tragbares Lebenserhaltungssystem, das Astronauten vor Vakuum, Strahlung, Temperaturextremen und Mikrometeoriten schützt. Ein angeschlossenes oder eingebautes Sauerstoffgerät führt Sauerstoff zu und Kohlendioxid ab. Der Raumanzug ermöglicht Beweglichkeit und Kommunikation bei Außenbordeinsätzen im freien Raum oder Mondspaziergängen. Ein modernes Modell besteht aus mehreren Schichten, die Kühlung, Atmung und Datenübertragung integrieren. Es ist deutlich klobiger als das, was man vom Beginn der Raumfahrt her kennt (etwa X-15 und Gemini). Ein integrierter Computer überwacht die Funktionen.

Zu unterscheiden von Raumanzügen sind Luftanzüge. Dabei handelt es sich um spezielle Schutzanzüge, die von Astronauten bei geringem Außendruck getragen werden, etwa im Raumschiff oder auf einer Raumstation (oder von Piloten in Höhenflugzeugen). Sie verhindern, dass der Körper durch den fehlenden Umgebungsdruck Schaden nimmt, indem sie von außen Druck aufbauen. Insbesondere bei Luftanzügen, aber auch bei Raumanzügen gibt es mehr und mehr Beziehungen zu Smart Clothes, die bisher vor allem auf der Erde zu finden sind.

Die Modewelt hat Luft- und Raumanzüge längst entdeckt. Beim kurzen Ausflug in den Weltraum von Katy Perry und ihren Begleiterinnen war die Modemarke Monse an Bord. Die Luftanzüge waren speziell für die Mission entworfen worden und enthielten individuelle Symbole, die sich auf die Karrieren der Frauen bezogen. Perrys Modell war mit einem Feuerwerkemblem versehen, als Anspielung auf ihren Hit „Firework" (2010). Die erste Frau auf dem Mond soll laut Vogue Deutschland eine andere Marke tragen: „Prada, NASA und Axiom Space starten gemeinsam eine neue Ära der Raumfahrt mit einem innovativen – und stilvollen – Raumanzug."

Raumfähre

Eine Raumfähre ist ein wiederverwendbares Raumfahrzeug, das Nutzlasten in den Orbit bringen und zur Erde zurückkehren kann. Das bekannteste Beispiel ist das US-amerikanische Space Shuttle (1981 – 2011), das Raumstationen versorgte und Satelliten aussetzte. Raumfähren kombinieren Elemente von Flugzeug und Rakete, sind aber technisch und wirtschaftlich anspruchsvoll. Eine hochmoderne Raumfähre ist die Crew Dragon der US-amerikanischen Firma SpaceX von Elon Musk. Sie wurde im Rahmen des Commercial Crew Program der NASA entwickelt und absolvierte ihren ersten bemannten Flug zur Internationalen Raumstation (ISS) im Mai 2020 mit der SpaceX Demonstration Mission 2.

Raumfahrt

Zur Raumfahrt (Weltraumfahrt) gehören Reisen und Transporte in den, durch den und aus dem Weltraum zu zivilen oder militärischen Zwecken. Der Start auf der Erde erfolgt i.d.R. mit einer Trägerrakete. Das Raumschiff (Raumfahrzeug) ist, wie die Landefähre, bemannt oder unbemannt. Das Ziel kann die Umlaufbahn eines Himmelskörpers sein, ein Trabant, Planet, Asteroid oder Komet, der durch einen Astronauten respektive Kosmonauten oder Roboter (etwa einen Rover) erkundet, oder eine Gegend, die fotografiert und analysiert wird. Nicht nur Menschen, auch Tiere wurden wiederholt ins Weltall geschossen, Fliegen, Affen und Hunde. Raumsonden dringen immer weiter vor und hinterlassen immer mehr Spuren.

Die Geschichte der Raumfahrt begann 1957 mit dem sowjetischen Satelliten Sputnik 1. Davor hatte es jahrelange Planungen und Entwicklungen gegeben, ganz abgesehen von fiktionalen Erkundungen von Autoren wie Jules Verne, H. G. Wells (die Initialen stehen für „Herbert George") und Stanisław Lem. Der Sputnik-Schock führte zur Intensivierung amerikanischer Bemühungen und schließlich zum Start von Apollo 11 im Jahre 1969 und zum Betreten des Monds durch Neil

Armstrong und Buzz Aldrin, nebenbei zur Erfindung des Internets, das als Kommunikations- und Kommandonetzwerk unzerstörbar sein sollte. Die Mondlandung war das erste Ereignis, das die Menschheit vor den Fernsehapparat brachte, so wie die Lewinsky-Affäre das erste war, das die Massen in das Internet (genauer das WWW) lockte. 1979 hob die europäische Rakete Ariane 1 ab. Die Weltraumstation MIR wurde ab 1986 aufgebaut, die ISS ab 1998. Die kommerzielle Nutzung begann früh, mit Kommunikations- und Fernsehsatelliten.

Die Raumfahrt ermöglicht neue Ein- und Ausblicke, in Bezug auf Erde und Sonne sowie fremde Planeten und Sterne. Die Erkenntnisse, die von Astronomie bzw. Astrophysik gewonnen werden, befruchten andere Wissenschaften. Robotik und Informatik (speziell Künstliche Intelligenz) werden immer wichtiger für die Missionen. Die Raumfahrt bedeutet die Zunahme von Müll im Weltraum. Mond, Mars und Venus werden mit Blick auf Bodenschätze betrachtet und jetzt oder künftig ausgebeutet. Das All, der Mond und der Mars gelten als touristische Ziele, die vor allem von Unternehmen erschlossen werden sollen. Die Umweltethik, die sich für gewöhnlich auf die Umwelt der Erde richtet, muss verstärkt Weltraum, Trabanten und Planeten einbeziehen. Die Informationsethik kann sich mit ihr zusammen mit den Folgen des Einsatzes von Informations- und Kommunikationstechnologien in einer unberührten, nichttechnisierten Welt befassen. Die Raumfahrt könnte sich als Rettungsanker der Menschheit erweisen, aber auch als Todesstoß für bewohnbare Planeten und Exoplaneten.

Raumfahrtindustrie

Die Raumfahrtindustrie umfasst alle Unternehmen und Institutionen, die Produkte, Dienstleistungen oder Infrastrukturen für Raumfahrtaktivitäten bereitstellen. Dazu zählen Trägersysteme, Raumfahrzeuge, Satellitensysteme und Bodenstationen genauso wie Software. Neben etablierten Konzernen treten zunehmend Start-ups auf. Die Branche wächst durch NewSpace und die Notwendigkeit der Erdbeobachtung und wird von Staaten stark reguliert.

Raumfahrtkontrollzentrum

Ein Raumfahrtkontrollzentrum ist ein Flugkontrollzentrum für die bemannte und unbemannte Raumfahrt. Die NASA hat es im Lyndon B. Johnson Space Center in Houston untergebracht, das am 1. November 1961 gegründet wurde. Das Deutsche Raumfahrt-Kontrollzentrum der DLR ist in Oberpfaffenhofen, das Europäische Raumflugkontrollzentrum der ESA in Darmstadt.

Im Film „Apollo 13" (1995) sprach Tom Hanks in der Rolle von Jim Lovell die Worte: „Houston, wir haben ein Problem." („Houston, we have a problem."). Tatsächlich hatte der amerikanische Astronaut bei der Mondmission Apollo 13 am 13. April 1970 gesagt: „Houston, wir haben gerade ein Problem gehabt." („Houston, we've had a problem.").

Raumfahrtmedizin

Die Raumfahrtmedizin untersucht die Auswirkungen des Weltraums auf den menschlichen Körper und die menschliche Psyche und entwickelt Maßnahmen zur Erhaltung von Gesundheit und Leistungsfähigkeit. Schwerpunkte sind Knochen- und Muskelabbau, Strahlenbelastung und Stress, Angst und Einsamkeitsgefühl. Sie liefert auch Impulse für die Telemedizin und Extremumgebungsmedizin auf der Erde.

Raumfahrzeug

Ein Raumfahrzeug ist jedes technische Objekt, das für den Betrieb im Weltraum bestimmt ist. Es kann bemannt oder unbemannt sein, im Orbit bzw. durch den Raum fliegen oder auf einem Planeten, einem Mond oder einem Asteroiden landen. Beispiele sind Raumfähren, Raumkapseln, Satelliten, Sonden und Rover. Der Begriff umfasst alle funktionalen Komponenten, inklusive Lebenserhaltung, Navigation und Antrieb.

Raumkapsel

Eine Raumkapsel ist ein meist konisches Raumfahrzeugmodul für bemannte oder unbemannte Rückkehrmissionen. Sie ist für den Eintritt in die Erdatmosphäre ausgelegt und verfügt über einen Hitzeschild, um sich selbst und die Passagiere zu schützen. Kapseln sind technisch einfacher als Raumfähren und werden von NASA (Orion), SpaceX (Crew Dragon) oder Roskosmos (Sojus) genutzt.

Raumsonde

Eine Raumsonde ist ein unbemanntes Raumfahrzeug zur Erkundung des Sonnensystems oder des interstellaren Raums. Sie kann auf Himmelskörpern landen, sie umkreisen oder als Fly-by passieren. Bekannte Beispiele sind Voyager, Rosetta, Juno oder New Horizons. Raumsonden liefern Daten zu Planeten, Monden, Asteroiden und Kometen sowie zu Staub-, Gas- und Plasmawolken.

Raumstation

Eine Raumstation ist eine Station im Weltraum, auf der Menschen leben und arbeiten. Sie befindet sich in der Umlaufbahn der Erde und dient Forschung, Entwicklung und Erprobung. Die Forschung bezieht sich auf das Weltall, seine Strukturen, Phänomene und Implikationen, und die Erde, etwa die Klimaveränderung und die Umweltzerstörung. Entwicklung und Tests finden im technischen, biologischen und medizinischen Bereich statt.

Die erste Raumstation war die russische Saljut 1 im Jahre 1971. Die drei Rückkehrer starben, als die Luft aus der Kapsel entwich. Bekannt geworden sind die russische Mir (1986 – 2001) und die internationale ISS (seit 1998). Seit 2021 ist die chinesische CSS im Orbit und wird seitdem dank ihres modularen Systems immer wieder vergrößert. Der Gateway (Lunar Orbital Platform-Gateway oder Lunar Gateway) von der NASA und ihren Partnern mit einer Umlaufbahn um den Mond soll Ende der 2020er-Jahre in Betrieb genommen werden.

Eine Raumstation bildet ein weitgehend autarkes System. Sie ist druckdicht und temperaturgeregelt. Wasser und Luft werden wiederaufbereitet. Strom wird vor allem durch Solaranlagen gewonnen. Man baut Pflanzen wie Radieschen und Salat an und bestrahlt sie mit künstlichem Licht. Zudem finden Tierversuche mit Fruchtfliegen, Würmern, Fischen und Mäusen statt. Eine Frage ist, wie sich Lebewesen in der Schwerelosigkeit verändern. Seit Saljut 6 (1977 – 1982) kann man Raumstationen wieder auftanken.

Seit den 2020er-Jahren drängen Unternehmen in den Weltraum und versuchen, sich auch in Raumstationen einzubringen. Damit geraten kommerzielle Interessen in den Blick. So soll u.a. der Weltraumtourismus gestärkt und die Ausbeutung von Trabanten und Planeten vorbereitet werden. Raumstationen können zur Umweltbelastung im Weltall beitragen und selbst deren Opfer sein, etwa wenn Weltraummüll auf sie trifft. Eine moderne Umweltethik berücksichtigt die Umwelt außerhalb der Erde. Wissenschaftsethik und Tierethik beleuchten Möglichkeiten und Grenzen einer Forschung im Weltall in Bezug auf die unbelebte und belebte Natur.

Raumtransporter

Ein Raumtransporter ist ein Raumfahrzeug, das Fracht oder Menschen zur Raumstation oder in den Orbit bringt. Er kann bemannt oder unbemannt, wiederverwendbar oder nicht wiederverwendbar sein. Beispiele sind Progress, Cygnus, Dragon oder Dream Chaser. Raumtransporter sind für Versorgung, Wartung und Ausbau orbitaler Infrastruktur unerlässlich.

Relativitätstheorie

Die Spezielle Relativitätstheorie (1905) von Albert Einstein (1879 – 1955) aus Ulm beschreibt Raum und Zeit aus der Sicht gleichförmig bewegter Beobachter. Sie zeigt, dass Zeit und Längen relativ sind und nichts schneller als das Licht sein kann. Sie ist die Grundlage für die Formel $E = mc^2$. Seine Allgemeine Relativitätstheorie (1915) ist eine Erweiterung auf beschleunigte Bewegungen und Gravitation. Sie beschreibt Gravitation nicht als Kraft, sondern als Krümmung der Raumzeit durch Masse und Energie. Sie erklärt Phänomene wie die Bahn von Planeten oder Schwarze Löcher.

Rendezvous

Ein Rendezvous ist das Treffen mit einem Menschen, den man gerade kennengelernt und in den man sich womöglich verliebt hat. Man macht – so die gängige, wie das Wort aus der Zeit gefallene Vorstellung – einen Spaziergang, geht ins Kino oder isst ein Eis. Dabei kann es zu einer ersten (oder bereits zweiten) körperlichen Annäherung kommen. Heute spricht man eher von einem Date, das aber auch zwischen Personen stattfinden kann, die nicht verliebt ineinander sind.

Im Kontext des Weltraums ist ein Rendezvous die kontrollierte Annäherung zweier Raumfahrzeuge im Orbit mit dem Ziel des Andockens oder des gemeinsamen Manövrierens. Es erfordert eine präzise Navigation und eine korrekte Zeitplanung. Die ersten Rendezvous erfolgten in den 1960er-Jahren, etwa bei Gemini-Missionen. Heute ist das Andocken an Raumstationen wie die ISS zwar ein Routinefall, aber technisch immer noch eine Höchstleistung.

Ressourcen

Ressourcen sind Bestände und Mittel, die bestimmten Zielen und Zwecken dienen, wie der Erstellung und Bereitstellung von Produkten und Dienstleistungen. In der Wirtschaft gehören immaterielle und materielle Güter wie Betriebsmittel, Geld, Energie, Rohstoffe und Menschen dazu. Natürliche Ressourcen entstammen der Natur, personelle werden in Organisationen von der Belegschaft und gegebenenfalls von Aushilfskräften gebildet, die für eine vertraglich vereinbarte Arbeitszeit zur

Verfügung stehen. Das Ressourcenmanagement ist dazu da, Ressourcen in der Organisation festzulegen und optimal einzusetzen.

Um beispielsweise eine Möbelfabrik zu betreiben, benötigt man zunächst Betriebsmittel wie ein Grundstück, ein Gebäude und Maschinen. Man erwirbt oder mietet diese mit Geld. Dieses braucht man auch für das Bezahlen der Energie, etwa den Strom der Produktionsanlage, der Rohstoffe, etwa das Holz, und der Arbeitskraft. Die Produktion der Möbel ist häufig mit Netzwerkressourcen wie Dateien (die Angaben zur Konstruktion oder zur Verfügbarkeit von Ressourcen enthalten können) verbunden. Die Industrie 4.0 mit ihrer Smart Factory ist durch einen Abbau der personellen und den Aufbau der technischen Ressourcen gekennzeichnet.

Im Weltraum werden vor allem mineralische und energetische Ressourcen ins Auge gefasst, etwa Metalle wie Platin, Nickel oder Kobalt auf Asteroiden, Silikate und Eisenverbindungen auf dem Mars sowie Helium-3 auf dem Mond. Diese Rohstoffe könnten künftig für Raumfahrtzwecke genutzt oder zur Aufbewahrung bzw. Speicherung und anschließenden Verwendung auf die Erde gebracht werden. Ziel ist es, Versorgungssysteme für Raumstationen, Mond- oder Marsbasen oder interplanetare Missionen zu schaffen, z.B. durch In-situ-Ressourcennutzung (ISRU), also eine Ressourcennutzung vor Ort. Auch Sonnenenergie spielt als dauerhafte, saubere Energiequelle eine zentrale Rolle.

Wenn man Ressourcen lediglich als Mittel für bestimmte Zwecke begreift, was im Begriff bereits angedeutet ist, neigt man dazu, sie auszuschöpfen und auszubeuten. Gerade bei natürlichen Ressourcen steht der instrumentelle Wert im Vordergrund, wobei man in der Umweltethik auch (etwa in Bezug auf Pflanzen und Tiere) nach ihrem intrinsischen fragen und zudem den Blick in den Weltraum richten kann. Die Technikethik untersucht die Verantwortung der Technik, die dem Ressourcenabbau und der Ressourcenverwendung und -verschwendung dient, speziell auch das Verhältnis zwischen Technik und Natur, die Informationsethik die Veränderung (im Gebrauch) der Ressourcen angesichts der Digitalisierung, die Wirtschaftsethik die Verantwortung des Arbeitgebers gegenüber dem Arbeitnehmer als Humanressource.

Roboselfies

Roboselfies oder Roboter-Selfies sind Selfies von Robotern, vor allem von Weltraumrobotern. Sie ermöglichen es Ingenieuren, den Zustand der Hülle, der Räder und der Werkzeuge zu überprüfen. Manche Roboter und Raumfahrzeuge können die Kamera mithilfe ihres Arms auf sich richten (wie Curiosity im Jahre 2012), andere fotografieren ihren Schatten, wie Hayabusa (2005) oder Ingenuity (2021).

Robot Enhancement

Robot Enhancement ist die Erweiterung und damit einhergehende Veränderung oder Verbesserung des Roboters durch den Benutzer bzw. eine Firma, etwa in funktionaler, ästhetischer, ethischer oder ökonomischer Hinsicht. Das Wort wurde in Anlehnung an „Human Enhancement" und „Animal Enhancement" gebildet, und man kann damit sowohl das Arbeitsgebiet als auch den Gegenstand bezeichnen. Eine Form des Robot Enhancement ist das Social Robot Enhancement, bei dem ein sozialer Roboter erweitert bzw. verändert und verbessert wird. Der Hersteller bietet vor dem Finishing unterschiedliche Optionen an, eine Tuningfirma nach der Produktion diverse Add-ons. Auch der Benutzer selbst kann in verschiedener Weise aktiv werden, etwa indem er das Gegenüber markiert und es dadurch personalisiert.

Ein Beispiel für Robot Enhancement (und für Social Robot Enhancement) ist die Ausstattung von NAO, Pepper und Co. mit Kleidungsstücken, Perücken und Accessoires. Die erweiterten sozialen Roboter erhalten oft je nach Einsatzgebiet, etwa im Pflege- oder Altenheim, einen anderen Namen. Eine weitere Methode ist, den Plastik- oder Metallkopf mit Silikonhaut zu überziehen oder Make-up-Aufkleber zu verwenden. Dabei muss man – wenn dies nicht standardmäßig vorgesehen ist – auf eine mögliche Überhitzung und Einschränkung ebenso achten wie auf eine unbeabsichtigte Wirkung. Weiter können die Gliedmaßen verlängert und verändert sowie die Körper mit Komponenten ergänzt werden. So sind für Liebespuppen und Sexroboter zusätzliche oder andersartige

Geschlechtsteile erhältlich. Nicht zuletzt ist es zuweilen möglich, die Stimme oder die mit künstlicher Intelligenz zusammenhängenden Fähigkeiten anzupassen.

Robot Enhancement spielt insbesondere bei sozialen Robotern eine Rolle, die sich weltweit verbreiten, die eine gewisse Uniformität besitzen und die man an Anwendungsfelder und Bedürfnisse adaptieren und für den eigenen Gebrauch markieren will. Man kann dadurch eine Maschine menschlicher und individueller wirken lassen. Zudem kann man ein Geschlecht und ein Alter zuschreiben. Nicht immer ist die Veränderung eine Verbesserung, vor allem dann nicht, wenn das Original dafür technisch gar nicht vorgesehen ist. Es besteht die Gefahr, dass es Schaden nimmt und sein Nutzen eingeschränkt ist. Die Roboterethik untersucht zusammen mit der Informationsethik die Chancen und Risiken von Robot Enhancement und fragt bei sozialen Robotern danach, welche Transformationen welche Implikationen in moralischer Hinsicht haben, etwa wenn Erwartungen geweckt und enttäuscht werden.

Roboter

Roboter sind nach Thomas Christaller sensumotorische (sensomotorische) Maschinen zur Erweiterung der menschlichen Handlungsfähigkeit. Entsprechend bestehen sie aus mechatronischen Komponenten, Sensoren und rechnerbasierten Kontroll- und Steuerungsfunktionen. Die Komplexität eines Roboters unterscheidet sich nach demselben Autor deutlich von anderen Maschinen durch die größere Anzahl von Freiheitsgraden und die Vielfalt und den Umfang seiner Verhaltensformen. Mit dem Begriff der Freiheitsgrade sind die unabhängigen Bewegungsachsen angesprochen.

Neben der Erweiterung der Handlungsfähigkeit wäre die Abschaffung der Arbeitsmöglichkeit, die teilweise oder vollständige Ersetzung des Menschen durch die Maschine, zu nennen. Auch die Entscheidungsfähigkeit ist mehr und mehr von Relevanz, und die menschliche Autonomie, die wiederum an die Freiheit (auch von der Fremdgesetzlichkeit) denken lässt, wird durch die maschinelle (die einen anderen Charakter hat) verdrängt.

Unterscheiden kann man Roboter in verschiedene Typen wie Industrieroboter, Serviceroboter, Weltraumroboter und Kampfroboter (wenn man diese nicht zu den Servicerobotern zählen will), zudem in Hardwareroboter – zu denen die genannten Arten zählen – und Softwareroboter wie Chatbots, Social Bots, Agenten und Crawler. Seit einigen Jahren wird eine Brücke geschlagen zwischen Industrie- und Servicerobotern, und man darf sagen, dass Kooperations- und Kollaborationsroboter (Cobots) sozusagen Spuren des zweitgenannten Typs enthalten bzw. dass sie in der Regel Industrieroboter sind, aber auch als Serviceroboter auftreten können, etwa im Pflegebereich.

Robotik

Die Robotik oder Robotertechnik beschäftigt sich mit dem Entwurf, der Gestaltung, der Steuerung, der Produktion und dem Betrieb von Robotern, z.B. von Industrie- oder Servicerobotern sowie – nach einer anderen Kategorisierung – von sozialen Robotern. Bei anthropomorphen oder humanoiden Robotern geht es auch um die Herstellung von Gliedmaßen und Haut, um Mimik und Gestik sowie um natürlichsprachliche Fähigkeiten. Im Fokus sind Hardwareroboter mit Hard- und Software. Reine Softwareroboter (Bots) werden in erster Linie in der Informatik entwickelt, Nanoroboter in der Zukunft in der Nanotechnologie.

Die Robotik integriert Ansätze aus Maschinenbau, Elektrotechnik und Informatik, insbesondere Künstlicher Intelligenz (KI). Sie muss eng mit Mensch-Maschine-Interaktion und Mensch-Roboter-Kollaboration, Psychologie und Soziologie (Soziale Robotik) sowie Philosophie (Maschinenethik) zusammenarbeiten. Die Ergebnisse der Robotik sind wichtig u.a. für Wirtschaft (Industrie- und Serviceroboter, auch Landwirtschaftsroboter), Wissenschaft (Raumfahrt-, Forschungs- und Experimentierroboter), Gesellschaft (Serviceroboter, Assistenzsysteme und soziale Roboter), Gesundheitswesen (Serviceroboter und soziale Roboter wie Pflege- und Therapieroboter), Verkehrswesen (Roboterautos) und Militärwesen (Kampfroboter).

In der Raumfahrt spielt die Robotik für Exploration, Reparatur, Montage und Transport eine Rolle. Robotische Systeme entlasten Astronauten, ermöglichen Missionen an gefährlichen und unzugänglichen Orten und befinden sich in Kooperation und Kollaboration mit Menschen (Mensch-Roboter-Kollaboration). Erforscht werden Möglichkeiten der Eigenreparatur und Selbstreplikation auf fremden Planeten. Dies ist vor allem bedeutsam, wenn man auf die Eroberung des Weltraums durch Roboter zielt. Soziale Roboter und insbesondere Wearable Social Robots könnten bei Marsmissionen erprobt werden, um Stress abzubauen und Zuwendung zu geben.

Die Robotik entwickelt sich neben und mit der Informatik (mitsamt KI) zu einer der Leitdisziplinen des 21. Jahrhunderts, was im Fach selbst nicht durchgehend diskutiert und ausreichend reflektiert wird. Die sozialen und moralischen Implikationen des Einsatzes der Maschinen sind Gegenstand von Technikfolgenabschätzung, Technikethik, Informationsethik und Roboterethik. Auch die Wirtschaftsethik ist von Bedeutung, da menschliche durch maschinelle Arbeitskraft unterstützt und ersetzt wird. Neue Herausforderungen entstehen nicht zuletzt für Rechtswissenschaft (Roboterrecht), Rechtsprechung und Gesetzgebung.

Robotische Vierbeiner

Robotische Vierbeiner sind Roboter, die sich auf vier Beinen bewegen. Sie ähneln oft Hunden und werden deshalb auch Roboterhunde genannt. Sie können ebenso mit Katzen, Ziegen und anderen tierischen Vierbeinern in Zusammenhang gebracht werden. Zu unterscheiden sind eher funktionale Modelle, mehrheitlich ohne ausgeprägten Kopf und Schwanz, und soziale Roboter, die (Karikaturen von) Hunden oder Katzen gleichsehen. Vorhanden sind meist Kameras, Mikrofone und Lautsprecher sowie Sensoren wie Lidar, zudem Gesichtserkennung und Sprachsteuerung. Das Gewicht liegt ohne Ausrüstung und Last zwischen 1 und 60 Kilo, bei einer Höhe von 10 bis 90 Zentimetern. Alternative Ausdrücke sind „Roboter-Vierbeiner" und „Vierbeinige Roboter". Im Englischen spricht man u.a. von „robotic four-legged friends" und „robotic quadrupeds". Robotische Vierbeiner können als

Serviceroboter verstanden werden, wobei auch die Industrie ein Anwendungsbereich ist.

Der erste robotische Vierbeiner war Sparko, der um 1940 gezeigt wurde, etwa auf der Weltausstellung in New York neben dem robotischen Zweibeiner Elektro. Bekannt wurde AIBO von Sony, ein sozialer Roboter in Hundegestalt, im Verkauf seit 1999. Er bestritt den RoboCup, bis er 2007 vom robotischen Zweibeiner NAO verdrängt wurde. CyberDog 2 von Xiaomi setzt die Tradition fort, wobei er Qualitäten der funktionalen Kategorie in sich vereint. BigDog (2005), LittleDog (2010), Cheetah (2012), Wildcat (2012) und Spot (2016) sind funktionale Modelle von Boston Dynamics. Spot, ein robotischer Vierbeiner von ca. 30 Kilo, wird seit 2019 in Serie produziert. Zahlreiche Firmen legten in den 2020er-Jahren ähnliche Modelle vor, z.B. PUDU mit Pudu D1, DEEP Robotics mit X30 oder Unitree mit Unitree B2, Go1 und Go2. Diese chinesischen Ausführungen sind z.T. ab wenigen tausend Dollar zu haben, während die amerikanischen und europäischen einige zehntausend kosten. In der Raumfahrt sollen robotische Vierbeiner z.B. auf Asteroiden, in Kratern oder in Höhlen eingesetzt werden. Prototypen wie ANYmal von ANYbotics werden in diesem Zusammenhang getestet. In Frage kommen zudem Spot von Boston Dynamics und Unitree Go2.

Robotische Vierbeiner fungieren als soziale Roboter als Ersatz für Haustiere. Man kann sich um sie kümmern, mit ihnen spielen und Gefühle für sie entwickeln. Sie sind i.d.R. dazu fähig, Empathie und Emotionen zu zeigen (die sie nicht haben). Dabei sind die Augen, die Töne und die Bewegungen von Bedeutung. Robotische Vierbeiner als funktionale Modelle dienen vor allem dem Monitoring und der Inspektion. Polizei, Feuerwehr, Militär oder Unternehmen schicken sie in heruntergebrannte Gebäude, in marode oder neu entdeckte Tunnel, auf unbekannte Areale sowie auf Betriebsgelände und Gleisanlagen. Man kann Roboterarme und Waffen auf dem Rücken montieren und Robot Enhancement auch mithilfe künstlicher Intelligenz betreiben. Entsprechend sind Manipulationen, Transporte und Attacken im Physischen möglich. Für Hochschulen und Institute sind robotische Vierbeiner wichtig, um in den Bereichen Soziale Robotik, Mensch-Maschine-Interaktion, Mensch-Roboter-Kollaboration und Tier-Maschine-Interaktion zu forschen.

Robotische Vierbeiner als funktionale Modelle haben durch ihre vier Beine eine hohe Beweglichkeit und Standsicherheit. Sie können rennen und springen sowie vorwärts und rückwärts gehen und kommen in schwierigen Umgebungen wie Wiesen und Wäldern oder auf Halden und in Ruinen meist problemlos zurecht. Durch ihr eher geringes Gewicht kann man sie ohne größeren Aufwand transportieren, teilweise sogar in Rollkoffern. Zudem ist die Unfallgefahr geringer als bei schweren Modellen. Durch ihre animaloide Gestaltung bestehen sie in vom Menschen geformten Umgebungen und hinsichtlich von Menschen gemachten Werkzeugen nicht immer wie Roboter mit humanoidem Design. Einen Ausgleich können die Roboterarme auf dem Rücken schaffen. Die Kameras fertigen meist Fotos und Videos mit ausreichender bis befriedigender Auflösung an, allerdings in geringer Höhe, d.h. nicht aus der Perspektive eines Erwachsenen.

Robotische Vierbeiner erleben seit den 2020er-Jahren einen regelrechten Boom. Durch chinesische Hersteller werden die Preise gedrückt. Unklar ist bei einigen Geräten, welche Daten sie weiterleiten können. Im Prinzip könnten Privatpersonen und Unternehmen, aber auch Polizei und Militär ausspioniert werden. Noch zu wenig erforscht sind die Reaktionen von Menschen und Tieren auf robotische Vierbeiner. Hier sind Soziale Robotik, Mensch-Maschine-Interaktion und Tier-Maschine-Interaktion sowie die Tierethik als Disziplinen gefragt. Die Informationsethik fragt nach der Verletzung der informationellen Autonomie durch robotische Vierbeiner, die Roboterethik nach der Verantwortung bei Zusammenstößen. Die Maschinenethik versucht die Roboterhunde und -katzen abzurichten, durch das Einprogrammieren moralischer Regeln oder das Finetuning bzw. Prompt Engineering von multimodalen KI-Modellen, die in die Maschinen integriert wurden.

Robotische Zweibeiner

Robotische Zweibeiner sind Roboter, die sich auf zwei Beinen bewegen. Wenn sie Menschen ähneln, werden sie humanoide Roboter genannt. Sie können ebenso mit Affen, Bären, Vögeln oder Fantasyfiguren in Zusammenhang gebracht werden. Zu unterscheiden sind eher funktionale

Modelle, mehrheitlich mit Kopf und voll beweglichen Gliedmaßen, und soziale Roboter, die Karikaturen von Menschen, Affen etc. gleichsehen oder teilweise bzw. gesamthaft naturgetreu nachgebildet sind. Vorhanden sind meist Kameras, Mikrofone und Lautsprecher, zudem Gesichtserkennung und natürlichsprachliche Fähigkeiten. Das Gewicht liegt ohne Ausrüstung und Last zwischen 1 und 150 Kilo (mit wenigen Ausreißern), bei einer Höhe von 10 bis 195 Zentimetern. Alternative Ausdrücke sind „Roboter-Zweibeiner" und „Zweibeinige Roboter". Im Englischen spricht man u.a. von „robotic two-legged friends" und „robotic bipeds". Robotische Zweibeiner können als Serviceroboter verstanden werden, wobei auch die Industrie ein Anwendungsbereich ist. Einige Modelle, darunter bestimmte Pflegeroboter und (Vorstufen von) Androiden, haben lediglich Andeutungen von Beinen und können sich auf diesen nicht bewegen. Sie sind keine robotischen Zweibeiner im engeren Sinne.

Der erste (sehr einfach umgesetzte) robotische Zweibeiner war Elektro, der ab 1939 gezeigt wurde, etwa auf der Weltausstellung in New York. 1940 schaute der robotische Vierbeiner Sparko zu ihm auf. Später wurden robotische Zweibeiner wie WABOT-1 von der Waseda University (1973) und E0 von Honda (1986) entwickelt, wobei letzterer praktisch nur aus Beinen bestand. Unter den sozialen Robotern tauchte 1998 Furby von Tiger Electronics bzw. Hasbro auf, der an eine Eule oder Fledermaus erinnerte und mit seiner liebenswerten bis nervtötenden Art die Kinderzimmer eroberte, 2006 der humanoide NAO von Aldebaran, der schon 2007 den robotischen Vierbeiner AIBO aus dem RoboCup drängte. Unter den moderneren funktionalen Modellen wurden zunächst ASIMO von Honda (2000) und Atlas von Boston Dynamics (2013) bekannt. Für Furore sorgte 2021 der humanoide Roboter Ameca von Engineered Arts mit seiner beeindruckenden Mimik. Neben Atlas (seit 2024 in der elektrischen Version) kann man H1, G1 und R1 von Unitree, Figure 02 von Figure, Digit von Agility Robotics, 4NE-1 von Neura Robotics und Optimus (Tesla Bot) von Tesla als Vorstufen universeller Roboter ansehen. Manche von ihnen werden als Allzweckroboter (engl. „all-purpose robot" oder „general-purpose robot") bzw. „humanoid agent" vermarktet. Die Kosten liegen im fünf- bis sechsstelligen Bereich. Der Einstiegspreis des G1 war mit 16.000 Dollar sehr niedrig.

Robotische Zweibeiner fungieren als soziale Roboter oft als Companion Robots. Beispiele sind der bereits erwähnte NAO und Alpha Mini von Ubtech. Man kann sich um sie kümmern, mit ihnen spielen und Gefühle für sie entwickeln. Sie sind i.d.R. dazu fähig, Empathie und Emotionen zu zeigen (die sie nicht haben). Dabei sind die Augen, die Töne, die natürlichsprachlichen Fähigkeiten und die Bewegungen des Kopfs und des Körpers von Bedeutung. Andere Rollen sind Lehrer und Tutor. Überdies können Kinder mit den genannten und anderen Produkten das Programmieren erlernen. Robotische Zweibeiner als funktionale Modelle dienen vor allem der Übernahme menschlicher Tätigkeiten. Sie sind in Produktion und Logistik tätig oder sollen eines Tages Einsätze von Polizei, Feuerwehr und Militär begleiten. Man kann sie mit Werkzeugen und Waffen ausstatten und Robot Enhancement auch mithilfe künstlicher Intelligenz betreiben. Entsprechend sind Manipulationen, Transporte und Attacken im Physischen möglich. Für Hochschulen und Institute sind robotische Zweibeiner wichtig, um in den Bereichen Soziale Robotik, Mensch-Maschine-Interaktion und Mensch-Roboter-Kollaboration zu forschen.

Robotische Zweibeiner als funktionale Modelle haben durch ihre zwei Beine eine mit dem Menschen vergleichbare Beweglichkeit. Sie können vorwärts und rückwärts gehen und kommen in schwierigen Umgebungen – etwa auf steinigem oder bewachsenem Boden – mehr oder weniger gut zurecht. Die meisten Modelle sind noch langsam und ungeeignet für das Rennen und Springen. Durch ihr eher hohes Gewicht kann man sie nur mit größerem Aufwand transportieren. Zudem ist die Unfallgefahr beim Betrieb höher als bei leichten Modellen. Insbesondere ein Sturz auf einer Treppe kann gefährlich werden. Durch ihre humanoide Gestaltung bestehen robotische Zweibeiner in vom Menschen geformten Umgebungen und hinsichtlich von Menschen gemachten Werkzeugen weit mehr als Roboter mit animaloidem oder dinghaftem Design. Die Kameras fertigen meist Fotos und Videos mit ausreichender bis befriedigender Auflösung an, und zwar aus der Perspektive eines Kinds oder eines Erwachsenen.

Robotische Zweibeiner als funktionale Modelle können sich in von Menschen gestalteten Umgebungen wie Raumfahrzeugen und Raumstationen oder zukünftig auf Mond- oder Marsstationen besser zurechtzufinden als andere Robotertypen. Sie können Türen öffnen, Leitern steigen, Schalter betätigen oder Werkzeuge verwenden, also Artefakte aller Art bedienen und benutzen – Fähigkeiten, die besonders bei Außeneinsätzen, Wartungsarbeiten oder Notfällen gefragt sind. Auf dem Mond oder Mars können sie bei Aufbauarbeiten, Inspektions- und Transportaufgaben unterstützen, gerade dort, wo die Gravitation niedrig, das Gelände uneben und die menschliche Präsenz gefährlich oder unmöglich ist. Ihre KI-Systeme erlauben eigenständiges Navigieren, Kommunizieren und Reagieren. Als soziale Roboter können sie zudem in Langzeitmissionen psychologisch entlastend wirken, etwa als Dialogpartner, Tutor und Mentor. Ihre z.T. gegebene emotionale Ausdrucksfähigkeit und sprachliche Interaktion machen sie für die Mensch-Roboter-Kollaboration in extremen Lebensräumen besonders relevant. Durch Fortschritte in Mechanik, Sensorik und KI könnten zweibeinige Roboter zu zentralen Akteuren einer erweiterten, teilweise autonomen Raumfahrtinfrastruktur werden.

Robotische Zweibeiner erleben seit den 2020er-Jahren einen regelrechten Boom. Durch chinesische Hersteller werden die Preise gedrückt. Unklar ist bei einigen Geräten, welche Daten sie weiterleiten können. Im Prinzip könnten Privatpersonen und Unternehmen, aber auch Polizei und Militär ausspioniert werden. Noch zu wenig erforscht sind die Reaktionen von Menschen auf robotische Zweibeiner, die als Allzweckroboter vermarktet werden. Hier sind Soziale Robotik, Mensch-Maschine-Interaktion und Mensch-Roboter-Kollaboration als Disziplinen gefragt. Die Informationsethik fragt nach der Verletzung der informationellen Autonomie durch robotische Zweibeiner, die Roboterethik nach der Verantwortung bei Zusammenstößen. Die Maschinenethik versucht die Robotermenschen zu erziehen, durch das Einprogrammieren moralischer Regeln oder das Finetuning bzw. Prompt Engineering von multimodalen KI-Modellen, die in die Systeme integriert wurden. Die Wirtschaftsethik interessiert sich dafür, ob uns robotische Zweibeiner im Arbeitsleben unterstützen oder verdrängen können und sollen.

Roskosmos

Roskosmos (Roscosmos) ist die staatliche Raumfahrtbehörde der Russischen Föderation. Sie wurde 1992 als Nachfolgeorganisation der sowjetischen Raumfahrtinstitutionen gegründet und ist verantwortlich für bemannte Raumfahrt, Satellitenprogramme, Trägersysteme und internationale Kooperationen. Roskosmos betreibt das bemannte Raumschiff Sojus, das seit 1967 im Einsatz ist, liefert wichtige Beiträge zur Internationalen Raumstation (ISS) und verfügt über langjährige Erfahrung im Bereich orbitaler Technik. Russland ist ein technisch bedeutender, aufgrund seiner kriegerischen Handlungen jedoch zunehmend isolierter Raumfahrtakteur.

Roter Riese

Ein Roter Riese ist ein spätentwickelter Stern, der seine Wasserstoffvorräte im Kern aufgebraucht hat und sich stark ausdehnt. Dabei kühlt die Oberfläche ab und erscheint rötlich. Die Sonne wird in etwa fünf Milliarden Jahren zu einem Roten Riesen werden. Diese Phase ist instabil und leitet das Ende eines Sternenlebens ein, oft gefolgt von einem planetarischen Nebel und einem Weißen Zwerg.

Rover

Rover (von engl. „rover": „Vagabund") sind bemannte oder unbemannte Weltraumfahrzeuge, die auf Trabanten, Planeten und Asteroiden zur Erkundung und Beschaffung von Proben eingesetzt werden respektive eingesetzt werden sollen. Sie gehen, springen oder rollen und haben entsprechend Beine, Räder oder Ketten. Unbemannte Rover können autonom unterwegs sein oder ferngesteuert werden und als Roboter gelten. Für die Erledigung ihrer Aufgaben verfügen die Fahrzeuge über Kameras, Sensoren und Werkzeuge. Die Energieversorgung erfolgt mithilfe von Solarzellen oder Radionuklidbatterien. Die bekanntesten Vertreter sind Mondrover (Mondmobile) und Marsrover.

In den 1970er-Jahren sah man in der Raumfahrt bemannte Mondrover wie das amerikanische Lunar Roving Vehicle (Apollo 15, 16 und 17) mit vier Rädern, zudem unbemannte wie den sowjetischen Lunochod 1 und 2 mit acht Rädern. Die Marsrover bewegen sich seit 2004 (mit dem amerikanischen Opportunity) überwiegend auf sechs Rädern über die Oberfläche. Jüngste Modelle sind der chinesische Zhurong und der amerikanische Perseverance sowie der japanische YAOKI mit zwei Rädern. Der Roboter MASCOT hüpfte 2018 auf einem Asteroiden herum, wodurch er sich seinem Ziel immer mehr annäherte. Die China Manned Space Agency (CMSA) plant eine Mondmission mit bemannten Rovern, die an die Apollo-Missionen erinnern.

In Zukunft müssen sich Rover auf bzw. zwischen Mond- oder Marsstationen behaupten. Sie können zudem die Eroberung der Trabanten und Planeten vorantreiben, indem sie immer weiter auf ihnen vorankommen und sich gegenseitig bauen und instand setzen. Technikethik, Informationsethik und Umweltethik untersuchen die Auswirkungen des Einsatzes der (Informations-)Technik auf die Umwelt in moralischer Hinsicht. Die Roboterethik fragt nach Verantwortung und Haftung in der Koexistenz von Mensch und Roboter auf Trabanten und Planeten sowie auf bzw. zwischen Mond- oder Marsstationen. Die Wirtschaftsethik reflektiert Implikationen einer Ökonomie des Weltalls, in der Rover und überhaupt Weltraumroboter eine zentrale Rolle spielen.

R2-D2

R2-D2 (Artoo-Detoo) ist ein Roboter aus der „Star-Wars"-Reihe (ab 1977) von George Lucas. Sein zylinderförmiger Körper wird von einer leicht gestreckten Halbkugel gekrönt. Er kommuniziert über Töne und Lichtsignale und kann über diese Emotionen ausdrücken und – was ihm mit Leichtigkeit gelingt – auslösen.

Dieser Prototyp des sozialen Roboters hat Arme, die ihn bei der Vorwärts- und Rückwärtsbewegung stabilisieren, und verschiedene Instrumente. In einem der Filme überbringt Leia als Hologramm, von ihm auf einen Tisch projiziert, eine Nachricht. Als legitimer Nachfolger kann BB-8 gelten. Auch als Spielzeug wurde R2-D2 umgesetzt.

S

Satellit

Satelliten sind Geräte bzw. Himmelskörper, die einen Planeten oder anderen Körper umkreisen. Sie kommen in natürlicher Form vor, wie im Falle von Monden. Künstliche Satelliten werden von Menschen konstruiert und ins All gebracht. Sie dienen zahlreichen Zwecken, etwa Kommunikation, Navigation, Wetterbeobachtung, Erdvermessung, Aufklärung und Forschung. Entsprechend bildet man die Komposita („Kommunikationssatellit", „Navigationssatellit" etc.).

Satellitenkommunikation

Die Satellitenkommunikation ermöglicht die Übertragung von Daten über große Entfernungen mithilfe orbitaler Relaisstationen. Sie ist zentral für Fernsehen, Telefonie, Internet, militärische Kommunikation und Raumfahrtlogistik. Geostationäre sowie niedrige Umlaufbahnen spielen dabei unterschiedliche Rollen.

Starlink, ein von SpaceX betriebenes Projekt, besteht aus einer Satellitenkonstellation aus tausenden Kleinsatelliten, die in niedriger Erdumlaufbahn (LEO) kreisen. Ziel ist es, weltweit breitbandiges Internet bereitzustellen, auch in abgelegenen oder unterversorgten Regionen. Im Ukrainekrieg war dies von großer Bedeutung.

Satellitenkonstellation

Eine Satellitenkonstellation ist ein Verbund mehrerer Satelliten, die gemeinsam ein Netzwerk bilden. Beispiele sind Starlink, Galileo oder OneWeb. Sie ermöglicht globale Abdeckung, hohe Ausfallsicherheit und niedrige Latenzen, insbesondere für Internet- und Navigationsdienste. Gleichzeitig steigt das Risiko von Weltraummüll.

Satellitennavigation

Satellitennavigation ist die Positionsbestimmung mithilfe von Satellitensignalen. Systeme wie Global Positioning System, kurz GPS (USA), Galileo (EU), GLONASS (Russland) oder BeiDou (China) ermöglichen weltweit präzise Ortung und Zeitmessung. Die Technologie ist Grundlage für Verkehr, Logistik, Landwirtschaft und autonome Systeme.

Saturn

Saturn – benannt nach dem römischen Gott der Aussaat (lat. „Saturnus"), der wiederum dem griechischen Kronos entspricht – ist der sechste Planet des Sonnensystems, unverwechselbar durch sein ebenso auffälliges wie gefälliges Ringsystem, das aus über 100.000 einzelnen, voneinander abgegrenzten Ringen besteht. Er ist ein Gasriese mit zahlreichen Monden, unter ihnen Titan, ein Kandidat für außerirdisches Leben, sowie Pandora und Prometheus, die zusammen den F-Ring stabilisieren. In der Mythologie war Pandora, die künstliche Frau, zwar Teil einer göttlichen List, die als Strafe für die Auflehnung von

Prometheus gegen Zeus gedacht war. Es bestand aber zwischen ihr und dem Feuerbringer keine persönliche Feindschaft. Die Cassini-Huygens-Mission (1997 – 2017) lieferte detaillierte Erkenntnisse über Atmosphäre, Magnetfeld und Mondsystem.

Schönheit

Schönheit (engl. „beauty") im allgemeinen Sinne ist eine visuelle, akustische, haptische oder ideelle Kategorie, die etwa das Schönsein des Himmels am Tag und in der Nacht, der Natur, eines Körpers, eines Gesichts, eines Gegenstands, eines Kunstwerks oder einer Formel umfasst. Sie ist nicht einfach eine (objektive) Eigenschaft, aber auch nicht einfach eine (subjektive) Setzung. Man kann hormonelle und genetische Faktoren ebenso anführen wie Prinzipien in der Art des Goldenen Schnitts. Etwas, was schön ist, ist das Schöne, das sich seit der Antike neben den Werten und Zielen des Wahren und Guten behauptet. Dem gegenüber steht das Hässliche, das wiederum dem Zustand des Hässlichseins und der Kategorie der Hässlichkeit zugeordnet werden kann. Eine Schönheit im speziellen Sinne ist ein schöner (meistens weiblicher) Mensch oder, als Ausnahme, ein schönes Tier. Entsprechend den Dimensionen der Kategorie kann man Schönheit betrachten, sie hören, betasten oder erkennen. Dass die Schönheit im Auge des Betrachters liegt, wie ein altes Sprichwort sagt, betont das Subjektive der Wahrnehmung. Ergänzen könnte man, dass viele Betrachter ähnliche Augen haben, also einen vergleichbaren Geschmack, was evolutionsbiologisch begründbar ist. Neben den Sinnesorganen sind die Kommunikationsfähigkeiten von Belang. Die Schönheit der Sprache erfreut uns bei einem Gedicht, wie die der (akustisch erfahrbaren) Stimme, wenn es gesprochen wird. In besonderer Weise wird Schönheit mit dem menschlichen Körper verbunden, mit seiner Nacktheit oder mit seiner kunstvollen, verführerischen Ummantelung und Verhüllung sowie Enthüllung, die wiederum in die Nacktheit mündet.

Die Schönheit ist u.a. ein Sujet der Philosophie. Plato bestimmt in seinem „Symposion" (um 380 v.u.Z.) das Schöne durch Maß, Angemessenheit und Proportioniertheit. Man erkennt einen Körper, dann mehrere Körper als schön, bis man sich vom Körperlichen löst und die Schönheit in den Seelen erblickt. Aristoteles erwähnt in seiner „Metaphysik" Ordnung, (Wohl-)Proportioniertheit und Bestimmtheit und entdeckt sie, wie schon Pythagoras, in der Mathematik. Alexander Gottlieb Baumgarten gilt mit seiner Dissertation „Meditationes philosophicae de nonnullis ad poema pertinentibus" (1735) und dem Werk „Aesthetica" als Begründer der Ästhetik, der Lehre von Schönheit und Kunst, die sich mit der Erkenntnis mithilfe der Sinne (und nicht des Verstands wie im Falle der Logik) beschäftigt. David Hume führt in „Über die Regel des Geschmacks" („Of the Standard of Taste") von 1745 aus, dass es für die Erkenntnis von Schönheit vor allem Übung braucht. Nach Immanuel Kants „Kritik der Urteilskraft" (1790) haben ästhetische Urteile trotz ihrer subjektiven Herkunft einen Anspruch auf Allgemeingültigkeit. Georg Wilhelm Friedrich Hegel sieht in seinen „Vorlesungen über die Ästhetik" (posthum 1835) das Schöne als „das sinnliche Scheinen der Idee" und verortet es in der Kunst. Nach Friedrich Nietzsches „Zur Genealogie der Moral" von 1887 ist die Schönheit falsch, die Wahrheit hässlich, und die Kunst ist dazu da, dass wir – von ihr getäuscht – nicht an der Wahrheit zugrunde gehen. Theodor W. Adornos „Ästhetische Theorie" (posthum 1970) widmet sich der Krise der Kunst und vertieft sich in das Naturschöne, das dem Kunstschönen gegenüberliegt. In der zeitgenössischen Philosophie hat die Schönheit als Objekt an Relevanz verloren, was keineswegs gerechtfertigt erscheint.

Neben der Philosophie bringen sich u.a. Disziplinen wie Psychologie (mitsamt der Evolutionspsychologie), Soziologie (mitsamt der Kunstsoziologie), Biologie (mitsamt der Evolutionsbiologie) und Literatur- und Kunstwissenschaft ein. Die Psychologie erforscht über Experimente, was Menschen schön und hässlich finden. Sie nutzt Befragungen und Beobachtungen und misst Gehirnaktivitäten (etwa über die Elektroenzephalografie, die zu einem Elektroenzephalogramm führt) und Körperreaktionen (wie Veränderungen bei Herzfrequenz und Schweißsekretion) beim Betrachten von Dingen und Menschen bzw. Bildern davon. Die Soziologie interessiert sich für die gesellschaftlich geprägten Wertvorstellungen und Schönheitsideale im Wandel der Zeit, die Kunstsoziologie für die gesellschaftlich geprägten Voraussetzungen der Kunst. Zu den sogenannten schönen Künsten zählen bildende Kunst, Musik, Literatur und darstellende Kunst. In der Literaturwissenschaft wird das Schöne der schönen oder schöngeistigen Literatur untersucht, in der Musikästhetik das von Kompositionen und Konzerten, in der Kunstwissenschaft, an Hegel anknüpfend, das der Kunst im engeren Sinne, etwa der Malerei und Bildhauerei. Die Evolutionsbiologie arbeitet – zuweilen zusammen mit der Evolutionspsychologie – heraus, dass Schönheit und Jugend ein inniges Verhältnis haben. Das körperliche Begehren richtet sich seit jeher auf den jungen, straffen, wohlproportionierten Körper, der Gesundheit, Fruchtbarkeit, Leistungsfähigkeit und Sicherheit verheißt. Entsprechend sind sowohl Männer als auch Frauen an Jugend interessiert, in ungleicher Ausprägung, wobei Macht und Wohlstand, die mit dem Alter einhergehen mögen, ebenfalls anziehend sind. Umberto Eco weist darauf hin, dass der Sinn für Schönheit nicht eins mit dem Begehren ist. Eine Attraktivitätsforschung, die sich auf den Menschen bezieht, wird seit den 1960er-Jahren betrieben. Sie bedient sich aus mehreren Disziplinen, u.a. aus Ökonomik und Evolutionspsychologie. In den Gender Studies wird die Schönheit entweder zur Verdächtigen, Verfemten und Verfolgten, von wenigen Vertretern eines klassischen Feminismus beschützt, oder zur Vielfältigen, die mit ganz unterschiedlichen Identitäten verbunden sein kann.

In den schönen Künsten ist die Schönheit von zentraler Bedeutung. In der Malerei stellt man Nacktheit zunächst unter dem Deckmantel der Schöpfungsgeschichte (Adam und Eva) und der Mythologie (höhere Gottheiten wie Aphrodite sowie niedere wie Nymphen) dar, dann in aller Offenheit, wobei „Die nackte Maja" (1795 – 1800) von Francisco José de Goya y Lucientes und „Die große Odaliske" (1814) von Jean-Auguste-Dominique Ingres erste Höhepunkte bilden (nachdem bereits Jean-Honoré Fragonard zugunsten der Frivolität gewisse Grenzen überschritten hatte). Leonardo da Vinci und Albrecht Dürer entwerfen im 15. und 16. Jahrhundert Proportionsstudien und -figuren und nähern sich dem Thema damit auf analytische Weise. Pablo Picasso, Francis Bacon und Lucian Freud zeigen im 20. Jahrhundert die Schönheit in der Hässlichkeit, mit in sich versetzten, verdrehten und aufgedunsenen Körpern. Griechische und römische Skulpturen reproduzieren das Schönheitsideal der Antike, das dem der Gegenwart durchaus ähnelt. Michelangelo greift es mit seinem „David" (1501 – 1504) auf und bricht mit ihm zugleich. Fotografie und Film huldigen der Schönheit der (heranwachsenden oder erwachsenen) Frau ebenso wie der Schönheit des (heranwachsenden oder erwachsenen) Mannes. Helmut Newton und Annie Leibovitz fangen mit ihrem Fotoapparat auf unterschiedliche Art Models, Schauspieler und Politiker ein. Die Filmkamera verweilt auf den Gesichtern und Körpern von Brigitte Bardot („Die Verachtung" von 1963), Brooke Shields und Christopher Atkins („Die blaue Lagune" von 1980) oder Liv Tyler und Jeremy Irons („Gefühl und Verführung" von 1996, im Original „Stealing Beauty"). Dokumentationen lassen über die Schönheit von Bergen und Meeren, Pflanzen und Tieren staunen. Der Minnesang preist Anmut und Liebreiz einer „frouwe" (verheirateten Adligen) oder „juncfrouwe" (Jungfrau). Die Popmusik besingt die Schönheit von jungen Mädchen und Frauen, in lebensfrohen bis anzüglichen Texten, die mehrheitlich von Männern stammen. Die schöne Literatur ist eine Hommage an die unteren Altersklassen, von „Lolita" (Vladimir Nabokov) aus dem Jahre 1955 bis „Betty Blue" (Philippe Djian) aus dem Jahre 1985. Dass ein Dichter – wie im 17. Jahrhundert François Maynard in seiner Ode „La belle vieille" – eine schöne Alte anhimmelt, bleibt die Ausnahme. Science-Fiction und Fantasy lassen zudem vor dem inneren oder äußeren Auge die Schönheit von imaginierten Wesen erscheinen, ob diese ein Geschlecht haben oder nicht.

Verschiedene Zweige der Wirtschaft leben vom Wunsch nach Schönheit. Die Schönheits- und Kosmetikindustrie macht Geschäfte mit Botox, Hautcreme, Schminkbedarf und Haarstylingprodukten. In Kliniken werden Schönheitsoperationen angeboten, bei denen Nase, Ohren, Kinn, Brüste und Hintern angepasst und Implantate eingesetzt werden (plastisch-ästhetische Chirurgie). Juweliere und Bijouterien bieten Ketten, Ringe und Steine feil, die Gesicht und Körper schmücken sollen. Die Sport- und Fitnessindustrie weckt den Traum von einer schlanken oder athletischen Figur. Die Bekleidungsindustrie produziert Hosen, Röcke und Kleider, die den Körper möglichst vorteilhaft und anziehend aussehen lassen sollen, und initiiert Jahr für Jahr neue Moden. Korsette engen die Oberkörper von Frauen über viele Jahre ein, Krawatten die Hälse von Männern bis zur Gegenwart. Friseursalons, Einrichtungen für Maniküre und Pediküre sowie Enthaarungsstudios kümmern sich um die schnell wachsenden Haare und Nägel. Piercing- und Tattoostudios sind mit der Verschönerung oder Verunstaltung von Körperteilen und Hautpartien beschäftigt. Bei Schönheitswettbewerben (engl. „beauty pageants") treten Teilnehmerinnen aus unterschiedlichen Regionen und Ländern gegeneinander an. Pornoplattformen stellen die Nacktheit von Frauen und Männern respektive Akte und Fetische aller Art zur Schau. Die Prostitution, angeblich das älteste Gewerbe der Welt, ist auf Schönheit ebenso angewiesen wie auf Kunstfertigkeit beim Befriedigen von Bedürfnissen. Cyborgs gefallen sich mit äußerlich sichtbaren technischen Strukturen. Humanoide und soziale Roboter überzeugen auf den ersten Blick mit ihrer künstlichen Schönheit, wobei bei Androiden das Uncanny Valley im Wege ist, das unheimliche Tal. So wirken Sophia, Harmony und Erica trotz oder gerade wegen ihrer perfekten Gesichter unheimlich, wenn sie lächeln. Avatare und (Pseudo-)Hologramme sowie von Bildgeneratoren erzeugte Figuren können fotorealistisch und hochattraktiv sein. Die Schönheit von Dingen, Fahrzeugen, Brücken, Plätzen und Gebäuden ist das Ziel von zahlreichen Unternehmen und Branchen, der Verpackungsindustrie, der Farbenindustrie, der Autoindustrie, dem Hoch- und Tiefbau, um nur ein paar zu nennen, die Schönheit der Natur das Anliegen von Natur- und Landschaftsschutz, Landschaftsgestaltung, Forstwirtschaft usw.

Wir sind der Schönheit zugetan, selbst wenn wir sie in der Moderne systematisch in Frage gestellt haben, ob in der Wissenschaft oder der Kunst. Schöne Menschen werden, was evolutionsbiologisch erklärbar ist, bei der Partnerwahl bevorzugt, welches temporäre Schönheitsideal und welcher individuelle Geschmack auch jewels vorherrschen mögen. Zugleich wecken sie Vorbehalte, Neid und Hass, nicht zuletzt deshalb, weil man sich selbst oder seine Partner mit ihnen vergleichen muss. Die Ethik mag diese Probleme reflektieren. Die Schönheit wird in den Medien und in der Werbung wiederholt zur Verdächtigen, die anscheinend mit der Alltäglichkeit – im Extremfall mit der Hässlichkeit (in der sich wiederum Schönheit verstecken kann) – konfrontiert werden muss. Das Model in Zeitschriften und auf Laufstegen wird zurückgedrängt oder abgeschafft (und wieder angeschafft), der Body in der Werbung entfernt sich von den früheren Idealmaßen. Zugleich verbreitet sich das stereotype Schönheitsideal von Influencerinnen und Popsängerinnen. Hier kommt die Medienethik ins Spiel. Die Schönheit der Landschaft wird beeinträchtigt durch Siedlungen, Straßen- und Eisenbahnnetze und Industrieanlagen – und Windkraftanlagen, die freilich zum Umweltschutz beitragen. Hier ist u.a. die Umweltethik gefordert. Insgesamt kann man sagen, dass das Wahre, das Schöne und das Gute heute nicht mehr als Einheit gesehen werden. Wissenschaftstheorie, Ästhetik und Ethik können dennoch ihre fruchtbare Zusammenarbeit fortsetzen, ohne ihre Gegenstände zu verwechseln. Wissenschaftsethik und Kunstethik fragen nach den Möglichkeiten und Beschränkungen von Wissenschaft und Kunst. Immer wichtiger wird der Beitrag der Roboterethik und der Roboterphilosophie überhaupt, um die künstliche Schönheit mit ihrer Silikonhaut, ihren Glasaugen und ihren motorischen bzw. natürlichsprachlichen Fähigkeiten zu erfassen.

Die Hackerethik, eigentlich ein (teilweise moralischer) Kodex, stammt aus dem Buch „Hackers" von Steven Levy aus dem Jahre 1984 und versammelt Werte wie Freiheit und Kooperation sowie Empfehlungen zum Umgang zwischen Hackern und mit Computern und Netzwerken. Auch programmatische Aussagen finden sich dort: „Computer können benutzt werden, um Kunst und Schönheit zu schaffen." Dies kann in ganz unterschiedlicher Weise verstanden werden. Man denkt an Computerlyrik und KI-Kunst, an die Schönheit von Avataren, Hologrammen und mit Bildgeneratoren erstellten Bildern. Man kann aber auch grundsätzlicher werden und feststellen, dass Romane im 21. Jahrhundert mehrheitlich mit dem Computer geschrieben und Fotos mehrheitlich mit Digitalkameras geschossen werden. Man kann nicht zuletzt Computeranlagen und Rechenzentren für schön halten und das Internet als kulturelle, zivilisatorische und ästhetische Leistung rühmen, die der des Straßen- und Bahnnetzes in nichts nachsteht. Strukturen dieser Art sind an sich faszinierend, und sie ermöglichen es uns, faszinierende Phänomene auf der ganzen Welt wahrzunehmen. Natürlich findet man neben der Schönheit viel Hässlichkeit, und so mag man ergänzen: „Computer können benutzt werden, um Kunst und Schönheit zu schaffen oder aber Kitsch und Hässlichkeit."

Die erwähnte Schönheit des Himmels – insbesondere des Nachthimmels – gehört zu den ältesten und eindrücklichsten ästhetischen Erfahrungen der Menschheit. Schon früh wurden Sonnenaufgänge und -untergänge wegen ihrer wechselnden Lichtverhältnisse, Farbverläufe und atmosphärischen Effekte in Dichtung und bildender Kunst thematisiert. Der Übergang vom Tag zur Nacht erzeugt ein visuelles Schauspiel, das auch in der Moderne als Sinnbild für Vergänglichkeit und Erhabenheit dient. Der Vollmond, mit seiner gleichmäßigen Form und seiner gelblichen oder silbernen Strahlkraft, wurde seit der Antike als Symbol von Schönheit, Fruchtbarkeit und Melancholie gedeutet; seine Darstellung findet sich in zahlreichen Gedichten (etwa bei Johann Wolfgang von Goethe) und Gemälden. Der klare Sternenhimmel schließlich, besonders in Regionen mit geringer Lichtverschmutzung, erlaubt die Beobachtung von Sternbildern, Milchstraße und Planeten. In kulturgeschichtlicher Perspektive verbinden sich mit der Betrachtung des Himmels sowohl religiöse als auch naturphilosophische Deutungen. Heute tragen spektakuläre Aufnahmen von Weltraumteleskopen, etwa von Nebeln oder fernen Galaxien, zu einer neuen Form von astronomischer Ästhetik bei, die in Bildbänden, Ausstellungen und digitalen Medien vermittelt wird.

In der Science-Fiction und in der Fantasy ist die Darstellung außerirdischer Schönheit omnipräsent. Das Spektrum reicht von menschenähnlichen Wesen – etwa den Vulkaniern oder Deltanern (Lieutenant Ilia) in „Star Trek" oder den Na'vi in „Avatar", die auf dem Saturnmond Pandora leben – bis hin zu gegensätzlich gestalteten Lebensformen. Letztere verkörpern häufig eine stilisierte Monstrosität, wie sie etwa H. R. Giger für die Xenomorphen in Ridley Scotts „Alien" (1979) entwarf. Es sind biomechanische, hochsymmetrische Körper mit glänzenden Oberflächen, die ominös und faszinierend zugleich wirken. Schönheit im Andersartigen und doch Vertrauten zeigt sich in den Heptapoden aus Denis Villeneuves „Arrival" (2016), die an Tintenfische oder Kraken erinnern und durch ihre Kommunikation und Präsenz eine eigene Form von Würde und Anziehung entwickeln. Leeloo in „Le Cinquième Élément" („Das fünfte Element") (1997), gespielt von Milla Jovovich, ist ein Beispiel für die Verbindung von außerirdischer Herkunft und menschlichem Schönheitsideal. Als sie nackt vor ihnen liegt, sagt Professor Mactilburgh zu General Munro: „I told you: perfect." Auch Spezies wie die Asari aus der Videospielreihe „Mass Effect" knüpfen an menschliche Schönheitsstandards an, während sie zugleich durch

Hautfarbe, Körperform und kulturelle Differenz ein nichtmenschliches Element behalten.

Schwarzes Loch

Ein Schwarzes Loch ist ein extrem kompaktes Objekt, dessen Gravitationsfeld so stark ist, dass nicht einmal Licht entweichen kann. Es entsteht durch Sternkollaps oder Verschmelzung. Supermassereiche Schwarze Löcher befinden sich im Zentrum vieler Galaxien. Beobachtungen erfolgen indirekt, etwa über Strahlung aus Akkretionsscheiben, die aus Gas oder Staub bestehen können. Einige Science-Fiction-Bücher und -Filme haben sich von Schwarzen Löchern inspirieren lassen, etwa „The Black Hole" („Das schwarze Loch") der Disney-Studios aus dem Jahre 1979.

Schwerelosigkeit

Schwerelosigkeit ist ein Zustand, in dem die Wirkung der Schwerkraft scheinbar aufgehoben ist. Sie tritt z.B. auf einer Raumstation wie der ISS auf und beeinflusst Körperfunktionen und Bewegungsmöglichkeiten von Menschen und Tieren. Technische Systeme, auch Automaten und Roboter, müssen an den Zustand angepasst werden, etwa indem man ihre thermischen Steuerungen oder ihre mechanischen Fähigkeiten ändert und sie fixiert und sichert. Zu beachten ist zudem, dass sich Flüssigkeiten anders verhalten, insofern sie Kugeln bilden oder an Oberflächen haften. In Forschung und Ausbildung wird Schwerelosigkeit simuliert, beispielsweise in Parabelflügen.

Science-Fiction

Science-Fiction ist ein erzählerisches Genre, das sich mit den Auswirkungen wissenschaftlicher, technischer und gesellschaftlicher Entwicklungen auf die Zukunft der Menschheit beschäftigt. Der Weltraum ist dabei seit den Anfängen im 19. Jahrhundert ein zentrales Motiv, und zwar als Ort des Unbekannten, des Fortschritts, der Bedrohung oder der Selbsterkenntnis. In Literatur, Film und digitalen Medien hat Science-Fiction ganze Generationen von Wissenschaftlern, Ingenieuren und Raumfahrtinteressierten geprägt. Von der Literaturwissenschaft einst verschmäht wie der Kriminalroman, erfreut sie sich heute eines gewissen Interesses. Ähnlich gestaltete sich das Verhältnis zwischen der Filmwissenschaft und diesem Genre.

Im 19. Jahrhundert widmete man sich in erster Linie dem Mond und dem Mars. In den Büchern von Jules Verne mit den Titeln „De la Terre à la Lune" („Von der Erde zum Mond") von 1865 und „Autour de la Lune" („Reise um den Mond") von 1870 schafft es die Besatzung des von einer Kanone abgefeuerten Projektils letztlich bis in den Orbit des Trabanten. In „The War of the Worlds" („Krieg der Welten") von 1897/1898 von H. G. Wells (die Initialen stehen für „Herbert George") greifen Marsianer auf riesigen Dreibeinern das Vereinigte Königreich an, um von dort aus die Erde einzunehmen und deren Ressourcen auszuschlachten. Die Hörspieladaption im CBS-Netzwerk sorgte im Jahre 1938 am Vorabend von Halloween für Aufregung unter den Zuhörern und zu hunderten Nachfragen bei Radiosendern und Polizeistationen – aber nicht zu einer Panik, wie oft behauptet wird.

In der zweiten Hälfte des 20. Jahrhunderts bildete sich eine breite literarische und filmische Kultur heraus, in der der Weltraum als Bühne für philosophische, politische und existenzielle Fragen diente. Isaac Asimovs „Foundation"-Zyklus (ab 1950) verbindet die Geschichte der Galaxie mit Wissenschaftssoziologie. Frank Herberts mehrbändiges „Dune" („Der Wüstenplanet") ab 1963 zeigt Motive und Szenen von Überlebenskampf, Naturgewalt, Religionsausübung und Machtmissbrauch in einem fernen Sternenreich, das zugleich archaisch und technologisch hochentwickelt und wie eine kosmische Variante der algerischen Sahara erscheint. Stanisław Lems „Solaris" (1961) thematisiert die weitgehende Unzugänglichkeit fremden Bewusstseins. Der Ozean auf dem Planeten scheint ebenso intelligent wie potent zu sein. Zu den genannten Werken wurden Adaptionen für das Kino oder für Streaming-Serien erstellt. In „Rendezvous with Rama" („Rendezvous mit Rama") von Arthur C. Clarke aus dem Jahre 1973 erkunden Astronauten ein außerirdisches Raumschiff. Spezialisierte Bioroboter, darunter Dreibeiner, verrichten auf ihm ihre Arbeit. Wer ihre Erschaffer sind, bleibt im Dunkeln.

Einfluss- und facettenreich ist das Werk von Philip K. Dick, dessen Erzählungen die Grenzen zwischen Realität, Simulation und Identität verwischen. Romane wie „Do Androids Dream of Electric Sheep?" („Träumen Androiden von elektrischen Schafen?") von 1968 (die Vorlage für die cineastischen Leckerbissen „Blade Runner" von 1982 und „Blade Runner 2049" von 2017) oder „Ubik" (1969) sowie Kurzgeschichten wie „We Can Remember It for You Wholesale" von 1966 (Vorlage für den Film „Total Recall" von 1990) haben das Bild des technologisch überformten Menschen und der manipulierten Erinnerung nachhaltig geprägt. Das Werk des neurotischen und exzentrischen Genies steht exemplarisch für eine Science-Fiction, die sich weniger mit Raumschiffen und Abenteuerwelten als mit Bewusstsein, Wahrheit und Kontrolle befasst. Um es zu verstehen, genügt es nicht, die Verfilmungen anzuschauen – so geht etwa die Bedeutung des natürlichen oder künstlichen Tiers in „Do Androids Dream of Electric Sheep?" in den „Blade-Runner"-Filmen verloren.

Ein weiteres Schlüsselwerk ist Robert A. Heinleins „Stranger in a Strange Land" (1961), das die Geschichte eines Menschen erzählt, der auf dem Mars von Außerirdischen erzogen wurde und später zur Erde zurückkehrt bzw. zurückgeholt wird. Der Roman verhandelt kulturelle Differenz, Religion, Sprache und menschliche Identität – Themen, die in der heutigen Auseinandersetzung mit künstlicher Intelligenz und extraterrestrischem Leben wiederkehren. Das Large Language Model Grok von Elon Musk verdankt seinen Namen eben diesem Roman, in dem das Verb „to grok" für ein intuitives, vollständiges Verstehen steht, das bis zum Verschmelzen reicht. Der marsianisch geprägte Held findet irgendwann Befriedigung darin, irdische Weibchen zu „groken" – auch hier gibt es Parallelen zum Entrepreneur, der viele Kinder von mehreren Frauen hat, mit dem Ziel allerdings, seine von ihm für wertvoll gehaltenen Gene zu streuen.

Erwähnt werden muss auch „The Hitchhiker's Guide to the Galaxy" („Per Anhalter durch die Galaxis") von Douglas Adams. Aus der Hörspielserie entwickelte der britische Schriftsteller eine Romanreihe mit fünf Bänden (1979 – 1992). Eine zentrale Bedeutung darin hat der intergalaktische Reiseführer „Per Anhalter durch die Galaxis" (sein Titel ist der Titel des Buchs), der Jahrzehnte später zu einer Referenz für Elon Musk wurde, der sein LLM namens Grok ähnlich allwissend wähnte. Da die Erde einer Hyperraumroute weichen muss, reisen der Brite Arthur Dent und sein Freund Ford Prefect, der sich als Außerirdischer entpuppt hat, durch das Universum. Im zweiten Band „The Restaurant at the End of the Universe" („Das Restaurant am Ende des Universums") besucht man ein Restaurant, in dem sich eine Art Rind selbst anpreist („Darf ich Ihnen vielleicht meine Leber ans Herz legen?"). Mit dabei ist stets der depressive Marvin, ein sozialer Roboter mit großem Kopf. Die Verfilmungen erreichten ebenfalls ein breites Publikum.

Im Science-Fiction-Film „Frau im Mond" (1929) von Fritz Lang ist die Besatzung auf dem Mond unterwegs, richtet sich dort aber nicht häuslich ein – die Rakete ist die Unterkunft. Stanley Kubricks „2001: Odyssee im Weltraum" (1968) hat das Verhältnis von Mensch, Maschine und Kosmos paradigmatisch gestaltet. Das Drehbuch stammte von ihm und Arthur C. Clarke, der zur selben Zeit den Roman mit demselben Titel verfasste. Die Serien „Star Trek" und „Star Wars" entwickelten unterschiedliche Zukünfte, einmal technik- und rationalitätsorientiert, einmal mythologisch und politisch aufgeladen. „Star Wars" schlägt wie die „Dune"-Bücher und ihre Verfilmungen eine Brücke zur Fantasy. Ridley Scotts „Alien" (1979) mit der eindrücklichen Sigourney Weaver lässt in der Leere des Alls eine grundlegende Bedrohung auftauchen und verleiht dieser eine unvergessliche Form. Christopher Nolans „Interstellar" (2014) und Denis Villeneuves „Arrival" (2016) verknüpfen aktuelle Theorien der Physik mit emotionalen und sprachphilosophischen Fragestellungen.

Science-Fiction bringt Vorstellungen von Antriebstechnologien, Kommunikationssystemen, Robotern aller Art und künstlicher Intelligenz hervor, und zwar lange bevor sie technisch greifbar oder wirtschaftlich denkbar werden. Intelligente Roboter in „I, Robot", Tablets in „2001: A Space Odyssey" und Kommunikatoren in „Star Trek" sind nur drei Beispiele von vielen. Science-Fiction liefert uns Beschreibungen und Bilder von friedlichen oder kriegerischen Zukunftsgesellschaften mit Mitgliedern, die den Staub der Erde noch nicht von ihren Kleidern geschüttelt haben, aber auch von der Vielfalt, Buntheit, Schönheit und Paarungsbereitschaft extraordinärer extraterrestrischer Lebewesen. Das Genre wirkt insgesamt als Ideenfabrik der Raumfahrt und ist zugleich ein Spiegel gesellschaftlicher Hoffnungen und Ängste mit Blick auf das All.

Serviceroboter

Serviceroboter sind für Dienstleistungen und Hilfestellungen aller Art zuständig, sie bringen und holen Gegenstände, überwachen die Umgebung ihrer Besitzer oder das Befinden von Patienten und halten ihr Umfeld im gewünschten Zustand. Wenn sie mit Sensoren ausgestattet sind, wenn sie über künstliche Intelligenz und Erinnerungsvermögen verfügen, werden sie nach und nach zu allwissenden Begleitern. Sie wissen, was ihr Eigentümer oder Gegenüber tut und sagt oder was die Passanten in der Umgebung umtreibt und melden es womöglich an ihre Betreiber oder an Geräte und Computer aller Art. So wie Industrieroboter immer mehr ihre geschützten Bereiche verlassen, so wie sie immer mobiler und universeller geraten, und so wie sie immer mehr an den Menschen heranrücken, so werden Serviceroboter immer eigenständiger und „unternehmungslustiger" und hier und da zu sozialen Robotern. In privaten und (teil-)öffentlichen Bereichen trifft man auf ganz unterschiedliche Typen: a) Sicherheits- und Überwachungsroboter, b) Transport- und Lieferroboter, c) Informations- und Navigationsroboter, d) Unterhaltungs- und Spielzeugroboter, e) Pflege- und Therapieroboter und f) Haushalts- und Gartenroboter. Ob man Weltraumroboter ebenfalls dazuzählen kann, ist umstritten. Wenn man es tut, dann kann man sagen, dass sie Reparatur-, Wartungs- oder Transportaufgaben übernehmen können, etwa auf Raumstationen, bei Satellitenkonstellationen oder in Explorationsmissionen. Manche der Modelle sind als Prototypen unterwegs, andere im ständigen und standardisierten Einsatz.

Im Folgenden werden die Typen in Bezug auf ihre Ziele, Zwecke und Merkmale skizziert. a) Sicherheits- und Überwachungsroboter verbreiten sich in den Stadtteilen, in den Einkaufszentren und auf den Firmengeländen, als rollende und fliegende Maschinen. Sie sollen für die

Sicherheit der Unternehmen, Besucher und Kunden sorgen. b) Transport- und Lieferroboter befördern Gegenstände aller Art, wie Pakete und Einkäufe, von einem Akteur (oft der Anbieter oder Vermittler) zum anderen (oft der Kunde) oder begleiten und entlasten Fußgänger und Fahrradfahrer. c) Informations- und Navigationsroboter fahren oder gehen durch Parks und über Gelände, durch Museen, Messen und Verkaufsräume und informieren Besucher und Kunden über Veranstaltungen und Möglichkeiten der Besichtigung und führen sie an die gewünschte Stelle. Zudem werden sie in Hotels eingesetzt, etwa an der Rezeption. Sie besitzen häufig Displays respektive Touchscreens und natürlichsprachliche Fähigkeiten. d) Unterhaltungs- und Spielzeugroboter dienen der Unterhaltung und Zerstreuung von Benutzern, von Kindern und Jugendlichen sowie von Erwachsenen. Auch zum Lernen kann man manche von ihnen verwenden. Sie tanzen, singen, spielen Musik, erlauben ihre Konstruktion und Dekonstruktion. e) Pflegeroboter komplementieren oder substituieren menschliche Pflegekräfte. Sie bringen den Pflegebedürftigen benötigte Medikamente und Nahrungsmittel und helfen ihnen beim Hinlegen und Aufrichten und bei ihrem Umbetten. Sie unterhalten Patienten und stellen auditive und visuelle Schnittstellen zu Experten bereit. Manche verfügen über natürlichsprachliche Fähigkeiten und sind in einem bestimmten Umfang lernfähig und intelligent. Therapieroboter unterstützen therapeutische Maßnahmen oder wenden selbst solche an. f) Haushalts- und Gartenroboter helfen im Haushalt oder im Garten, als Saug- und Mähroboter, als Poolroboter oder Fenster- und Grillputzroboter. Sie sind stark verbreitet und fast schon so selbstverständlich wie Wasch- und Spülmaschinen.

Durch Serviceroboter, die sich unter die Menschen begeben, mit ihnen die Wege, Zonen und Plätze teilen und in ihren Gebäuden und Zimmern weilen, entstehen Herausforderungen in Bezug auf unser leibliches Wohl, unsere körperliche Unversehrtheit und unser Weiterleben, womit moralische und soziale Aspekte angesprochen sind. Sie machen uns unseren Lebensraum streitig, können Stolperfallen und Hindernisse darstellen und benötigen teilweise die gleichen Ressourcen wie wir. Sie vermögen uns zu unterstützen und zu ersetzen. Und sie können uns ausspionieren und überwachen. Im vorletzten Problemkreis ist die Wirtschaftsethik einzubeziehen. Eine Frage ist, ob aus dem Umstand, dass Serviceroboter unsere Tätigkeiten übernehmen, nicht nur Risiken resultieren, wie drohende Arbeitslosigkeit, sondern auch Chancen, etwa indem der Betroffene den übermächtigen Brotberuf relativiert und sich an einer andersgelagerten Sinnstiftung probiert. Beim letzten Konfliktbereich ist es naheliegend, die Perspektive der Informationsethik einzunehmen und von ihren Begriffen aus zu denken und zu handeln. Die informationelle Autonomie ist die Möglichkeit, selbst auf Informationen zuzugreifen und die Daten zur eigenen Person einzusehen und gegebenenfalls anzupassen. Gesellschaftliche und politische Gruppen und Einrichtungen müssen auf diese moralische Dimension, jenseits der rechtlichen, immer wieder hinweisen, auch mit Blick auf Serviceroboter. Die informationelle Notwehr entspringt dem digitalen Ungehorsam oder stellt eine eigenständige Handlung im Affekt dar und dient der Wahrung der informationellen Autonomie und der digitalen Identität. Es muss diskutiert werden, wann man sich gegen Serviceroboter zur Wehr setzen und in welcher Weise man sich schützen darf.

SETI

SETI (Search for Extraterrestrial Intelligence) ist die mit wissenschaftlichen Methoden durchgeführte Suche nach außerirdischer Intelligenz, also einer Form außerirdischen Lebens, insbesondere durch das Detektieren und Analysieren von Radiosignalen aus dem All, etwa mithilfe von Radioteleskopen. Ziel ist es, technologische Spuren fremder Zivilisationen zu entdecken. Die Forschung begann in den 1960er-Jahren; bekannt wurde u.a. das Projekt zum „Wow!-Signal". SETI ist Teil der Astrobiologie und berührt Fragen der Kosmologie, Technik, Kommunikation und Ethik. Bislang blieb der Nachweis intelligenten außerirdischen Lebens aus. Es ist möglich, dass wir eines Tages Signale von außerirdischer Intelligenz empfangen, aber unwahrscheinlich, dass wir diese zu Gesicht bekommen – allein schon wegen der enormen Entfernungen.

Singularität

In der Astrophysik beschreibt die Singularität einen Ort mit extrem starker Gravitation, wo die Krümmung der Raumzeit divergiert, wie im Zentrum eines Schwarzen Lochs. In der Technologiedebatte meint sie den hypothetischen Moment, in dem künstliche Intelligenz die menschliche Intelligenz übertrifft und sich selbst weiterentwickelt. Beide Konzepte sind Gegenstand intensiver Forschung und Spekulation. Im Falle der technologischen Singularität spielt vor allem intensives Marketing eine Rolle.

Skylab

Skylab war die erste US-amerikanische Raumstation (1973 – 1979). Laut NASA wurden bei drei bemannten Missionen hunderte wissenschaftliche Experimente und einzigartige Beobachtungen der Erde und der Sonne durchgeführt. Skylab verglühte 1979 kontrolliert beim Wiedereintritt in die Atmosphäre.

Smart Clothes

Der Begriff der Smart Clothes zielt auf elektronifizierte bzw. computerisierte Kleidungsstücke. Diese ermöglichen Funktionen aller Art, etwa das Erheben von Daten, die Anzeige von Angaben oder die Bedienung von Geräten. Ein Smartphone, das mit den Kleidungsstücken verbunden wird, kann dabei eine zentrale Rolle spielen, ebenso unterschiedliche Wearables, die wiederum oft mit dem Smartphone zusammengeschlossen sind. Gebraucht man den Begriff der Wearables weit, darf man auch Smart Clothes darunter zählen.

Wie bestimmte Wearables im engeren Sinne, etwa intelligente Armbänder, Smartwatches, Smart Rings und Datenbrillen, können Smart Clothes die Vitalfunktionen des Trägers überprüfen, Daten zu seinen körperlichen Aktivitäten sammeln und seinen Aufenthaltsort bestimmen (Quantified Self). Intelligente (Hand-)Schuhe können dazu dienen, Gefahrenstoffe zu erkennen, eingebaute Kameras, Mikrofone und Sensoren dazu, die Umgebung zu überwachen. Gegenüber den genannten Wearables besteht der Vorteil, dass Smart Clothes keine zusätzlichen Gadgets sind. Dies bedeutet zugleich, dass der Träger evtl. vergisst oder gar nicht weiß, dass er elektronifizierte Komponenten an sich trägt, was ihm zum Nachteil gereichen mag.

In der Raumfahrt kommen Smart Clothes bei Langzeitmissionen zum Einsatz, um Vitalparameter wie Atmung, Herzfrequenz, Muskelaktivität oder Hauttemperatur kontinuierlich zu erfassen. Sie ermöglichen ein Monitoring, ohne die Bewegungsfreiheit der Astronauten einzuschränken. Einige Modelle regulieren aktiv die Körpertemperatur, passen sich wechselnden Umgebungsbedingungen an oder analysieren Bewegungsabläufe zur Erkennung von Ermüdung und Fehlbelastungen. Über drahtlose Schnittstellen können sie mit Luftanzügen, Bordcomputern oder Assistenzsystemen kommunizieren. In Verbindung mit KI lassen sich Frühwarnsysteme für Gesundheitsrisiken realisieren. Smart Clothes werden zudem als mögliche Komponenten zukünftiger Raumanzüge erforscht.

In der Informationsethik interessiert, ob durch die (Nicht-)Verfügbarkeit von Optionen aus finanziellen oder anderweitigen Gründen die Informationsgerechtigkeit in Frage gestellt und ob die persönliche oder informationelle Autonomie des Menschen eingeschränkt oder erweitert wird. Quantified Self wird aus Datenschutzsicht hinterfragt, wegen der Personendaten und der Bewegungsprofile. Speziell das Verschwinden des Digitalen im Analogen stellt vor besondere Herausforderungen, vor allem wenn die Träger oder andere Betroffene nicht über die Funktionen aufgeklärt wurden. Smart Clothes können nicht zuletzt ein Mittel für das sogenannte Human Enhancement sein und in diesem Zusammenhang – auch kritisch – diskutiert werden.

Softrobotik

Die Softrobotik (engl. „soft robotics") ist ein Teilbereich der Robotik, der von weichen, biegsamen, zuweilen durchlässigen Materialien ausgeht. Sie orientiert sich häufig an dem Aussehen und dem Verhalten von Organismen aller Art. Damit hat sie eine Nähe zur Disziplin der Bionik und zum Arbeitsgebiet der Biomimikry. Die Softrobotik geht mit der Sozialen Robotik in Kreationen wie dem Telenoid oder dem Hugvie (beide aus den Hiroshi Ishiguro Laboratories) zusammen.

Sonne

Die Sonne ist wie der Mond ein Objekt, das die Fantasie und die Kreativität der Menschen von alters her angeregt und ihr Leben bestimmt hat. Sonnenaufgang und -untergang sind besondere Momente. Bei einem Sonnenkult wird die Sonne verehrt und angebetet. Sonnenuhren nutzen seit tausenden Jahren die Richtung des Lichts zur Zeitmessung, indem sie den Schatten eines Polstabs oder einer Blechkante auf ein Ziffernblatt werfen.

Die Sonne ist ein Gelber Zwerg und prägt Klima, Lebensmöglichkeiten und Raumfahrtbedingungen im Sonnensystem. Der Abstand zu ihr hat Einfluss auf die Temperatur auf Planeten und Trabanten. Die Erde ist in der habitablen Zone und konnte eine Vielfalt von Leben hervorbringen, das direkt oder indirekt von der Sonne abhängig ist. Die Sonnenaktivität beeinflusst Weltraumwetter, Kommunikationssysteme und Satellitenbahnen.

Die Sonne ist der zentrale Stern unseres Sonnensystems, eine heiße Plasmakugel (in der Korona mehrere Millionen Grad Celsius, an der Oberfläche 6000 Grad Celsius, im Inneren 15 Millionen Grad Celsius), die durch Kernfusion Energie erzeugt. Die mittlere Entfernung zwischen Erde und Sonne beträgt 149.597.870.700 Meter (1 AE). Der Durchmesser der Sonne ist etwa 110-mal so groß wie der der Erde. Der Gelbe Zwerg ist ein Riese neben unserer Heimat.

Warum die Korona so heiß ist, ist noch ungeklärt. Im Buch „Die 42 größten Rätsel der Astronomie" schreibt Ilja Bohnet, dass Raumsonden wie der Solar Orbiter und insbesondere die Parker Solar Probe dem Phänomen „tiefer auf den Grund gehen" sollen. „Letztere soll sich im Verlauf ihrer Mission der Photosphäre der Sonne bis auf einen Abstand von nur rund 8,5 Sonnenradien nähern und damit die äußere Korona durchfliegen – ein waghalsiges Unterfangen, das an den Flug des Ikarus erinnert."

Die Sonne wird etwa 10 Milliarden Jahre alt werden. Sie entstand vor rund 4,6 Milliarden Jahren. Aktuell befindet sie sich im stabilen Hauptreihenstadium, in dem sie Wasserstoff zu Helium fusioniert. In ca. fünf bis sechs Milliarden Jahren wird sie sich zu einem Roten Riesen aufblähen, dann ihre äußeren Schichten abstoßen und als Weißer Zwerg enden. Ihre Masse ist nicht groß genug, um sie zu einer Supernova zu machen.

Sonnensegel

Ein Sonnensegel ist ein Antriebssystem, das den Strahlungsdruck der Sonne nutzt. Es benötigt keinen Treibstoff, erzeugt jedoch nur eine geringe Schubkraft. Langfristig ermöglicht es kontinuierliche Beschleunigung. Missionen wie IKAROS oder LightSail demonstrierten die Tauglichkeit der Technologie.

Sonnensturm

Ein Sonnensturm ist ein Ausbruch geladener Teilchen und elektromagnetischer Strahlung infolge solarer Eruptionen. Er kann Satelliten stören, elektrische Netze auf der Erde beeinflussen und die Raumfahrt gefährden. Vorhersage und Abschirmung sind zentrale Schutzmaßnahmen.

Sonnensystem

Das Sonnensystem ist das Heimatsystem der Erde. Es besteht aus der Sonne und acht Planeten, zudem aus Zwergplaneten, Monden, Asteroiden, Kometen und interplanetarem Staub. Es entstand vor etwa 4,6 Milliarden Jahren. Die Struktur reicht vom inneren Gesteinsbereich (Merkur, Venus, Erde, Mars) bis zur Oortschen Wolke am Rand des solaren Einflusses. Nur wenige Artefakte haben bisher das Sonnensystem verlassen.

Sonnenwind

Der Sonnenwind ist ein Strom geladener Teilchen, der sich kontinuierlich von der Sonne aus ergießt. Er beeinflusst das Magnetfeld der Erde und erzeugt Erscheinungen wie Polarlichter. In der Raumfahrt ist er ein Faktor bei Strahlenschutz, Navigationsabweichungen und Kommunikationsausfällen.

Soziale Roboter

Soziale Roboter sind sensomotorische Maschinen, die für den Umgang mit Menschen oder Tieren geschaffen wurden. Sie können über fünf Dimensionen bestimmt werden, nämlich die Interaktion mit Lebewesen, die Kommunikation mit Lebewesen, die Nähe zu Lebewesen, die Abbildung von (Aspekten von) Lebewesen sowie – im Zentrum – den Nutzen für Lebewesen. Bei einem weiten Begriff können neben Hardwarerobotern auch Softwareroboter wie gewisse Chatbots, Voicebots (Sprachassistenten oder virtuelle Assistenten) und Social Bots dazu zählen, unter Relativierung des Sensomotorischen. Die Disziplin, die soziale Roboter – ob als Spielzeugroboter, als Serviceroboter (Pflegeroboter, Therapieroboter, Sexroboter, Sicherheitsroboter etc.) oder als Industrieroboter in der Art von Kooperations- und Kollaborationsrobotern (Co-Robots bzw. Cobots) – erforscht und hervorbringt, ist die Soziale Robotik.

Die Robotik oder Robotertechnik beschäftigt sich mit dem Entwurf, der Gestaltung, der Steuerung, der Produktion und dem Betrieb von Robotern, ihr Teilgebiet der Sozialen Robotik (engl. „social robotics") mit Wurzeln in den 1940er- und 1950er-Jahren und einem Boom seit ca. 2000 mit (teil-)autonomen Maschinen, die mit Menschen und Tieren interagieren und kommunizieren – hier ist u.a. die Künstliche Intelligenz gefragt – und zuweilen humanoid oder animaloid realisiert und mobil sind. Ein Teilbereich ist die „emotionale Robotik" oder „sozialemotionale Robotik" mit ihrem Fokus auf Emotionen (welche Roboter zeigen und erkennen) und Empathie (welche Roboter zeigen). In diesem Zusammenhang ist die Disziplin des Künstlichen oder Maschinellen Bewusstseins von Bedeutung. Wenn die Maschinen zu moralisch adäquaten Entscheidungen fähig sein sollen, ist die Maschinenethik gefragt.

Soziale Roboter zeigen oft Emotionen, ohne solche zu haben. Von den Entwicklern werden positive wie Freude, Begeisterung und Zuneigung bevorzugt. Diese sind in vielen Situationen angemessen, aber nicht in allen. Um z.B. in Notlagen überzeugen zu können oder um den Roboter selbst vielfältiger und lebensechter auszugestalten, kommen negative Gefühle wie Angst, Trauer, Ärger und Wut hinzu. Empathie, also Einfühlungsvermögen, Verständnis und Mitgefühl, kann ebenfalls simuliert werden, wobei es hier wichtig ist, dass die Zustände des menschlichen (oder tierischen) Gegenübers erkannt werden. Eingesetzt werden beim Präsentieren von Emotionen visuelle, auditive und haptische bzw. taktile Mittel. So spielen der Augenausdruck und die Mundbewegung eine große Rolle (Dimension der Abbildung), die Töne, die Stimme und die Sprache (Dimension der Kommunikation) sowie die physische und nichtphysische Aktions- und Reaktionsfähigkeit (Dimension der Interaktion), unter Berücksichtigung von Koexistenz und Kollaboration (Dimension der Nähe).

Mit der Raumfahrt könnten soziale Roboter ein Anwendungsfeld gewinnen, etwa als Companion Robots oder als Assistenzroboter. Als Companion Robots würden sie Empathie und Emotionen zeigen, Stress reduzieren und Einsamkeit lindern. Insgesamt könnten sie in den Dimensionen Interaktion, Kommunikation und Nähe eine Rolle für die Raumfahrt spielen, in welcher Gestaltung auch immer. Als

Assistenzroboter würden sie bei technischen Problemen unterstützen, wobei sie wiederum Stress reduzieren und zu einem überlegten, schrittweisen Vorgehen anleiten könnten. Beide Aspekte wurden bei SPACE THEA berücksichtigt, einem Sprachassistenten für einen Marsflug aus dem Jahre 2021 aus der Schweiz. Besondere Bedeutung in der Raumfahrt könnten Wearable Social Robots gewinnen, die zu den Wearables Robots und den sozialen Robotern zählen. Sie sind ebenso klein wie leicht und werden um den Hals oder am Körper getragen. Ein Beispiel ist AIBI, der über eine Kamera und mehrere Sensoren verfügt.

Soziale Roboter mischen sich unter Menschen und Tiere und gewinnen diese mit wohlvertrauten Verhaltensweisen für sich, ohne ein eigentliches Verhalten in Zeit und Raum, im Spiegel der Mitwelt, erworben zu haben. Aus technischer und funktionaler Sicht sind simulierte Emotionen und simulierte Empathie zur Erreichung des Nutzens für Menschen wichtig, ebenso aus psychologischer, wenn eine Beziehung initiiert und etabliert werden soll. So wäre es merkwürdig, wenn der soziale Roboter, der als Lehrer fungiert, die Schülerin nicht loben würde, wenn diese fleißig und erfolgreich ist, und wenn er sich an ihre Person und ihre Aktivitäten nicht erinnern könnte. Ebenso seltsam wäre es, wenn der soziale Roboter, der als Rezeptionist fungiert, den Gast nicht freundlich und zuvorkommend behandeln und nicht wiedererkennen würde. Aus philosophischer und speziell ethischer Sicht stellen sich freilich auch Fragen zu Täuschung und Betrug sowie zur informationellen Autonomie. Die Informationsethik kann sich ebenso wie die Roboterethik an Antworten versuchen, die Maschinenethik die sozialen Roboter lehren, auf ihr Maschinensein aufmerksam zu machen, mit dem Menschsein zu rechnen und zu enge Bindungen durch Wort und Tat zu stören.

Space Shuttle

Das Space Shuttle war ein US-amerikanisches Raumfahrzeug (1981 – 2011) mit wiederverwendbarem Orbiter. Der Orbiter ist das eigentliche Shuttle, das nach der Mission landen und dann wieder starten kann. Das Space Shuttle brachte Satelliten in den Orbit, diente beim Aufbau der ISS und transportierte Fracht und Besatzung. Das System galt als technisch innovativ, aber komplex und teuer.

Im kollektiven Gedächtnis ist das Unglück mit dem Space Shuttle Challenger. Am 28. Januar 1986 brach es kurz nach dem Start auseinander. Dabei wurden alle sieben Besatzungsmitglieder getötet. Ziel war es, einen kommerziellen Kommunikationssatelliten auszusetzen und den Halleyschen Kometen zu untersuchen. Die Ursache der Katastrophe war das Versagen von O-Ring-Dichtungen.

Space Situational Awareness

Space Situational Awareness (SSA) ist ein wichtiger Bestandteil des EU-Raumfahrtprogramms. Space Surveillance and Tracking (SST) ist ein System vernetzter Sensoren zur Überwachung und Verfolgung von Weltraumobjekten. Im Fokus sind Near-Earth Objects (NEOs), also erdnahe Objekte wie Asteroiden und Kometen. Ein Weltraumwetterdienst vervollständigt die Dienstleistungen.

SPACE THEA

SPACE THEA wurde von April bis August 2021 von Martin Spathelf unter der Betreuung von Oliver Bendel entwickelt. Der Sprachassistent sollte den Astronauten auf einem Marsflug Empathie und Emotionen entgegenbringen. Technisch basierte er auf dem Google Assistant und Dialogflow. Der Programmierer wählte eine weibliche Stimme mit kanadischem Akzent. Zur Persönlichkeit von SPACE THEA gehörten funktionale und emotionale Intelligenz, Ehrlichkeit und Kreativität. Sie folgte einem moralischen Prinzip – sie sollte den Nutzen für die Passagiere des Raumschiffs maximieren. Der Prototyp wurde für folgende Szenarien implementiert: allgemeine Gespräche führen; dem Benutzer helfen, einen Lichtschalter zu finden; dem Astronauten beistehen, wenn ein Triebwerk ausfällt; morgens grüßen und aufmuntern; eine grundlose Beleidigung abwehren; einem einsamen Astronauten beistehen; etwas über den Sprachassistenten erfahren.

SpaceX

SpaceX ist ein privates Raumfahrtunternehmen, im Jahre 2002 von Elon Musk gegründet. Es entwickelte mit Falcon 9 und Starship wiederverwendbare Raketen. Ein Auftrag ist, Fracht und Astronauten zur ISS zu transportieren. SpaceX treibt die Kommerzialisierung der Raumfahrt voran und plant langfristig bemannte Marsmissionen.

Spektralanalyse

Bei der Spektralanalyse wird das von Himmelskörpern ausgesandte Licht in seine einzelnen Farben (Wellenlängen) zerlegt. Durch die Analyse der entstehenden Spektrallinien können Rückschlüsse auf die vorhandenen Elemente und deren Konzentrationen sowie die Oberflächentemperatur und das Magnetfeld eines Sterns gezogen werden. Die Spektralanalyse ist eine der wichtigsten Methoden in der Astronomie zur Bestimmung von Zusammensetzung, Bewegung und Temperatur von Sternen und Galaxien.

Spin-offs

Spin-offs sind zivile oder industrielle Anwendungen, die aus Raumfahrttechnologien hervorgegangen sind. Ein Beispiel ist der Memoryschaum (Viscoschaum). Ursprünglich von der NASA entwickelt, um den Aufprall in Sitzen bei Starts und Landungen abzufedern, ist er heute weit verbreitet in Matratzen, Kissen und Helmen. Weitere Beispiele sind Infrarot-Ohrthermometer, schmutzabweisende Oberflächen, kratzfeste Brillengläser und kabellose Werkzeuge (wie Akkubohrer). Auch Elektroautos werden immer wieder als Spin-offs bezeichnet. Allerdings gilt als erstes Modell der Flocken-Elektrowagen von 1888. Andreas Flocken war ein Coburger Unternehmer und Erfinder.

Spiralgalaxie

Eine Spiralgalaxie ist ein Galaxientyp mit ausgeprägten Spiralarmen. Früher sprach man auch von einem Spiralnebel. Die Milchstraße ist ein Beispiel dafür. Spiralgalaxien enthalten viele junge Sterne, Gas- und Staubwolken. Ihre Struktur liefert Hinweise auf Rotationsdynamik, Sternentstehung und dunkle Materie.

Sprachassistent

Sprachassistenten sind natürlichsprachliche Dialogsysteme, die Anfragen der Benutzer beantworten und Aufgaben für sie erledigen, in privaten und wirtschaftlichen Zusammenhängen. Sie sind auf dem Smartphone ebenso zu finden wie im Smart Speaker, in Robotern ebenso wie in Fahrzeugen. Sie verstehen mithilfe von Natural Language Processing (NLP) gesprochene Sprache und wenden sie selbst an, unter Gebrauch eines Text-to-Speech-Systems. Auf die Stimme der Maschine (oder des Benutzers) zielt „Voicebot" (engl. „voicebot") oder „Voice Assistant" (engl. „voice assistant"). „Virtueller Assistent" oder „digitaler Assistent" wird als Überbegriff oder Synonym verwendet. Verwandtschaft besteht zu Chatbots, die oft textuell, manchmal auch auditiv umgesetzt sind und eine längere Tradition haben. Sie und Voicebots sind wiederum wie andere natürlichsprachliche Dialogsysteme Conversational Agents bzw. Conversational User Interfaces.

Siri, Cortana und Google Assistant sind bekannte Anwendungen für das Smartphone. Sie werden teils zur Bedienung von Diensten und Geräten (etwa im Smart Home) und in Autos und Shuttles (zur Steuerung der Bordelektronik) eingesetzt. Auch auf Weltraumflügen – etwa zum Mars – sollen sie zur Verfügung stehen. Mit Google Assistant ist das Projekt Google Duplex verbunden. Man teilt, so die Grundidee, bestimmte Daten mit, und die Maschine reserviert telefonisch einen Tisch oder vereinbart einen Termin beim Frisör. Die meisten Sprachassistenten sind, anders als viele Chatbots, nicht grafisch erweitert, haben also keinen Avatar. Hologramme in der Fiktionalität, beispielsweise in

Filmen wie „Blade Runner 2049", dienen als virtuelle Assistenten. In der Realität gibt es erste Produkte wie die Gatebox aus Japan mit einem Manga- oder Animemädchen im Inneren des durchsichtigen Behälters. Hier kann man von einem Sprachassistenten mit holografischer Visualisierung sprechen.

Sprachsynthese hat eine lange Geschichte, die bis ins 18. Jahrhundert zurückreicht, wenn man an die Konstruktionen von Wolfgang von Kempelen denkt. Die computerbasierten synthetischen Stimmen, die aus der Mitte des 20. Jahrhunderts stammen, wurden nach und nach immer natürlicher gestaltet. So brachte man Alexa auf Echo von Amazon das Flüstern bei, und Google Assistant streut „Ähs" und „Mmhs" in seine Rede ein. Man versucht also einerseits, typisch menschliche Ausdrucksweisen nachzuahmen, andererseits Imperfektion anzuwenden, um Perfektion (im Sinne von Glaubwürdigkeit und Echtheit) zu erreichen. Synthetische Stimmen können mit der Speech Synthesis Markup Language (SSML) manipuliert werden. Sie klingen dank bestimmter Befehle z.B. weicher, jünger und euphorischer oder verstummen für einen definierten Moment. Oder sie flüstern eben – auch in diesem Fall ist SSML im Spiel. Bei Sprachassistenten herrschen weibliche Stimmen vor. Immer mehr Hersteller verzichten darauf, sie als Standardeinstellung vorzugeben, und es können männliche und neutrale Stimmen ausgewählt werden. Letztere werden von manchen Experten als politisch korrekt angesehen, sprechen aber viele Benutzer nicht an (oder werden von diesen als ungewöhnliche männliche oder weibliche Variante interpretiert).

Sprachassistenten können in der Raumfahrt dazu dienen, Astronauten bei Routineaufgaben, Checklisten, technischen Anleitungen und Kommunikationsvorgängen zu unterstützen – ohne dass die Hände oder die Augen gebraucht werden. Sie ermöglichen sprachgesteuerte Interaktionen mit Bordcomputern, Weltraumrobotern oder Datenbanken, was insbesondere in stressigen oder komplexen Situationen hilfreich ist. Systeme wie CIMON (Crew Interactive MObile companioN) wurden auf der ISS getestet, um mit natürlichsprachlichen Fähigkeiten bestimmte Informationen bereitzustellen und einfache Dialoge zu führen. 2021 wurde SPACE THEA als Prototyp implementiert und in einem Video präsentiert. Künftig könnten Sprachassistenten auch – ähnlich wie Alexa – bei der Steuerung von Habitatfunktionen auf Mond- oder

Marsstationen eine Rolle spielen oder – ähnlich wie soziale Roboter – bei psychologischer Unterstützung und bei existenzieller Bedrohung. Voraussetzung sind robuste Systeme mit Offlineverarbeitung, hoher Fehlertoleranz und kontextsensitiver Reaktion.

Sprachassistenten sind längst Alltag geworden und erleichtern diesen in vielfältiger Weise. Problematisch ist eine Aufnahme, die mit Überwachung verbunden ist, etwa in Bezug auf das Gesprochene oder die Stimme. Mithilfe von Stimmerkennung kann der Benutzer identifiziert und analysiert werden. In den meisten Fällen ist bei der Verwendung von Sprachassistenten klar, dass es sich um Artefakte handelt, und man bedient sie wie Werkzeuge. Auch bei Telefonsystemen weiß man in der Regel, womit man spricht. Bei SMS-Flirtdiensten wurden bereits um die Jahrtausendwende Automatismen integriert, ohne dass die Benutzer dies immer wussten. Mit Systemen wie Google Duplex kehren sich die Verhältnisse in gewisser Hinsicht um. Man nimmt einen Anruf entgegen, kommuniziert wie gewohnt, hat aber vielleicht, ohne es zu wissen, einen Computer am Apparat, keinen Menschen. Für Chatbots wurde bereits früh vorgeschlagen, dass diese klarmachen sollen, dass sie keine Menschen sind. Möglich ist es zudem, die Stimme roboterhaft klingen zu lassen, sodass kaum Verwechslungsgefahr besteht. Dies alles sind Themen für Informationsethik, Roboterethik und Maschinenethik und allgemein Roboterphilosophie.

Sputnik

Sputnik 1 war der erste künstliche Erdsatellit, gestartet in der Sowjetunion am 4. Oktober 1957. Er markierte den Beginn der Raumfahrt und löste weltweit große Aufmerksamkeit aus, bis hin zum Sputnikschock. Der Satellit sendete einfache Funksignale und umkreiste die Erde bis zum 4. Januar 1958.

Sputnikschock

Der Sputnikschock bezeichnet die weltweite Reaktion auf den Start von Sputnik 1. In den USA nahm man den technologischen Fortschritt in der Sowjetunion als technologischen Rückstand im eigenen Land wahr. Der Sputnikschock führte zur Gründung der NASA und zu hohen Investitionen in Bildung, Wissenschaft und Raumfahrt.

Startfenster

Ein Startfenster ist der optimale Zeitraum für den Start einer Raumfahrtmission, abhängig von Bahndynamik, Himmelsmechanik und Missionsziel. Besonders bei interplanetaren Flügen ist es eng begrenzt – z.B. alle 26 Monate für Marsmissionen. Ein verpasstes Fenster bedeutet u.U. monate- oder jahrelange Verzögerung.

Stern

Die Sterne haben von alters her die Fantasie und die Kreativität der Menschen angeregt und ihr Leben bestimmt. Sie werden in Liedern besungen („Weißt du, wie viel Sternlein stehen") und in sogenannten Heiligen Schriften erwähnt, wie der Stern von Bethlehem, wobei unklar ist, wofür dieser steht. Einige Sterne wurden als Gottheiten verehrt, allen voran die Sonne, aber auch Sirius und Polarstern. Ein Sternenhimmel in Gegenden ohne Lichtverschmutzung lässt uns staunen. Bei Sternschnuppen wünschen wir uns etwas.

Wissenschaftlich gesehen ist ein Stern ein Himmelskörper, der durch Kernfusion in seinem Inneren Energie erzeugt. Ein naheliegendes Beispiel ist die Sonne. Sterne variieren in Masse, Größe, Farbe und Lebensdauer. Sie bilden Galaxien und dienen in der Navigation als Orientierungshilfen und in Astrophysik und Kosmologie als zentrale Beobachtungsobjekte. Sternbilder sind Gruppen von Sternen, die am Himmel durch scheinbare Nähe ein Muster oder eine Figur bilden. Sie erhalten oft Namen aus der Mythologie.

„Das große Buch der Astronomie" von National Geographic Deutschland gibt zur Auskunft: „Im Jahr 1886 begannen Astronomen der Harvard-Universität mit der langwierigen Aufgabe, die Sterne zu klassifizieren." Annie Jump Cannon „entwickelte das aktuelle System", indem sie die Spektrallinien der Sterne in die Spektralklassen O, B, A, F, G, K und M einteilte (der Merksatz „Oh, Be A Fine Girl – Kiss Me!" stammt ebenfalls von ihr). National Geographic Deutschland betont: „Annie Jump Cannon wurde als erste Frau zum Mitglied der American Astronomical Society ernannt."

Sternbild

Ein Sternbild ist eine Gruppe von Sternen, die am Himmel ein Muster oder eine Figur bilden. Diese sind oft mit mythologischen oder kulturellen Deutungen verbunden. Sternbilder wurden schon in der Antike zur Orientierung und Zeitbestimmung genutzt und von Dichtern und Philosophen erwähnt. Die Babylonier waren unter den ersten Kulturen, die Sternbilder systematisch dokumentierten.

Die moderne Astronomie unterscheidet heute 88 offizielle Sternbilder, wie sie von der Internationalen Astronomischen Union (IAU) mit Sitz in Paris festgelegt wurden. Sie bilden keine physikalisch zusammengehörigen Strukturen – die einzelnen Sterne liegen meist in ganz unterschiedlichen Entfernungen von der Erde.

Bekannte Beispiele sind Kleiner Bär und Großer Bär, Orion (benannt nach dem riesigen, unter die Sterne versetzten Jäger in der griechischen Mythologie, der gerne mit Artemis unterwegs war, um Tiere zu töten) sowie Kassiopeia (benannt nach der Gattin des aithiopischen Königs Kepheus und Mutter der Andromeda in der griechischen Mythologie). Auch in der Navigationskunde, Kalendergestaltung und Astrologie – einer Pseudowissenschaft – spielen Sternbilder traditionell eine Rolle. In der Raumfahrt dienen sie z.B. zur Positionsbestimmung von Sonden und Satelliten.

Sternschnuppe

Eine Sternschnuppe ist ein kurzes, helles Aufleuchten am Nachthimmel, das entsteht, wenn ein kleines Teilchen aus dem Weltall mit hoher Geschwindigkeit in die Erdatmosphäre eindringt und dabei durch die Reibung mit der Luft verglüht. Dieses Verglühen erzeugt einen leuchtenden Streifen am Himmel, der nur für wenige Sekunden sichtbar ist.

Stimmerkennung

Stimmerkennung (engl. „voice recognition") ist das automatisierte Erkennen von Merkmalen einer Stimme, um die Identität einer Person (engl. „speaker recognition") oder deren Geschlecht, Gesundheit, Herkunft, Alter und Gefühlslage (engl. „emotion recognition") festzustellen. Sie ist zu unterscheiden von Spracherkennung (engl. „speech recognition"), wo es vor allem um die Inhalte des Gesprochenen geht, etwa in Hinsicht auf das „Verstehen" und Befolgen von Sprachbefehlen.

Bei der Stimmerkennung werden wie bei der Gesichtserkennung biometrische Merkmale analysiert. Es handelt sich um eine Anwendung der Mustererkennung, womit sich die Informatik beschäftigt. Es können u.a. Tonhöhe, Stimmlippenspannung, Atmungsaktivität, Lautstärke, Sprechtempo und Aussprache einbezogen werden. Manches davon ist der Stimme zuzuordnen, anderes der Sprechweise. Die Merkmale der Stimme sind wesentlich für die Sprachsynthese, durch die sie künstlich erzeugt werden.

Stimmerkennung wird bei Sprachassistenten (Voicebots oder Voice Assistants) verwendet, um Befugte zu authentifizieren und zwischen Benutzern zu differenzieren. Beispielsweise soll in einem Haushalt vermieden werden, dass Unbefugte wie Kinder bestimmte Bestellungen vornehmen oder bestimmte Informationen abfragen. Verbreitet ist sie überdies bei sozialen Robotern, bei denen sie die gleichen Aufgaben hat, darüber hinaus aber auch häufig der Emotionserkennung dient.

In der Raumfahrt kann Stimmerkennung dazu dienen, die Verfassung der Astronauten auf einer Raumstation oder bei einem Flug durch den Weltraum zu monitoren, zu analysieren und zu evaluieren. Diese können dann selbst informiert werden, oder es werden Befunde zu einem Mediziner vor Ort oder auf der Erde geschickt. Sie kann Teil eines speziellen Systems sein oder eines allgemeinen Systems wie eines Sprachassistenten, mit dem man Gespräche führt oder mit dem man Geräte und Funktionen steuert.

Stimmerkennung ist wie Gesichtserkennung (mit der sie zusammen auftreten kann) ein mächtiges Instrument zur Identifizierung von Personen und zur Analyse von Emotionen. Sie kann damit auch Überwachung ermöglichen und Privat- und Intimsphäre sowie die informationelle Autonomie verletzen. Dies sind Themen der Informationsethik. Wenn Serviceroboter und soziale Roboter mit Stimmerkennung in Einkaufszentren eingesetzt werden, um etwas über Kundenwünsche und -befindlichkeiten herauszufinden, ist zusätzlich die Wirtschaftsethik gefragt.

Stonehenge

Stonehenge ist ein ringförmiges Bauwerk der Jungsteinzeit in Südengland. Es besteht aus einer Reihe von Megalithen, also großen Steinblöcken, die der Länge nach aufgerichtet werden. Stonehenge wurde ab 3000 v.u.Z. mehrmals verändert und angepasst. Es könnte sich um eine Kultstätte gehandelt, aber auch astronomischen und kalendarischen Zwecken gedient haben. Es weist ohne Zweifel astronomische Bezüge auf, etwa zur Sommersonnenwende. Der schweizerische Autor Erich von Däniken nahm zudem an, dass Stonehenge als Landeplattform für Außerirdische gedient hat, was man als Unsinn bezeichnen darf.

Supergirl

Supergirl (Kara Zor-El) im DC-Universum ist eine außerirdische Superheldin vom Planeten Krypton und die Cousine von Superman. Wie er besitzt sie übermenschliche Kräfte, die sie durch das Licht der gelben

Sonne der Erde erhält, und teilt mit ihm die Schwäche gegenüber Kryptonit. Anders als er ist sie blond.

Ursprünglich trat sie in Action Comics #252 (Mai 1959) als „The Supergirl from Krypton" auf. Auf dem Cover wurde die Frage „Is she friend or foe?" („Ist sie Freund oder Feind?") gestellt. Sie spielte zunächst eine Nebenrolle in verschiedenen „Superman"-Serien, erhielt aber später eine eigene gezeichnete Heimat.

In modernen Erzählungen wie „Supergirl: Being Super" (2016) wird sie als jugendliche Außenseiterin mit geheimnisvoller Herkunft und übernatürlichen Kräften neu interpretiert. Im Laufe der Jahre trugen weitere Figuren den Namen Supergirl, darunter auch solche ohne außerirdische Herkunft.

Superman

Superman ist eine Figur des DC-Universums, also von der Konkurrenz des Marvel-Universums. Die Comics erschienen ab 1938 und hatten wie die Abenteuer um Batman (DC), Spiderman (Marvel) und die X-Men (Marvel) großen Einfluss auf Kinder und Jugendliche des 20. Jahrhunderts. Später entfalteten Verfilmungen aller Art ihre Wirkung. Bei Superman gibt es besonders enge Beziehungen zum Weltraum.

Superman stammt vom Planeten Krypton, einer hochentwickelten außerirdischen Welt, die kurz nach seiner Geburt explodierte. Seine Eltern schickten ihn in einem kleinen Raumschiff zur Erde, wo er unter der gelben Sonne übermenschliche Kräfte entwickelte. Seine Herkunft ist zentral für seine Identität: Er ist ein außerirdischer Flüchtling, auf der Erde aufgewachsen, aber nicht von ihr. Gefährlich ist für ihn Kryptonit, ein radioaktives Material von seinem Heimatplaneten.

In seinen – übrigens vielfach verfilmten – Comicgeschichten reist Superman regelmäßig ins Weltall, sei es auf der Suche nach Überresten von Krypton, im Rahmen von Missionen für die Justice League oder um intergalaktische Bedrohungen abzuwenden. Er begegnet dabei anderen Alienarten auf fremden Planeten und kämpft gegen kosmische Feinde wie Brainiac, Mongul oder Darkseid vom Planeten Apokolips.

Supernova

Eine Supernova ist die explosive Zerstörung eines massereichen Sterns. Dabei entstehen große Mengen Energie, neue Elemente und oft ein Neutronenstern oder ein Schwarzes Loch. Supernovae sind wichtig für die chemische Evolution des Universums und als kosmologische Leuchtfeuer.

Swing-by

Ein Swing-by-Manöver nutzt die Gravitation eines Planeten, um die Flugbahn und Geschwindigkeit einer Raumsonde zu verändern. Es spart Treibstoff und erlaubt interplanetare Umlenkung. Bekannte Beispiele sind die Voyager- und Rosetta-Missionen. Swing-by erfordert präzise Bahnberechnung.

T

Technikethik

Die Technikethik bezieht sich auf moralische Fragen des Technik- und Technologieeinsatzes. Es kann um die Technik von Häusern, Fahrzeugen (auch Raumfahrzeugen), Robotern (Industrierobotern wie Servicerobotern, auch Weltraumrobotern) oder Waffen ebenso gehen wie um die Nanotechnologie. Zur Wissenschaftsethik und (in der Informationsgesellschaft) zur Informationsethik besteht ein enges Verhältnis. Zudem muss die Technikethik mit der Wirtschaftsethik kooperieren.

Technikfolgenabschätzung (TA), auch Technologiefolgenabschätzung genannt, ist für Analyse und Bewertung der Wirkungen und Folgen einer Technik bzw. Technologie zuständig und ein wichtiges Instrument bei der Beratung der Politik. In Deutschland gibt es das Büro für Technikfolgen-Abschätzung beim Deutschen Bundestag (TAB), in der Schweiz das Zentrum für Technologiefolgen-Abschätzung TA-SWISS, in Österreich das Institut für Technikfolgen-Abschätzung (ITA). Die Technologiefolgenabschätzung ist interdisziplinär und bedient sich der Methoden verschiedener Wissenschaften, etwa von Soziologie und

Philosophie. In moralischen Fragen der Informations- und Wissensgesellschaft trifft sich die TA mit mehreren Bereichsethiken.

Nach Otfried Höffe sind Technikfolgen ein bedeutendes Thema der Ethik geworden, weil die wissenschaftlich geleitete Technik die Arbeits- und Lebenswelt der Menschen immer nachhaltiger beeinflusse, umgestalte und schaffe. Primäre Problemfelder praktischer Verantwortung und ethischer Reflexion seien in diesem Zusammenhang u.a. die Klärung der moralischen Berechtigung der Nutzung von Kernenergie, die Abschätzung von Gefahren und Chancen der Prägung, Bildung, Manipulation und Deformation des Menschen durch die Medien- und Computertechnik sowie „die Sicherung der Humanität der Arbeitswelt im Rahmen der Globalisierung der marktgesellschaftlichen Ökonomie", die durch die neuen Techniken und durch Systeme der Information und Mobilität ermöglicht und vorangetrieben werde. Annemarie Pieper verweist auf die ethischen Voraussetzungen des „Herstellungshandelns" und fordert eine Verantwortungsethik für „jene Personengruppen, die durch die Erzeugung technischer Produkte massiv in unsere Lebensverhältnisse eingreifen".

Die Technikethik gewinnt in der Raumfahrt zunehmend an Bedeutung. Sie systematisiert spezifische Herausforderungen und reflektiert, wie technische Systeme – von Raumsonden über KI-gesteuerte Roboter (intelligente Roboter) bis hin zu orbitalen Waffen – verantwortungsbewusst gestaltet und eingesetzt werden können. Im Weltall treffen hochkomplexe Technologien auf bislang wenig regulierte oder unregulierte Räume, was Fragen nach Verantwortung, Gerechtigkeit und Nachhaltigkeit aufwirft. Technikethik steht in engem Verhältnis zu Wissenschaftsethik und Informationsethik und muss mit der Wirtschaftsethik kooperieren, etwa in Bezug auf die Ressourcennutzung auf fremden Himmelskörpern oder die Kommerzialisierung von Satellitendiensten. Unterstützt durch die Technikfolgenabschätzung bietet sie Entscheidungshilfen für die Raumfahrtpolitik und trägt dazu bei, Risiken, Chancen und Grenzen technologischen Handelns im Weltall zu bewerten.

Mit der Technisierung der unbelebten und belebten Welt, wie sie sich etwa bei den denkenden Dingen, bei cyberphysischen Systemen, in der Gentechnik und im Transhumanismus zeigt, nimmt die Bedeutung der

Technikethik zu. Mit der Computerisierung der Technik wächst die Technikethik noch mehr mit der Informationsethik zusammen, die aus der einen Perspektive innerhalb ihrer Grenzen entstanden ist, aus einer anderen sich eigenständig entwickelt und längst als Bereichsethik etabliert hat. Hinsichtlich der Entwicklung und Produktion von Technik und Technologien, im E-Business, in der Industrie 4.0 und überhaupt bei ökonomischer Relevanz ist zudem die Wirtschaftsethik gefragt, bei auf Wissenschaft basierenden (also immer mehr) Erkenntnissen und Produkten die Wissenschaftsethik. Jetzt und in Zukunft geht es darum, Pieper folgend, dass das technisch Machbare durch das ethisch Wünschenswerte restringiert wird. Allerdings ist zu beachten, dass auch das technisch Versäumte unwillkommene Auswirkungen haben kann.

Technikfolgenabschätzung

Die parlamentarische Technikfolgenabschätzung oder Technologiefolgenabschätzung zielt auf Analyse und Bewertung der Wirkungen und Folgen einer Technik bzw. Technologie ab, insbesondere in prospektiver Absicht, und ist trotz (oder auch wegen) der kaum noch zu übersehenden Problemgebiete und der kaum noch zu bewältigenden Komplexität nach wie vor ein wichtiges Instrument bei der Beratung der Politik. Sie wird durch TA-Einrichtungen des Parlaments oder außerhalb des Parlaments betrieben, in manchen Ländern wie in Finnland und Griechenland sogar von Mitgliedern des Parlaments selbst. „Technikfolgenabschätzung" wird mit „TA" abgekürzt. Im Englischen spricht man von „technology assessment".

Das Büro für Technikfolgen-Abschätzung beim Deutschen Bundestag (TAB) wird vom Institut für Technikfolgenabschätzung und Systemanalyse (ITAS) des Karlsruher Instituts für Technologie (KIT) unterhalten, auf der Basis eines Vertrags mit dem Deutschen Bundestag. In der Schweiz berät das Zentrum für Technologiefolgen-Abschätzung TA-SWISS im Rahmen seines gesetzlich verankerten Auftrags die Politik, wobei schon aufgrund seiner geringen Größe häufig externe Wissenschaftler beauftragt werden. In Österreich ist das Institut für Technikfolgen-Abschätzung (ITA), eine Einrichtung der

Österreichischen Akademie der Wissenschaften, für die „Entscheidungsträger" unterwegs.

Die Technikfolgenabschätzung in jedweder Ausprägung ist interdisziplinär und bedient sich der Methoden verschiedener Wissenschaften, u.a. der Soziologie, der Psychologie und der Philosophie. Prognostik und Statistik sind elementar für sie. In moralischen Fragen der Informationsgesellschaft trifft sie sich mit der Informationsethik, in moralischen Fragen des Technikzeitalters mit der Technikethik, in technisch-philosophischen Angelegenheiten mit der Technikphilosophie. Für die Durchführung von Studien wurden von Experten und Institutionen typische Abläufe definiert, von der Problem- und Technologiebeschreibung über die Bewertung der Folgen und die Handlungsempfehlungen bis hin zur Ergebnisvermittlung.

Robotik und Künstliche Intelligenz (KI) spielen neben zahlreichen anderen Themen und Schwerpunkten wie Umwelt, Energie und Verkehr eine große Rolle in der parlamentarischen Technikfolgenabschätzung. „Wie Roboter künftig in der Pflege eingesetzt werden können", behandelte Anfang 2019 ein öffentliches Fachgespräch im Deutschen Bundestag. „Soziale Roboter, Empathie und Emotionen" lautet der Titel einer Studie von Wissenschaftlern mehrerer Schweizer Hochschulen für TA-SWISS von 2021. Auch die Chancen und Risiken generativer KI wurden früh erkannt. Der Ausschuss für Bildung, Forschung und Technikfolgenabschätzung des Deutschen Bundestages hatte bereits im Februar 2023 eine Studie zu den Auswirkungen von ChatGPT und Co. auf Bildung und Forschung in Auftrag gegeben.

Angesichts der wachsenden Komplexität neuer Raumfahrttechnologien, von autonomen Robotersystemen über KI-gestützte Steuerung bis hin zur Ressourcennutzung auf fremden Himmelskörpern, gewinnt eine prospektive Bewertung möglicher Folgen für Gesellschaft, Umwelt und Sicherheit an Relevanz. TA kann helfen, hohe Risiken frühzeitig zu erkennen, unerwünschte Nebenwirkungen zu vermeiden und politische Entscheidungsprozesse evidenzbasiert zu unterstützen. Besonders im Bereich der zivil-militärischen Dual-Use-Technologien, der Weltraumüberwachung oder der Kommerzialisierung des Alls stellt sich die Frage, welche Akteure über welche Ressourcen und Kontrollmechanismen verfügen. Die interdisziplinäre Struktur der TA – mit Beteiligung von

Technik-, Sozial- und Geisteswissenschaften und insbesondere der Ethik – erlaubt eine differenzierte Betrachtung auch nichttechnischer Aspekte. Für eine verantwortungsbewusste und demokratisch legitimierte Raumfahrtpolitik ist Technikfolgenabschätzung damit unverzichtbar.

Die parlamentarische Technikfolgenabschätzung wird durchaus genutzt, aber nicht durchgehend berücksichtigt. In der Gesellschaft ist sie weitgehend unbekannt, wie die Technikfolgenabschätzung und Technikbewertung insgesamt, trotz immer wieder angewandter partizipativer Methoden. Manche TA-Einrichtungen – teils beeinflusst von Politik und Wirtschaft – schränken die Wissenschaftsfreiheit der externen Wissenschaftler ein, indem sie die Studien in eine bestimmte Richtung drängen oder ihre Sprache beeinflussen. Die Wissenschaftsethik untersucht zusammen mit der Technikethik dieses Spannungsverhältnis und unterbreitet Vorschläge zur (Wieder-)Herstellung von Selbstständigkeit und Unabhängigkeit, die für eine seriöse Beurteilung der Folgen des Technikeinsatzes unabdingbar sind.

Technikphilosophie

Die Technikphilosophie ist eine Disziplin der Philosophie, die sich mit der Bedeutung der Technik für Mensch, Gesellschaft, Umwelt und Welt (zunehmend Weltall) befasst (was ist und kann Technik). Sie hat Beziehungen zur Technikethik (was soll Technik) und zur Informationsethik (was soll Informationstechnik) sowie zur Technikfolgenabschätzung (welche Folgen hat Technik). Ihre Wurzeln liegen in Werken von Platon und Aristoteles („Nikomachische Ethik"). Im engeren Sinne geht sie auf die „Grundlinien einer Philosophie der Technik" (1877) von Ernst Kapp zurück.

Teleskop

Ein Teleskop ist ein optisches oder nichtoptisches Instrument zur Beobachtung weit entfernter Objekte im Weltraum. Es sammelt und bündelt meist elektromagnetische Strahlung – z.B. sichtbares Licht – und bringt so Sterne, Planeten, Galaxien und andere Himmelskörper zum Vorschein. Der Durchmesser kann wenige Zentimeter, aber auch einige Meter betragen. Das mit Stand 2025 im Bau befindliche Extremely Large Telescope (ELT) in Chile wird mit einem Hauptspiegel von 39 Metern Durchmesser beeindrucken.

Neben Linsenteleskopen (Refraktoren) – sogenannten Fernrohren – und Spiegelteleskopen (Reflektoren) gibt es Radioteleskope (erkennbar meist am Parabolspiegel) und Weltraumteleskope, die weitere Wellenlängenbereiche (Infrarot, Ultraviolett, Röntgenstrahlung, Gammastrahlung, Mikrowellen) erfassen. Das Linsenteleskop wurde um 1608 vom deutsch-niederländischen Brillenmacher Hans Lipperhey aus Wesel erfunden und kurz darauf von Galileo Galilei weiterentwickelt.

Teleskope gehören zu den Grundlagen der modernen Astronomie. Bekannte Beispiele aus der Vergangenheit sind das Galilei- und das Kepler-Fernrohr, aus der Gegenwart das James-Webb-Weltraumteleskop (James Webb Space Telescope, kurz JWST) und das Hubble-Weltraumteleskop (Hubble Space Telescope) sowie Anlagen in Los Angeles (Griffith Observatory) und auf Big Island (Mauna Kea Observatories oder Maunakea Observatories), die nicht zuletzt durch Lage und Aussehen überzeugen.

Im Jahre 2025 wurde mit dem Bau von LISA begonnen, einem Observatorium, das ab 2035 Gravitationswellen aufspüren soll, ähnlich wie LIGO (Laser Interferometer Gravitational-Wave Observatory) in den USA. Es handelt sich um ein System von drei Satelliten, weit entfernt von der Erde. Die Agentur schreibt dazu: „ESA's Laser Interferometer Space Antenna (LISA) will be the first space-based observatory dedicated to studying gravitational waves: ripples in the fabric of space-time emitted during the most powerful events in the Universe, such as pairs of black holes coming together and merging."

Terraforming

Beim Terraforming gestaltet man Planeten und Trabanten so um, dass auf ihnen in Teilen oder in der Gesamtheit ähnliche Bedingungen wie auf der Erde (lat. „terra") herrschen, mit dem Ziel, sie in eine für

Menschen geeignete Umwelt umzuwandeln. Man passt Atmosphäre, Temperatur und Schwerkraft an, wehrt Strahlung ab, schafft Wasservorkommen und -kreisläufe und siedelt Mikroorganismen sowie Pflanzen und Tiere an. Der Begriff geht auf die Kurzgeschichte „Collision Orbit" (1942) des amerikanischen Science-Fiction-Schriftstellers John Stuart Williamson (Jack Williamson) zurück. Terraforming wurde noch nie realisiert und dürfte auch bis auf Weiteres an verschiedenen Hindernissen scheitern. Naheliegende Kandidaten wären Mars und Mond.

Beim Terraforming setzt man beim Himmelskörper selbst an. Ein alternatives Konzept sind Lebenserhaltungssysteme, die für irdische Lebewesen günstige Bedingungen herstellen, wie Mondstationen. Dabei kann das Terraforming als Inspiration dienen. Ein weiteres alternatives Konzept sind Cyborgs. Menschen, Tiere und Pflanzen werden durch die Verbindung mit technischen Strukturen überlebensfähig gemacht. „Der Wüstenplanet" (engl. Originaltitel „Dune") von Frank Herbert bietet hier mit dem Destillanzug ein Vorbild aus dem Science-Fiction-Bereich. Zu denken ist zudem an Exoskelette, wie sie sich heute in der Industrie und im Militär verbreiten, oder an erweiterte Raumanzüge. Neben solchen (informations-)technischen Maßnahmen sind gentechnische möglich. Jack Williamson hat in seinem Roman „Dragon's Island" (1951) den Ausdruck „Genetic Engineering" (dt. „Gentechnik") erfunden. Man spricht insgesamt auch von Human Enhancement.

Obwohl Terraforming als nicht umsetzbar erscheint, ist es sinnvoll, seine Bedingungen und Herausforderungen zu erforschen. Man mag Erkenntnisse zu Lebenserhaltungssystemen aller Art gewinnen und die Auswirkungen einzelner Schritte wahrnehmen. So wäre es für manche Planeten und Trabanten schädlich, wenn man Bakterien einführen würde, und die wirtschaftliche Nutzung wird die Himmelskörper schon in naher Zukunft verändern, was den Planetenschutz auf den Plan ruft. Solchen Themen muss sich die parlamentarische Technikfolgenabschätzung widmen. Die Aufgabe von Informationsethik und Technikethik ist es, die moralischen Implikationen von Terraforming im Zusammenhang mit technischen bzw. informationstechnischen Eingriffen zu untersuchen. Die Wirtschaftsethik fragt zusammen mit der Umweltethik nach der Ausbeutung von Ressourcen, dem Raubbau an der Natur und der Umweltzerstörung.

Therapieroboter

Therapieroboter unterstützen therapeutische Maßnahmen oder wenden selbst, häufig als autonome Maschinen, solche an. Sie sind mit ihrem Aussehen und in ihrer Körperlichkeit wie traditionelle Therapiegeräte präsent, machen aber darüber hinaus selbst Übungen mit Gelähmten, unterhalten Betagte und fordern Demente und Autisten mit Fragen und Spielen heraus. Manche verfügen über mimische, gestische und sprachliche Fähigkeiten und sind in einem bestimmten Umfang denk- und lernfähig (wenn man diese Begriffe auf Computersysteme anwenden will). Als Therapie bezeichnet man Maßnahmen zur Behandlung von Verletzungen, Krankheiten sowie Fehlstellungen und -entwicklungen. Ziele sind die Ermöglichung oder Beschleunigung einer Heilung, die Beseitigung oder Linderung von Symptomen und die (Wieder-)Herstellung der gewöhnlichen bzw. gewünschten physischen oder psychischen Funktion. Es bestehen mehr oder weniger enge Beziehungen zur Pflege, und Therapie- und Pflegeroboter können als Verwandte angesehen werden.

Wohlbekannt selbst bei nicht betroffenen Personen und Gruppen ist die Kunstrobbe Paro, die seit Jahren im Einsatz ist. Sie versteht ihren Namen, erinnert sich daran, wie gut oder schlecht sie behandelt und wie oft sie gestreichelt wurde, und drückt ihre Gefühle (die sie in Wirklichkeit natürlich nicht hat) durch Töne und Bewegungen aus. Ebenfalls bekannt ist Keepon, ein kleiner, gelber Roboter, der die soziale Interaktion von autistischen Kindern beobachten und verbessern soll und inzwischen auf dem Massenmarkt erhältlich ist. Auch QTrobot ist für diese Zielgruppe gedacht – LuxAI spricht von „special need education". Zora, die auf NAO von Aldebaran bzw. SoftBank basiert und von Zora Robotics (ZoraBots) softwareseitig angepasst wurde, soll junge Menschen zu Fitnessübungen anregen. Automaten, die Patienten massieren und stimulieren, existieren schon seit geraumer Zeit und werden nun durch die Robotik optimiert und im Sinne des Benutzers individualisiert. Ein Beispiel ist P-Rob, ein Produkt einer Schweizer Firma, das als automatisierte Lösung für die sogenannte therapeutische Impulsgebung eingesetzt wird. In der Raumfahrt könnten Therapieroboter – etwa in der Form von Wearable Social Robots – dem Abbau von Stress und der Verminderung von Angst dienen.

Vorteile von Therapierobotern sind Einsparmöglichkeiten und Wiederverwendbarkeit, Nachteile eventuell unerwünschte Effekte bei der Therapie und mangelnde Akzeptanz bei Angehörigen. Der Frage der Verantwortung widmen sich Informationsethik und Medizinethik sowie Roboterethik. Der Hersteller (respektive der Entwickler) muss, zusammen mit dem Heim oder der Anstalt bzw. einer sonstigen Einrichtung, die Verantwortung tragen und die Haftung übernehmen. Allerdings kann er sich darauf berufen, dass die Effekte insgesamt positiv sein mögen, und darauf beharren, dass Einzelfälle mit negativen Implikationen in Kauf zu nehmen und zu verkraften seien. Nicht von der Hand zu weisen ist, dass Therapieroboter wie Paro bei mündigen Personen zuweilen Abwehrreflexe hervorrufen. Offenbar wird Patienten etwas vorgegaukelt, wird durch die Äußerlichkeit und die Lernfähigkeit der Maschine suggeriert, dass diese wie ein Mensch oder wie ein Tier reagiert, und unter Ausnutzung der eingeschränkten Fähigkeiten der Probanden werden diese zufrieden- bzw. ruhigstellenden Scheinwelten errichtet und Emotionen erzeugt und gelenkt.

Three-Body Computing Constellation

Die Three-Body Computing Constellation ist ein 2025 gestartetes chinesisches Raumfahrtprojekt, das den Aufbau eines orbitalen Supercomputers zum Ziel hat. In der ersten Phase wurden 12 Satelliten ins All gebracht, die zusammen eine Rechenleistung von rund fünf Peta-Operationen pro Sekunde (POPS) erreichen. Langfristig ist ein Netzwerk aus bis zu 2800 Satelliten mit einer Gesamtleistung von 1000 POPS geplant. Jeder Satellit ist mit einem KI-Modell ausgestattet und kann über Laserkommunikation mit bis zu 100 Gigabit pro Sekunde Daten austauschen. Die Three-Body Computing Constellation soll große Datenmengen direkt im Orbit verarbeiten, insbesondere für Anwendungen wie Erdbeobachtung, 3D-Umgebungsmodelle oder Katastrophenmanagement. Durch die Verlagerung der Rechenleistung ins All lassen sich nicht nur Übertragungsverluste zur Erde vermeiden, sondern auch

Energie und Zeit sparen. Das Projekt gilt als technischer Vorstoß mit globaler Signalwirkung. Der Name des Projekts erinnert an ein bekanntes Science-Fiction-Werk, die Trilogie „The Three-Body Problem" („Die drei Sonnen") von Liu Cixin (ab 2008). Aus der Perspektive von Technik- und Informationsethik stellen sich zahlreiche Fragen, etwa zur Nutzung zu militärischen Zwecken und wirtschaftlicher Spionage.

Tiefraum

Der Tiefraum bezeichnet jene Bereiche des Weltraums, die sich jenseits des erdnahen Orbits befinden. Er umfasst, im engeren Sinne verstanden, den interplanetaren Raum, also den Bereich zwischen den Planeten unseres Sonnensystems, im weiteren Sinne den interstellaren und intergalaktischen Raum. Missionen im Tiefraum stellen besondere Anforderungen an Technik, Kommunikation, Energieversorgung und Flugbahnberechnung.

Raumsonden wie Voyager, New Horizons oder Rosetta gelten als klassische Beispiele für Tiefraummissionen. Bei ihnen waren keine Menschen an Bord, wenn man von 30 Gramm Asche von Clyde Tombaugh absieht, des Entdeckers von Pluto. Dies ändert sich bei zukünftigen bemannten Missionen zum Mars. Damit kommen weitere Herausforderungen hinzu, die auch mit dem Wohlbefinden und der Gesundheit der Astronauten und mit dem Zusammenleben an Bord zu tun haben.

Tiere

Tiere wurden seit Beginn der Raumfahrt in biologischen Experimenten eingesetzt. Frühe Testflüge mit Hunden (Laika), Affen (Able und Miss Baker) oder Mäusen (ohne Namen, nur mit Codes) lieferten Erkenntnisse über physiologische Reaktionen auf Schwerelosigkeit. Auch heute sind Tiere Bestandteil von Studien zur Zellbiologie, Strahlenwirkung oder Verhalten unter Weltraumbedingungen. Dabei wird auf größere Säugetiere i.d.R. verzichtet. Das Halten und Nutzen von Lebewesen im Weltraum wird in der Wissenschaftsethik und Tierethik diskutiert.

Tierethik

Die Tierethik beschäftigt sich, um eine Wendung von Ursula Wolf zu gebrauchen, mit dem Tier in der Moral, genauer mit den Pflichten von Menschen gegenüber Tieren und den Rechten von Tieren, ferner mit dem Verhältnis zwischen Tieren und (teil-)autonomen intelligenten Systemen, z.B. Agenten und Robotern. Sie hat sich, mit Wurzeln in der griechischen und römischen Antike, bei Pythagoras und Empedokles sowie Plutarch, im 18. und 19. Jahrhundert mit Jeremy Bentham und Arthur Schopenhauer allmählich entwickelt und im 20. Jahrhundert als Bereichsethik voll ausgebildet. Anders als bei anderen Bereichsethiken steht nicht der Mensch, sondern das Tier als Objekt der Moral im Vordergrund.

Ein wichtiges moralisches und ethisches Argument ist die Leidensfähigkeit. Mit dieser lässt sich eine artgerechte Haltung oder sogar ein Verbot der Nutzung begründen. Nach Bentham ist die Frage nicht, ob Tiere denken oder reden, sondern ob sie leiden können. Darüber hinaus ist die Frage, ob sie leben wollen. Mit dem Lebenswillen lässt sich u.U. ein Verbot des Tötens begründen. Das Tier wird im Allgemeinen als Objekt der Moral angesehen, nicht aber als Subjekt. Menschenaffen und anderen hochentwickelten Lebewesen gesteht man allenfalls eine Vormoral zu, und es ist unbestritten, dass sie weitgehende soziale Fähigkeiten haben. Zudem ist gesichert, dass die menschliche Moral aus einer tierischen Vormoral (wenn man sie so nennen will) hervorgegangen ist.

Die Tierethik muss ihre Stellung innerhalb der Ethik und ihr Verhältnis zu den Bereichsethiken und anderen Gebieten der angewandten Ethik bestimmen, die sich selbst dem Tier zuwenden. Die Informationsethik thematisiert vor dem Hintergrund, dass Tiere mit Funkchips versehen, mit Überwachungsgeräten verfolgt und von Maschinen betreut werden, die Rechte und Pflichten von Kreaturen in der Informationsgesellschaft und die Möglichkeiten, Technologien und Systeme tiergerecht zu gestalten. Die Maschinenethik als Pendant zur Menschenethik interessiert sich dafür, wie man (teil-)autonome Systeme, die in eine Interaktion mit Tieren treten (Tier-Maschine-Interaktion), als moralische Subjekte (der besonderen Art) umsetzen kann. Enge Beziehungen gibt es zur Wirtschaftsethik, mit Blick auf Massentierhaltung und Industrialisierung des Tötens, zudem zu Bio- und Umweltethik (als deren Teilgebiet die Tierethik auch betrachtet werden kann).

Kaum beschäftigt hat sich die Tierethik mit der Frage, ob sie für außerirdisches Leben zuständig wäre. Ein solches wird von zahlreichen Denkern seit Demokrit und von vielen Experten für wahrscheinlich gehalten. Es gibt durchaus Ansätze einer Weltraumethik. Steven L. Dick, US-amerikanischer Astrophysikhistoriker und Philosoph, prägte den Begriff der Cosmic Ethics. In seinem Werk wird die Frage diskutiert, wie Menschen moralisch auf außerirdisches Leben reagieren sollten. Der US-amerikanische Biologe und Philosoph Kelly C. Smith plädiert für eine ratiozentrierte Ethik (engl. „ratio-centrism"), bei der Vernunftfähigkeit das zentrale Kriterium für moralischen Status ist. Michael Walzer und Carl Sagan haben sich ebenfalls spekulativ mit moralischen Fragen der Begegnung mit fremden Intelligenzen beschäftigt, etwa in Hinblick auf Kommunikation, Respekt und Schutz. Die meisten Ansätze speisen sich allerdings nicht aus den Hauptströmungen der modernen Tierethik seit Jeremy Bentham.

Wenn man die anthropozentrische Sichtweise verlässt, kann man Cosmic Ethics mit Bezug zu außerirdischem Leben auch auf andere Weise betreiben und damit letztlich die Tierethik bereichern. Man könnte nämlich uns selbst als die Tiere sehen, deren Rechte und deren Würde man verhandeln müsste. Die Frage wäre, ob die Außerirdischen – hier gedacht als weit entwickelte, hochintelligente Lebewesen mit Einsichtsfähigkeit – uns gegenüber Pflichten haben. Vielleicht hätten sie sich, so ein Gedankenexperiment, auf der Erde angesiedelt (ähnlich wie die weißen Mäuse aus „Per Anhalter durch die Galaxis", die eigentlich dreidimensionale Projektionen von pandimensionalen Wesen sind). Sie würden uns in der Bioversion der Geschichte mehr oder weniger artgerecht halten und dann, wenn wir besonders schmackhaft sind, mehr oder weniger schmerzfrei töten. Die Frage wäre, ob sie das tun dürften, also ob sie uns so behandeln dürften wie wir Tiere behandeln. Mit der Antwort würde man eine Alienethik entstehen lassen, in der Außerirdische die Subjekte der Moral sind. Eine andere Frage wäre freilich, ob sich ihre Einsichtsfähigkeit mit unserer vergleichen lässt und sie einen freien Willen wie wir haben (falls wir ihn haben.)

Die Tierethik bekommt neue Impulse nicht allein durch solche Diskussionen, sondern – in der Wirklichkeit der Erde – durch Tierrechtsbewegungen und vegetarische und vegane Lebensweisen, die immer wieder im Trend liegen. Dabei muss sie ihre Unabhängigkeit bewahren, ohne in der Beliebigkeit zu versinken. Die politischen Organe kann sie, etwa durch Vertreter einer Ethikkommission, beraten und unterstützen. Im ständigen Dialog ist sie mit der Rechtswissenschaft, beispielsweise in Bezug auf die Frage, ob Tiere lediglich als Sachen oder als fühlende Wesen mit eigenen Interessen und Rechten aufzufassen sind. Nicht zuletzt hat sie sich mit Biologie, Tiermedizin und -psychologie zu verständigen, zudem – über Informations- und Technikethik sowie Maschinenethik als Mittler – mit Ingenieurwissenschaften, Informatik, Wirtschaftsinformatik und Robotik, insbesondere Sozialer Robotik.

Trägerrakete

Eine Trägerrakete ist ein Raketenflugkörper, der Raumfahrzeuge oder Satelliten in eine Umlaufbahn befördert. Sie besteht meist aus mehreren Stufen, mehreren Treibstofftanks und einem Antriebssystem. Bekannte Beispiele sind Ariane, Falcon 9, Sojus und Long March. Trägerraketen sind zentral für nationale Raumfahrtprogramme und kommerzielle Raumdienste. Manche von ihnen sind wiederverwendbar, z.B. Falcon 9.

Transhumanismus

Der Transhumanismus ist eine Bewegung, die die selbstbestimmte Weiterentwicklung des Menschen mithilfe wissenschaftlicher und technischer Mittel propagiert. Er sieht sich damit in der Tradition des Humanismus – der ihn auch, den Verlust des Menschlichen und den Vorrang des Technischen beklagend, vehement kritisiert – und der Aufklärung. Eine Möglichkeit ist der Umbau zum Cyborg. Sich etablierende Technologien sind Gehirn-Computer-Kopplung und Gehirnimplantate. Zu den konzeptionellen Technologien ist die „whole brain emulation" (auch engl. „mind uploading") zu zählen, eine Vision der

Transhumanisten um Ray Kurzweil, sowie der Exocortex, ein künstliches externes Informationsverarbeitungssystem.

Transportroboter

Transportroboter befördern Gegenstände aller Art, wie Pakete, Einkäufe und Laborproben, von einem Akteur (oft der Anbieter oder Vermittler) zum anderen (oft der Kunde) oder begleiten und entlasten Fußgänger und Fahrradfahrer. Sie sind autonom oder teilautonom oder werden von Menschen oder weiteren Maschinen von Ort zu Ort navigiert. Sie haben ein Fassungsvermögen von 5 bis 20 Litern. Je nach Zusammenhang werden sie auch als Lieferroboter oder als Paketroboter bezeichnet. Man kann Transportroboter zu den Servicerobotern zählen. Allerdings ist es ebenso möglich, sie als Industrieroboter zu sehen, wenn sie in der Fabrik tätig sind, unterwegs mit Komponenten auf vorbestimmten Spuren.

Serviceroboter sind für Dienstleistungen und Hilfestellungen aller Art zuständig, sie bringen und holen Gegenstände, überwachen die Umgebung ihrer Besitzer oder das Befinden von Patienten und halten ihr Umfeld im gewünschten Zustand. Wenn sie mit Sensoren ausgestattet sind, wenn sie über künstliche Intelligenz und Erinnerungsvermögen verfügen, werden sie nach und nach zu allwissenden Begleitern. Sie wissen, was ihr Eigentümer oder Gegenüber tut und sagt oder was die Passanten in der Umgebung umtreibt, und melden es womöglich an ihre Betreiber oder an Geräte und Computer aller Art. Einige Serviceroboter sind als soziale Roboter gestaltet. Dies trifft sogar auf manche Transportroboter zu, die z.B. auf einem integrierten Display animierte Augen zeigen.

Über Jahre erprobt wurden kleine Transportroboter, die für den Außeneinsatz vorgesehen waren, etwa für die Paketzustellung. Sie erwiesen sich als heikel in Städten, in denen bereits durch Fußgänger und Fahrradfahrer sowie Autos und Busse eine hohe Komplexität und eine gewisse Stolper- und Kollisionstendenz vorhanden sind, und mussten streckenweise manuell gesteuert werden. Alternativ oder zusätzlich können Transportdrohnen verwendet werden. In Räumen und Gebäuden werden teils größere Modelle eingesetzt, bei denen weniger eine Stolper-, sondern mehr eine Kollisionsgefahr besteht. Manche generieren beim erstmaligen Befahren der Räume und Gänge ein 3D-Modell, das von Anwendern einfach modifiziert und konkretisiert werden kann. So kann man Punkt-zu-Punkt-Verbindungen vorgeben. Solche Transportroboter eignen sich u.a. für Dienste in Pflegeheimen, Krankenhäusern und Hotels.

Transportroboter übernehmen künftig den (teil-)autonomen oder ferngesteuerten Materialtransport in Raumstationen, bei Explorationsmissionen oder auf extraterrestrischen Basen. Sie unterstützen die interne Logistik, sichern die Versorgung mit Ausrüstung, Proben und Lebensmitteln und tragen zur Erhöhung der Arbeitssicherheit bei, indem sie gefährliche oder körperlich belastende Transporte abwickeln. Astrobee von der NASA ist ein erster Ansatz in dieser Richtung. Das Gerät kann auf der ISS die Astronauten unterstützen und Frachttransport im kleinen Maßstab übernehmen. Je nach Einsatzumgebung sind Transportroboter an Mikrogravitation oder unebenes Terrain angepasst. Im erdnahen Raum sowie auf planetaren Oberflächen – etwa auf dem Mond oder dem Mars – werden sie zunehmend als rollende Plattformen, fahrerlose Container oder modulare Transportsysteme erprobt. Einige Modelle lassen sich in größere Robotersysteme integrieren oder mit Manipulatorarmen kombinieren (was man häufig auch auf der Erde macht, etwa bei robotischen Vierbeinern). Sie gelten als Schlüsselelement für die Automatisierung von Raumstationen, Lagereinheiten und zukünftigen Raumhäfen. Auch für das Zusammenspiel mit humanoiden oder spezialisierten Robotern im Rahmen logistischer Ketten sind Transportroboter von zentraler Bedeutung.

Durch Serviceroboter wie Transportroboter, die sich unter die Menschen mischen, mit ihnen die Wege, Zonen und Plätze teilen, entstehen Herausforderungen in Bezug auf unser leibliches Wohl, unsere körperliche Unversehrtheit und unser Weiterleben, womit moralische und soziale Aspekte angesprochen sind. Sie machen uns unseren Lebensraum streitig, können Stolperfallen und Hindernisse darstellen und benötigen teilweise die gleichen Ressourcen wie wir. Sie vermögen uns zu unterstützen und zu ersetzen. Und sie können uns ausspionieren und überwachen. Im vorletzten Problemkreis ist die Wirtschaftsethik einzubeziehen. Eine Frage ist, ob aus dem Umstand, dass Serviceroboter unsere Tätigkeiten übernehmen, nicht nur Risiken resultieren, wie drohende Arbeitslosigkeit, sondern auch Chancen, etwa indem der Betroffene den übermächtigen Brotberuf relativiert und sich an einer andersgelagerten Sinnstiftung probiert. Beim letzten Konfliktbereich ist es naheliegend, die Perspektive der Informationsethik einzunehmen und von ihren Begriffen und Konzepten aus zu denken. Informationelle Autonomie ist die Möglichkeit, selbst auf Informationen zuzugreifen und Daten zur eigenen Person einzusehen und gegebenenfalls anzupassen. Insgesamt ist zu erwarten, dass Transportroboter ebenso wie Pflegeroboter und Sicherheitsroboter sowie Desinfektionsroboter eine wichtige Rolle bei Krisen und Katastrophen spielen werden, wo Menschen eingeschränkt handlungs- und leistungsfähig sind. Hier könnten die Chancen die Risiken überwiegen, wobei jederzeit Persönlichkeits- und Menschenrechte einzuhalten sind.

Treibstoff

Treibstoff ist die energetische Grundlage für Raketen- und Raumfahrzeugantriebe. Man unterscheidet chemische (z.B. Kerosin, Flüssigwasserstoff), elektrische (z.B. Xenon bei Ionentriebwerken) und nukleare Antriebsformen. Auswahl und Effizienz hängen von Missionszielen, Kosten, Lagerfähigkeit und Sicherheit ab. Treibstoffe bestimmen Reichweite, Schub und Gewichtsbilanz einer Weltraummission.

Der Treibstoff stellt eine Gefahrenquelle bei der Raumfahrt dar. Als der externe Treibstofftank des Space Shuttle zerstört wurde, traten flüssiger Wasserstoff und flüssiger Sauerstoff aus. Diese entzündeten sich und verursachten einen Feuerball. In der Folge kam es dann zur Katastrophe, bei der alle Crewmitglieder starben, womöglich übrigens erst beim Aufprall auf die Wasseroberfläche des Atlantiks.

U

Überlichtgeschwindigkeit

Der Begriff der Überlichtgeschwindigkeit bezeichnet Bewegungen oder Informationsübertragungen mit einer Geschwindigkeit größer als die Lichtgeschwindigkeit im Vakuum. Nach heutigem physikalischem Verständnis ist sie unmöglich und verstößt gegen die Relativitätstheorie von Albert Einstein. Ein Photon, also ein Lichtteilchen – eine Quanteneinheit elektromagnetischer Strahlung –, bewegt sich mit Lichtgeschwindigkeit.

Zwillingsphotonen tauschen scheinbar Informationen mit Überlichtgeschwindigkeit aus, wenn sie (jeweils unterwegs mit Lichtgeschwindigkeit) auseinanderstreben und das gleiche Verhalten zeigen. Allerdings bilden sie wohl einfach ein unteilbares System, in dem gar keine Informationen übermittelt werden müssen. Man kann sich das vorstellen wie einen winzigen Riesen, der zugleich die Arme hebt – ein vielleicht merkwürdiges, aber anschauliches Beispiel (wobei den Zwillingsphotonen ein Kopf fehlt, der die Bewegung steuern könnte).

Konzepte wie Wurmlöcher oder Warp-Antriebe sind rein hypothetisch und stammen überwiegend aus Science-Fiction-Büchern und -Filmen. Sie illustrieren das menschliche Streben nach interstellaren Reisen trotz physikalischer Grenzen. Bei „Star Trek" ist Montgomery Scott nicht nur für das Beamen zuständig („Beam me up, Scotty", ein berühmter Befehl, der allerdings in der Serie in dieser Form nie gegeben wurde), sondern auch für den Warp-Antrieb. Der Chefingenieur der Enterprise muss in brenzligen Situationen immer alles aus ihm herausholen, ohne dass das Raumschiff samt Besatzung dabei in Stücke gerissen wird.

Umweltethik

Die Umweltethik bezieht sich auf moralische Fragen beim Umgang mit der belebten und unbelebten Umwelt des Menschen. Im engeren Sinne verstanden, beschäftigt sie sich in moralischer Hinsicht mit dem Verhalten – sowohl von Personen als auch von Unternehmen – gegenüber natürlichen Dingen und dem Verbrauch von natürlichen Ressourcen. Im weiteren Sinne umfasst sie auch Tierethik und (sofern man eine solche zulassen will) Pflanzenethik.

Zu den zentralen Fragen der Umweltethik gehört, welche Dinge bzw. Lebewesen einen Wert, eine Würde oder Rechte im moralischen Sinne haben. Üblicherweise gesteht man Tieren durchaus Rechte zu, im Gegensatz zu Pflanzen, Bergen und Seen. Ob diese eine Würde oder einen Eigenwert haben, ist umstritten, und man hält sie meist lediglich in Ansehung des Menschen für schützenswert. Einen solchen Anthropozentrismus kritisierend, bezieht der Physiozentrismus auch Pflanzen (Biozentrismus) oder Berge und Seen ein (Holismus). Mit dem Schutz von Arten und Ökosystemen beschäftigen sich Tier- und Pflanzenethik sowie Umweltethik im engeren Sinne.

In der Raumfahrt befasst sich die Umweltethik u.a. mit der Verschmutzung des Orbits, des Monds und des Mars durch Weltraummüll, dem Umgang mit planetaren Ökosystemen und den langfristigen Folgen interplanetarer Eingriffe. Offensichtlich besteht eine erweiterte Verantwortung über die Erde hinaus, und eine nachhaltige

Weltraumnutzung ist anzustreben, zunächst mit Bezug zu unbelebter Natur, da eine belebte nicht bekannt ist. Nicht auszuschließen ist, dass die Interessen der Menschen mit den Interessen von Außerirdischen kollidieren und die Eingriffe, die von der Erde ausgehen, eines Tages bewohnte Planeten und fremde Habitate betreffen.

Die Umweltethik hat Verbindungen mit Umwelt- und Naturschutz (in der Raumfahrt mit dem Planetenschutz). Sie versteht sich als ökologische Ethik und setzt sich in ihrer normativen Ausprägung, teilweise die Grenze zum Umweltaktivismus überschreitend, für den Erhalt von Tieren und Pflanzen bzw. deren Arten und eine Schonung von Ressourcen ein. Wenn sie Unternehmen thematisiert, ist die Wirtschaftsethik gefragt. Wenn sie nicht nur Menschen und Unternehmen als moralische Subjekte begreift, die auf die Umwelt einwirken und sie verändern, sondern auch Maschinen, muss sie sich mit der Maschinenethik verständigen, wenn sie nicht nur die natürliche Umwelt meint, sondern auch Artefakte wie Fahrzeuge und Roboter, mit Technikethik bzw. Roboterethik. Bei der Gentechnik sind je nach Ausprägung verschiedene Bereichsethiken relevant.

Umweltzerstörung

Umweltzerstörung ist die Zerstörung der natürlichen Umwelt von Mensch und Tier durch Menschen. Die Lebensbedingungen verschlechtern sich und die Ressourcen der Natur bzw. Arten und Lebewesen werden im Zuge von Rohstoffgewinnung, Landschaftsverbrauch und Übernutzung vernichtet bzw. ausgerottet und getötet. Umweltverschmutzung ist hingegen die Verschmutzung der natürlichen Umwelt von Mensch und Tier durch Menschen, etwa mit Schadstoffen und Abfällen. Sie kann in Umweltzerstörung münden. In beiden Fällen handelt es sich um Formen der Umweltbelastung und um Förderer von Klimawandel und Gefährder von Artenvielfalt. Die angerichteten Schäden können lokal und global irreversibel sein.

Im großen Maßstab ereignete sich Umweltzerstörung bereits in der Antike, als Griechen und Römer ausgedehnte Siedlungen errichteten und die Römer Wälder im Mittelmeerraum abholzten. Die

Industrialisierung ab dem 18. Jahrhundert brachte die Versiegelung von Flächen durch Produktionsanlagen und Lagerhäuser und die Errichtung von Verkehrsnetzen mit sich. Dazu kam ab dem 19. Jahrhundert die Intensivlandwirtschaft mit ihrem Landschaftsverbrauch und ihrer Monokultur. Im 20. und 21. Jahrhundert nahm der Raubbau an der Natur weiter zu, zumal Überbevölkerung zu herrschen begann. Rodung und Brandstiftung fallen heute erhebliche Flächen in der ganzen Welt zum Opfer. Der Klimawandel ist, zusammen mit dem Verlust der Artenvielfalt, zu einem der drängendsten Probleme geworden. Umwelt- und Naturschutz sind Lösungen dafür.

Die Umweltzerstörung im Weltraum hat bereits begonnen. Die Erdumlaufbahn ist voll mit Weltraummüll, und auf Mond und Mars finden sich zahlreiche Artefakte. Im Tiefraum trudeln funktionsfähige und -unfähige Sonden, die auch in der fernen Zukunft noch mit Asteroiden und Planeten kollidieren und Schaden anrichten können, sofern sie nicht rückstandslos verglühen. Der Weltraumbergbau wird die unbelebte Natur von Mond und Mars verändern und eines Tages vielleicht sogar Ergebnisse zeitigen, die von der Erde aus wahrzunehmen sind. Mit dem Appell an die Schönheit der Natur des Weltraums könnte man Anhänger für einen Umweltschutz gewinnen, der keine Grenzen kennt.

Die Umweltzerstörung hat nicht nur Einfluss auf die Lebensbedingungen, sondern auch in direkter Weise auf das Leben, indem dieses beeinträchtigt und vernichtet wird. Die Umweltethik arbeitet heraus, dass die Ressourcen der Natur einen Wert haben, ihre Lebewesen – Pflanzen und Tiere – zudem eine Würde. Die Tierethik begründet die Würde und die Rechte von Tieren, letztere etwa mithilfe der Empfindungs- und Leidensfähigkeit, ergänzt um die Glücksfähigkeit. Auch Interessen kann man als Argument heranziehen. Die Wirtschaftsethik fragt nach den Grenzen des Wirtschaftswachstums und der Verantwortung von Unternehmen (Unternehmensethik) und Konsumenten (Konsumentenethik) in Bezug auf den Erhalt der natürlichen Umwelt. Technikethik und Informationsethik widmen sich zusammen mit den Ingenieurwissenschaften, einschließlich der Informatik und der Robotik, dem Umwelt- und Naturschutz bzw. dem Planetenschutz mit technischen und computerbasierten Mitteln.

Unbemannte Raumfahrt

Zur unbemannten Raumfahrt gehören alle Missionen ohne menschliche Besatzung, etwa unter Einbezug von Satelliten, Raumfähren, Raumsonden, Rover oder Robotersystemen. Sie ist kostengünstiger, risikoärmer und für viele Forschungsziele ausreichend oder sogar besser geeignet. Unbemannte Systeme bilden das Rückgrat der planetaren Erkundung und wissenschaftlichen Raumfahrt. Über den Mars hinaus kann eine Kolonisierung mit dinghaften, animaloiden oder humanoiden Robotern gelingen, und nur diese werden es – mit menschlicher Initiierung und Steuerung – auf Raumfähren und in Raumsonden zu geeigneten Orten im Universum schaffen.

Unidentified Aerial Phenomenon

Unidentified Aerial Phenomena (UAPs), Nichtidentifizierte oder Unbekannte Luftphänomene, sind Himmelserscheinungen, die nicht sofort oder nicht ohne Weiteres identifiziert bzw. erklärt – deshalb auch Unexplained Aerial Phenomena genannt – werden können. Die meisten von ihnen stellen sich als bekannte Naturspektakel wie Polarlichter und Blitze oder als gewöhnliche Flugobjekte heraus. Nur wenige entziehen sich für längere Zeit einer fachlichen Einschätzung respektive wissenschaftlichen Erklärung. Im Volksmund spricht man im Englischen von Unidentified Flying Objects (UFOs), im Deutschen von Unbekannten Flugobjekten. Damit werden von Leichtgläubigen oft Außerirdische in Zusammenhang gebracht, die die Menschheit besuchen oder heimsuchen.

Das Advanced Aerospace Threat Identification Program (AATIP) wurde im Jahre 2007 von der US-Regierung ins Leben gerufen, um UAPs zu untersuchen. Es folgte im Sommer 2020 die Unidentified Aerial Phenomena Task Force (UAPTF) mit dem Auftrag, die Erfassung und Meldung von Sichtungen zu vereinheitlichen, Ende 2021 die Airborne Object Identification and Management Synchronization Group (AOIMSG). In Deutschland existieren Vereine wie die MUFON CES, die Deutschsprachige Gesellschaft für UFO-Forschung (DEGUFO) und die Gesellschaft zur Erforschung des UFO-Phänomens (GEP), die angebliche und tatsächliche Sichtungen von UAPs sammeln und deuten, wobei vor allem Laienforscher tätig sind. Zudem haben sich z.B. die Wissenschaftlichen Dienste des Deutschen Bundestages 2009 dem Thema gewidmet.

In Science-Fiction-Büchern und -Filmen wimmelt es von Unidentified Aerial Phenomena. Es handelt sich im Grunde um eine besondere Perspektive, da weder die uns vertraute Umgebung verlassen werden noch das Geschehen in der Zukunft angesiedelt sein muss. Damit sind auch Wirtschaft, Politik und Gesellschaft direkt betroffen. H. G. Wells (die Initialen stehen für „Herbert George") schildert in seinem epochalen Roman „The War of the Worlds" („Krieg der Welten") von 1897/1898, wie die Marsianer in Zylindern – wahrgenommen zunächst als Lichtpunkte, die sich als Geschosse entpuppen – auf die Erde gelangen. Bekannte Beispiele im Film sind „Close Encounters of the Third Kind" („Unheimliche Begegnung der dritten Art") von 1977 und „Independence Day" von 1996 sowie, in ironischer bzw. satirischer Brechung, „La soupe aux choux" („Louis und seine außerirdischen Kohlköpfe") von 1981 und „Mars Attacks!" von 1996.

Die Untersuchung von UAPs ist aus militärischen Gründen wichtig, da sich neuartige Flugzeuge, Drohnen und Waffen feindlicher Streitkräfte dahinter verbergen können. Die Erkenntnisse helfen bei politischen und wirtschaftlichen Analysen und (Neu-)Orientierungen. Während es wahrscheinlich ist, dass im Universum weitere intelligente Lebensformen zu finden sind, ist es unwahrscheinlich, dass diese den langen und beschwerlichen Weg zum blauen Planeten bewältigt haben. In der Ethik ist es ebenso ertragreich wie unterhaltsam (respektive verstörend), die Perspektive von Aliens einzunehmen, um verbreitete Handlungsweisen wie das Töten von Tieren für Fleischproduktion und Lederverarbeitung oder das Vernichten der Lebensgrundlagen zu hinterfragen – oder danach zu fragen, ob Menschen moralische Pflichten gegenüber Aliens haben, so wie gegenüber Tieren (beides kann unter dem Begriff der Alienethik stattfinden). Technikethik, Informationsethik, Politikethik und Wirtschaftsethik mögen sich in moralischer Hinsicht mit der Besonderheit und Überlegenheit nichtidentifizierbarer bzw. extraterrestrischer Systeme und der potenziellen Eroberung und Nutzung unserer Welt beschäftigen.

Universelle Roboter

Universelle Roboter sind Roboter, die in allen möglichen Bereichen eingesetzt werden können. Bereits der humanoide Elektro, präsentiert 1939 auf der Weltausstellung in New York, wies in diese Richtung. Im Jahr darauf wurde am selben Ort der Roboterhund Sparko zu seinem treuen Begleiter. Über Dekaden dominierten dann allerdings spezialisierte Maschinen den Markt. Erst um 1980 wurde die Vision mit Modellen wie ASIMO von Honda wieder aufgegriffen. In den 2010er- und frühen 2020er-Jahren galt der hydraulische Atlas von Boston Dynamics als Referenz schlechthin. Vorstufen zu universellen Robotern sind humanoide Zweibeiner mit ausgereifter Motorik und Sensorik und künstlicher Intelligenz (KI), etwa Systemen für Gesichtserkennung und multimodalen Sprachmodellen zur Wahrnehmung und Steuerung und für das Treffen und Begründen von Entscheidungen. Verwandte Bezeichnungen sind „Allzweckroboter" (engl. „general-purpose robot" bzw. „all-purpose robot") und „generalistischer Roboter". Universelle Roboter sind als Serviceroboter konzipiert, die allerdings in der Industrie genutzt werden können, z.B. in Produktion und Logistik. Damit verwischen sie die Grenzen zwischen Industrie- und Servicerobotern und werden auch in dieser Hinsicht ihrem Namen gerecht. Universelle Roboter sind i.d.R. soziale Roboter.

Universelle Roboter werden im 21. Jahrhundert möglich durch enorme Fortschritte in den Bereichen Motorik, Sensorik, Vernetzung, Kollaboration, Gestaltung, Autonomie, natürliche Sprache, künstliche Moral, Soziabilität, Wahrnehmung und Energieversorgung. Die humanoide Gestaltung erlaubt es ihnen, sich überall dort zu bewegen, wo wir uns selbst bewegen, und das zu tun, was wir selbst tun. Zugleich können sie übermenschliche Fähigkeiten haben, schneller sein als wir, stärker und robuster. Sie können mit Sensoren ausgestattet werden, die weit über das Vermögen unserer Sinne hinausgehen. Mehrere Aspekte werden von multimodalen Sprachmodellen abgedeckt, also Ausprägungen von KI bzw. Machine Learning und Deep Learning. Generative KI verhilft universellen Robotern sozusagen zu einem Evolutionssprung. Neben Atlas (seit 2024 in der elektrischen Version) kann man H1 und

G1 von Unitree, Figure 02 von Figure (Figure AI Inc.), Digit von Agility Robotics, 4NE-1 von Neura Robotics, Apollo von Apptronik und Optimus (Tesla Bot) von Tesla als Vorstufen ansehen. Manche von ihnen werden als „general-purpose robot" bzw. „humanoid agent" vermarktet. Nicht alle Modelle, die auf Websites und in Shows angepriesen werden, können als Produkte gelten. Manche sind Studien oder Prototypen. Mehr und mehr wird von intelligenten Robotern gesprochen, womit auf das integrierte KI-System angespielt wird.

Ein Serviceroboter als universelle Maschine kann an Schulen und Hochschulen, im Büro, in der Fabrik, im Hoch- und Tiefbau, im Haushalt und in der Freizeit eingesetzt werden, in der Zukunft zudem im Weltall. Er kann Sachverhalte erläutern und darstellen, Pflanzen gießen, am Fließband stehen, Gegenstände hin- und hertragen, Gleisarbeiten durchführen, die Spülmaschine ein- und ausräumen, die Katze füttern und den Hund Gassi führen. Er kann als Gesprächspartner ebenso dienen wie als Sport- oder Liebespartner. Modelle wie Figure 01 und Digit sind seit 2024 an Produktionsstätten und in Lagerhallen zu finden. Dies bietet sich an, weil es sich dabei um geschlossene oder halboffene Welten handelt, mit festgelegten Strukturen und Prozessen. Übernommen werden anstrengende und langweilige Tätigkeiten. Die Robotikunternehmen und die anwendenden Betriebe können Erfahrungen sammeln und verwerten, wobei die Roboter selbst wichtige Informanten sind. Es sind Schnittstellen zwischen Systemen zu schaffen, etwa in Form der Maschine-Maschine-Kommunikation. Die Arbeiter können sich an die Roboter gewöhnen und ihre Erfahrungen an die Unternehmen und ihr privates Umfeld vermitteln. In der Raumfahrt können universelle Roboter in Zukunft verschiedene Aufgaben übernehmen, von Wartung über Transport bis hin zu wissenschaftlicher Analyse.

Universelle Roboter werden in den späten 2020er- oder frühen 2030er-Jahren zur Realität. Herausforderungen bestehen in der Integration aller Komponenten. Insbesondere das Greifen, Heben und Manipulieren von Gegenständen jedweder Art bleibt komplex. Da universelle Roboter mit Artefakten umgehen sollen, die wir für uns geschaffen haben, bietet sich eine humanoide Gestaltung an. Diese hat jedoch auch Nachteile, wie die Sturzgefahr auf Treppen, die Menschen, Tiere und die Maschine selbst betreffen kann, oder die Schwierigkeit, ein ansprechendes und überzeugendes Gesicht zu schaffen. Diesbezüglich haben Vierbeiner gewisse Vorteile. Beide zusammen können schlagkräftige Teams bilden, die wiederum menschliche Teams ergänzen, etwa bei der Inspektion von Gebäuden und Anlagen oder in der Polizeiarbeit. Risiken ergeben sich, wenn universelle Roboter geschlossene und halboffene Welten verlassen und offene betreten. Sie treffen dort auf unzählige Situationen, in denen sie sich behaupten müssen. Prompts können missverstanden oder missbraucht werden, mit Konsequenzen in der physischen Welt. Technikethik und Informationsethik – mitsamt KI-Ethik und Roboterethik – untersuchen die moralischen Implikationen von universellen Robotern, etwa deren Beanspruchung von Ressourcen, ihre Beeinträchtigung der Intim- und Privatsphäre und die Verletzungsgefahr für Mensch und Tier. Die Maschinenethik entwickelt zusammen mit KI und Robotik eine künstliche Moral, die in offenen Welten freilich schnell an ihre Grenzen stößt. Die Wirtschaftsethik fragt nach der Ersetzung von Arbeitskräften, der Neuausrichtung der Arbeit sowie der Einführung einer Robotersteuer und eines bedingungslosen Grundeinkommens oder -eigentums.

Universum

Das Universum (lat. „universus": „gesamt") umfasst die Gesamtheit von Raum, Zeit, Materie und Energie. „Weltall" und „Kosmos" sind mehr oder weniger Synonyme. Sie haben, könnte man sagen, die gleiche Bedeutung, aber einen anderen Sinn, wie im Falle von „Venus", „Abendstern" und „Morgenstern", um Gottlob Frege ins Spiel zu bringen. Dabei ist „Weltall" die deutsche Übertragung des lateinischen Ausdrucks, während „Kosmos" weniger auf die Gesamthaftigkeit zielt, sondern mehr auf die Ordnung (im Gegensatz zum Chaos).

Das Universum ist nach gegenwärtigem Kenntnisstand etwa 13,8 Milliarden Jahre alt und dehnt sich seit dem Urknall aus. Mit diesem entstanden Zeit und Raum. Das Universum enthält Milliarden Galaxien, Sterne, Planeten und andere Strukturen. Mindestens ein Planet, die Erde, ist bewohnt – wahrscheinlich hat sich aber Leben in irgendeiner Form auf zahlreichen Himmelskörpern entwickelt. Die Erforschung des Universums ist Aufgabe der Kosmologie, der Astronomie und der Physik sowie der Astrobiologie. Die Philosophie kann ebenfalls Beiträge leisten.

UNOOSA

UNOOSA (United Nations Office for Outer Space Affairs) ist das Weltraumbüro der Vereinten Nationen mit Sitz in Wien. Es koordiniert internationale Raumfahrtaktivitäten unter rechtlichen und entwicklungspolitischen Gesichtspunkten. Dazu gehören die Umsetzung des Weltraumrechts, die Förderung des friedlichen Zugangs zum All und die technische Unterstützung für Entwicklungsländer.

Auf der Website wird die Arbeit wie folgt konkretisiert: „We help countries build their capacity to develop and make the most out of the space sector through a two-fold approach: on one side, we provide resources such as training, workshops, conferences and knowledge-sharing portals; on the other side, we complement these with concrete opportunities for countries to expand their space capabilities, such as fellowships and competitive programmes, some of which targeting specifically developing countries, for example under our Access to Space 4 All Initiative."

Uranus

Uranus – benannt nach dem griechischen Gott Uranos (lat. „Uranus"), dem Gott des Himmels – ist der siebte Planet des Sonnensystems, ein sogenannter Eisriese (wie es auch Neptun ist) mit blasser, bläulicher Farbe. Er rotiert ungewöhnlich stark gekippt, fast parallel zur Umlaufbahn, was extreme Jahreszeiten verursacht. Uranus besitzt zahlreiche Monde und ein schwaches Ringsystem, mit dem er sozusagen im Schatten von Saturn steht. Voyager 2 hat ihn 1986 im Vorbeiflug untersucht. Eine detaillierte Erforschung steht noch aus.

Urknall

Der Urknall ist das physikalische Modell für den Ursprung des Universums. Er markiert den Beginn von Raum und Zeit sowie die Expansion von Materie und Energie aus einem extrem dichten Zustand. Hinweise darauf liefern die Hintergrundstrahlung (kosmische Mikrowellenhintergrundstrahlung), die Galaxienverteilung und die Rotverschiebung. Der Urknall ist keine Explosion im Raum, sondern die Entstehung des Raums selbst – so wie er auch kein Ereignis am Anfang der Zeit ist, sondern die Entstehung der Zeit selbst.

Utopie

Eine Utopie (altgr. „ouv": „nicht", „tópos": „Ort", also „Nichtort") ist eine mögliche, gewünschte oder erträumte Lebensweise, Weltanschauung respektive Gesellschaftsordnung, die sich an einem anderen Ort, in der Zukunft oder in der Fiktion entfaltet. Im namensgebenden Roman „De optimo rei publicae statu deque nova insula Utopia" („Vom besten Zustand des Staates oder von der neuen Insel Utopia") von Thomas Morus aus dem Jahre 1516 ist Utopia eine Insel mit einer idealen Gesellschaft. „Utopie" ist neutral gemeint oder positiv besetzt, „Eutopie" (altgr. „eu": „gut") positiv, „Dystopie" (altgr. „dys": „schlecht") negativ.

Die Utopie bzw. Eutopie bezieht sich z.B. auf einen gerechten, guten Staat, eine gerechte, gute Wirtschaft, eine gerechte, gute Gesellschaft oder eine reichhaltige, vielfältige Kultur. Sie ist verknüpft mit Fortschritt und Zivilisation (oder der Überwindung der Zivilisation). In Gesellschaft und Kultur kann es um die freie Entfaltung der Sexualität und der Kreativität gehen sowie um eine anarchistische, atheistische und humanistische Grundhaltung. Die Dystopie dagegen beschwört Zusammenbruch und Zerstörung herauf, wobei moderne Technologien häufig eine prägnante Rolle spielen. Entsprechend ist sie ein gängiges Schema in Science-Fiction-Büchern und -Filmen.

Im 19. Jahrhundert erblüht die Sozialutopie, gehegt von Philosophen, Soziologen, Ökonomen, Künstlern und Schriftstellern. Die „Entwicklung des Sozialismus von der Utopie zur Wissenschaft" von Friedrich Engels (1880) ist nach Karl Marx eine „Einführung in den wissenschaftlichen Sozialismus". Einige Werte des Sozialismus wie Gleichheit und Gerechtigkeit sind konstruktiv, einige Ideen jedoch destruktiv. Während das bedingungslose Grundeigentum utopisch ist und vor allem die Diskussion zur Ungerechtigkeit der Kapitalverteilung befeuern soll, erscheint das bedingungslose Grundeinkommen in einer digitalisierten, automatisierten und roboterisierten Industrie- und Informationsgesellschaft durchaus realistisch.

Als visionäre Klassiker der utopischen und der Science-Fiction-Literatur gelten neben dem Buch von Thomas Morus (1478 – 1535) die Werke von Herbert George Wells (1866 – 1946), kurz H. G. Wells genannt, Isaac Asimov (1920 – 1992), Frank Herbert (1920 – 1986) und Stanisław Lem (1921 – 2006), die zwischen Eutopie und Dystopie changieren. Ein Sonderfall ist „Robinson Crusoe" (1719) von Daniel Defoe. Der Dystopie können „Schöne neue Welt" (1932) von Aldous Huxley, „1984" (1949) von George Orwell sowie „Snow Crash" (1992) von Neal Stephenson – angesiedelt im Los Angeles der Zukunft sowie im Metaverse – zugerechnet werden. Meilensteine des dystopischen Films sind „Metropolis" (1927), „Mad Max" (1979), „Blade Runner" (1982), „Terminator" (1984) und „Blade Runner 2049" (2017). Als utopisches Lied kann man John Lennons „Imagine" (1971) interpretieren, und es verwundert nicht, dass Zeilen wie „Nothing to kill or die for/And no religion, too" von Fundamentalisten attackiert und zensiert werden.

Utopien befruchten den Diskurs und stellen sinnstiftende und wertvolle Gegenentwürfe zur Lebenswirklichkeit dar. Zugleich können sie in die Irre führen und – vor allem in der Form der Dystopie – Angst und Schrecken verbreiten. So verstärken Science-Fiction-Bücher und -Filme die Abneigung gegenüber Robotern, obwohl diese den Menschen unangenehme, anstrengende und gefährliche Tätigkeiten abnehmen. Hier braucht es nicht nur das eine oder andere neue Narrativ, sondern auch eine Praxis, in der man sich mit der Realität vertraut machen kann, etwa in Form von Roboterparks. Medienethik, Informationsethik, Roboterethik, Technikethik, Politikethik und Wirtschaftsethik beschäftigen sich neben anderen Bereichsethiken mit den Implikationen von Utopien.

V

Venus

Die Venus – benannt nach der römischen Göttin der Liebe und der Schönheit, die mit der griechischen Aphrodite gleichgesetzt wurde, der Gemahlin des Hephaistos, der als Gott des Feuers, der Schmiede und der Schmiedekunst künstliche Kreaturen wie die Dreibeiner, Talos und Pandora geschaffen hat – ist der zweite Planet des Sonnensystems und in Größe und Masse der Erde ähnlich. Andere Namen für sie sind Morgenstern, Abendstern und Lucifer. Ihre Atmosphäre aus Kohlenstoffdioxid (Kohlendioxid) verursacht einen extremen Treibhauseffekt mit Oberflächentemperaturen von 450 Grad Celsius oder mehr. Die Oberfläche ist von Vulkanlandschaften und Einschlagskratern geprägt, wird jedoch – was die Beobachtung erschwert – durch dichte Schwefelsäurewolken verdeckt. Diese reflektieren das Licht der Sonne stark und lassen den Planeten hell leuchten. Raumsonden wie Magellan, Venera oder Akatsuki untersuchten Klima, Geologie und Atmosphäre. Die Venus gilt als Beispiel für planetare Klimakatastrophen, was mit Blick auf die Erde besonders bedeutsam ist.

Verschwörungstheorie

Verschwörungstheorien im Weltraumkontext raunen über geheime Machenschaften, etwa gefälschte Mondlandungen, vertuschte Kontakte mit Außerirdischen und manipulierte Satellitendaten. Solche Theorien widersprechen wissenschaftlichen Erkenntnissen, wirken jedoch durch soziale Medien und verbreitetes Misstrauen gegenüber Institutionen und Disziplinen. Sie sind Teil populärer Kultur und können das Vertrauen in die Wissenschaft und die Aufklärung untergraben.

Virtuelle Realität

Virtuelle Realität (Virtual Reality, VR) ist eine computergenerierte Wirklichkeit mit Bild (3D) und in vielen Fällen auch Ton. Sie wird über Großbildleinwände, in speziellen Räumen (Cave Automatic Virtual Environment, kurz CAVE) oder über ein Head-Mounted-Display (Video- bzw. VR-Brille) übertragen. Bei Mixed Reality wird entweder Realität erweitert (Augmented Reality), wobei für die Darstellung und Wahrnehmung eine AR-Brille (oft Datenbrille genannt) benötigt wird, oder aber Virtualität, im Sinne der Kopplung mit der Realität.

Meist gibt es in VR bestimmte Formen der Interaktion, und sei es nur im Sinne der körperlichen Bewegung durch die virtuelle Welt. Zur Interaktion mit Objekten werden neben der Video- oder VR-Brille spezielle Eingabegeräte gebraucht, etwa 3D-Maus und Datenhandschuh. Virtuelle Realität spielt eine Rolle bei der Aus- und Weiterbildung (Benutzung von Flug- oder Operationssimulatoren), bei der Informationsvermittlung (Aufklärung in Bezug auf Massentierhaltung oder Bauvorhaben) und in der Unterhaltung (Erkundung von und Erprobung in Abenteuer- und Fantasywelten, Fortbewegung mit Rennauto und Achterbahn, Stimulation über Pornografie).

In der Raumfahrt wird VR u.a. für Training, Simulation von Missionen und Well-being eingesetzt. Sie hilft bei der Vorbereitung auf Außenbordeinsätze und bei der Reduktion von Isolationseffekten auf Langzeitmissionen. Astronauten trainieren mithilfe von VR etwa

Reparaturen an der ISS oder Arbeiten an neuen Modulen. In der Simulation bewegen sie sich im Orbit, erproben Handgriffe an Objekten und lernen, mit Orientierungsverlust oder Notfällen umzugehen, ohne dabei ein physisches Risiko mit Unfällen und Verletzungen einzugehen. Bei Langzeitaufenthalten in Isolation (z.B. auf der ISS oder in Marssimulationsmissionen) ist VR nützlich, um virtuelle Naturerlebnisse zu simulieren, etwa Waldspaziergänge oder Meeresrauschen. Dies soll Stress, Einsamkeit und „sensorische Mangelerscheinungen" mindern.

Die Immersion, die Erfahrung des Eintauchens in die virtuelle Realität, kann bereichernd und verstörend sein. Während ihrer Dauer wird die normale Wirklichkeit je nach Grad mehr oder weniger zurückgedrängt, und es kann schwierig und aufwendig sein, in diese zurückzukehren und sich wieder in dieser zurechtzufinden, was Thema von Technik- und Informationsethik sein mag. Manchen Benutzern wird schwindlig, insbesondere wenn künstliche und tatsächliche Bewegung bzw. Beschleunigung voneinander abweichen. Die wirtschaftliche Bedeutung von Virtual Reality und Mixed Reality ist hoch, wenn man an die unterschiedlichen Anwendungsgebiete und -systeme (nicht nur Hard-, sondern auch Software) und das Engagement von Anbietern und Benutzern denkt.

Virtueller Assistent

Ein virtueller Assistent ist ein natürlichsprachliches Dialogsystem, das Anfragen der Benutzer beantwortet und Aufgaben für sie erledigt, in privaten und wirtschaftlichen Zusammenhängen. Er ist auf dem Smartphone ebenso zu finden wie in Unterhaltungsgeräten und in Fahrzeugen. Ein typischer Vertreter ist der Sprachassistent (Voicebot oder Voice Assistant). Der Chatbot kann ebenfalls als virtueller Assistent oder als enger Verwandter aufgefasst werden.

Siri, Cortana und Google Assistant sind bekannte Anwendungen für das Smartphone. Sie werden teils zur Bedienung von Diensten und Geräten (etwa im Smart Home) und in Autos und Shuttles eingesetzt. Hologramme in der Fiktionalität, beispielsweise in Filmen wie „Blade Runner 2049", dienen ebenfalls als virtuelle Assistenten. In der Realität gibt es Produkte wie die Gatebox aus Japan, in der ein Manga- oder Animemädchen „wohnt".

In der Raumfahrt werden virtuelle Assistenten zunehmend zur Unterstützung von Astronauten ausprobiert, etwa als Bedienhilfe, Gedächtnisstütze oder für Notfallprotokolle. CIMON (Crew Interactive MObile companioN) von DLR, Airbus und NASA war der erste KI-Assistent auf der ISS mit sozialer Interaktionsfähigkeit, eingebaut in einen Kopf ohne Körper mit Display. Der Sprachassistent SPACE THEA, der Prototyp einer Schweizer Hochschule, sollte den Astronauten auf einem Marsflug Empathie und Emotionen entgegenbringen. Technisch basierte er auf dem Google Assistant und Dialogflow.

In den meisten Fällen ist bei der Verwendung von virtuellen Assistenten klar, dass es sich um Artefakte handelt, und man bedient sie wie Werkzeuge. Für Chatbots wurde bereits früh vorgeschlagen, dass sie deutlich machen sollen, dass sie keine Menschen sind, wie im Falle von GOODBOT. Möglich ist es bei Sprachassistenten, die Stimme roboterhaft klingen zu lassen, sodass kaum Verwechslungsgefahr besteht. Dies sind Themen für Informationsethik, Roboterethik und Maschinenethik und allgemein Roboterphilosophie.

Voyager-Programm

Das Voyager-Programm besteht aus den Missionen von zwei Raumsonden, Voyager 1 und Voyager 2, die 1977 gestartet wurden. Ursprünglich zur Erkundung der äußeren Planeten gedacht, haben beide Sonden das Sonnensystem verlassen und befinden sich heute im interstellaren Raum. Sie liefern noch immer Daten über kosmische Strahlung und Magnetfelder. Mit dabei ist jeweils die Golden Record, die Erklärungen und Botschaften für außerirdisches Leben enthält. Ob sie jemals in Empfang genommen, ausgelesen und verstanden wird, steht in den Sternen.

Im Film „Star Trek: The Motion Picture" („Star Trek: Der Film") aus dem Jahre 1979 stößt die Enterprise auf ein riesiges, intelligentes Wesen namens V'Ger, das sich als die verlorene NASA-Raumsonde Voyager 6 entpuppt (die es in der Realität nie gab). Diese wurde von einer Maschinenrasse gefunden, weiterentwickelt und ins All zurückgeschickt, um ihren Schöpfer zu suchen. Die Beschriftung der Sonde ist durch Schäden unleserlich geworden, sodass nur noch „V'GER" übrig blieb. Die Crew der Enterprise erkennt die wahre Identität der Sonde und hilft ihr, ihre Mission zu vollenden, was in einer einzigartigen Verschmelzung von Mensch und Maschine gipfelt.

Die Serie „Star Trek: Voyager" (1995 – 2001) trägt zwar den Namen Voyager, hat aber keine direkte Verbindung zur NASA-Sonde Voyager oder zur V'Ger-Handlung aus „Star Trek: Der Film". Sie spielt im 24. Jahrhundert. Das Raumschiff USS Voyager (NCC-74656) wird durch ein außerirdisches Phänomen in den (fiktiven) Delta-Quadranten geschleudert. Die Crew unter dem Kommando von Captain Kathryn Janeway muss den langen und gefährlichen Heimweg antreten, der Jahrzehnte dauern könnte. In der Serie spielt die klassische Enterprise keine aktive Rolle mehr.

W

Warp-Antrieb

Der Warp-Antrieb ist ein hypothetisches bzw. spekulatives Antriebskonzept, das Raumkrümmung nutzt, um Überlichtgeschwindigkeit zu ermöglichen. Inspiriert ist er durch die Allgemeine Relativitätstheorie von Albert Einstein und populär geworden durch Science-Fiction. Das Alcubierre-Modell beschreibt in diesem Zusammenhang eine Raumblase, in der sich Raumzeit kontrahiert und expandiert.

In „Star Trek" (ab 1966 als Fernsehserie und später auch in Form von Kinofilmen) ist Montgomery Scott (Scotty) – gespielt von James Doohan, später auch von Simon Pegg und Martin Quinn – für den Warp-Antrieb zuständig. Der Chefingenieur der Enterprise muss in brenzligen Situationen immer alles aus ihm herausholen, ohne dass das Raumschiff samt Besatzung dabei zugrunde geht.

Wearable Robots

Wearable Robots sind Roboter oder robotische Komponenten, die man bei sich, auf sich oder in sich trägt. Sie können am Kopf, am Körper oder an der Kleidung befestigt bzw. mit Körperteilen und Organen dauerhaft verbunden werden. Manche sind aus harten, starren Materialien gefertigt, wie Hightechprothesen, Exoskelette und kleine soziale Roboter (Wearable Social Robots). Andere sind aus weichen, flexiblen Materialien, wie Exosuits und Exogloves (Soft Wearable Robots). Alternative Ausdrücke sind „Robotic Wearables" (hier wird der Begriff der Wearables aufgenommen, der auf Computertechnologien am Körper oder am Kopf zielt) und „Robot Wearables" (womit Robotic Wearables genauso gemeint sein können wie Roboter mit Wearables, was man auch als Robot Enhancement bezeichnet). In einige Wearable Robots ist künstliche Intelligenz (KI) integriert, etwa in Form von Gesichtserkennung oder generativer KI.

Wearable Robots dienen der Unterstützung und Entlastung bei der Arbeit und in der Freizeit. Sie können, wie Exoskelette, für gesunde oder behinderte Personen gedacht sein, zudem für Nutz-, Haus- oder Wildtiere. In manchen Fällen, wie bei den Hightechprothesen, ersetzen sie (Teile von) Gliedmaßen. Sie können die Fortbewegung zu Lande, zu Wasser oder in der Luft ermöglichen. Kleine soziale Roboter werden an einer Halskette oder in der Brusttasche getragen – oder an Metallplättchen unter dem Stoff, an denen sie mithilfe von Magneten haften. Man kann mit ihnen sprechen oder sich über sie an das Gegenüber wenden und die Umgebung fotografieren, analysieren und evaluieren. In allen Fällen entstehen Cyborgs, insofern technische Strukturen in biologische eingebettet werden und sich dadurch Erweiterungen und (angebliche oder tatsächliche) Verbesserungen ergeben, was wiederum der Idee des Human Enhancement bzw. Animal Enhancement entspricht.

Wearable Robots sind ein wachsender Markt. Sie bieten gesunden wie behinderten Personen neue Chancen für Inklusion (können jedoch ebenso Risiken der Exklusion beinhalten, vor allem wenn Erweiterungen und Verbesserungen zum Zwang werden). Wenn künstliche Intelligenz integriert ist, wie oftmals bei Wearable Social Robots, sind

Überschneidungen zu Inclusive AI vorhanden. Die Sensoren von Wearable Robots und deren KI-Funktionen werfen Fragen zu Privat- und Intimsphäre sowie Datenschutz auf. Die Roboterethik untersucht das Problem der Verantwortung vor dem Hintergrund, dass Roboter keine moralische Verantwortung übernehmen können. Die Informationsethik wendet sich der informationellen Autonomie zu, die KI-Ethik der maschinellen Autonomie, insbesondere den Entscheidungen, die im Betrieb getroffen werden. Die Maschinenethik ist für die Implementierung von moralischen Regeln in Wearable Robots zuständig. Wirtschaftsethik und Umweltethik sind gefordert mit Blick auf Arbeitnehmerschutz und Ressourcenverbrauch bei sich verstärkender Robotisierung.

Wearable Social Robots

Wearable Social Robots lassen sich zum einen als spezielle Form tragbarer Roboter verstehen – also als Roboter oder robotische Komponenten, die am Körper getragen oder gar in den Körper integriert werden. Im Unterschied zu konventionellen Modellen aus harten Materialien – etwa Hightechprothesen oder Exoskeletten, die sich an Menschen mit oder ohne Behinderung richten – zeichnen sie sich durch ihre soziale Funktionalität und ihre meist weichen, weniger mechanischen Erscheinungsformen aus. Zum anderen zählen tragbare soziale Roboter zur Sozialen Robotik. Einige dieser Geräte verfügen über integrierte künstliche Intelligenz – etwa über Gesichtserkennungssysteme oder generative KI in Form großer Sprachmodelle (Large Language Models, LLMs).

Ein tragbarer sozialer Roboter wie AIBI von LivingAI lässt sich auf einer Raumstation oder einem bemannten Marsflug sinnvoll in die Umgebung und den Alltag an Bord integrieren. Aufgrund seiner kompakten Größe und seines geringen Gewichts passt er problemlos in die beengten Raumverhältnisse. Er kann um den Hals bzw. am Körper getragen oder in einer Tasche verstaut werden, ohne andere zu behindern oder wertvollen Platz zu beanspruchen. Technisch ist er kompatibel mit den an Bord üblichen Energiequellen: Die Aufladung kann über 28-Volt-Gleichstromanschlüsse oder USB erfolgen.

Da auf einem Flug zum Mars die Verbindung zur Erde zeitverzögert und nur eingeschränkt möglich ist, ist es entscheidend, dass der Wearable Social Robot offline „arbeitsfähig" ist. Die Grundfunktionen von AIBI (wie auch von anderen kleinen Modellen wie Cozmo von Anki/Digital Dream Labs oder Eilik von Energize Lab) benötigen keine bzw. keine ständige Internetverbindung, was ihn für den autonomen Einsatz im Weltall prädestiniert. Wird ein lokaler Hotspot eingerichtet, kann er zusätzlich mit Sprachmodellen wie ChatGPT verknüpft werden und komplexere Dialoge führen.

In einer Umgebung, in der Isolation, Stress, Monotonie und psychischer Druck zum Alltag gehören, kann der Wearable Social Robot Empathie und Emotionen simulieren. Seine gesprochene Sprache, das reaktive Verhalten und die Darstellung von Emotionen über das Display schaffen eine Form der Zuwendung, die bei langen Raumflügen besonders wertvoll ist. Wie ein kleines Haustier, das man mit sich trägt, kann er Nähe vermitteln, ohne zu große Erwartungen zu wecken oder Anforderungen zu stellen. Die Möglichkeit, sein Äußeres durch mitgelieferte Verkleidungen zu verändern – etwa ihn in eine Katze oder einen Hasen zu verwandeln –, steigert die emotionale Bindung. Für einige Crewmitglieder kann der Roboter so zum täglichen Begleiter werden, der hilft, Einsamkeit zu lindern und Stress abzubauen.

Darüber hinaus bietet der Wearable Social Robot praktische Unterstützung. Über eine App lassen sich Tagesabläufe planen, Erinnerungen setzen und bestimmte Aufgaben organisieren. Er kann Hinweise geben, den Nutzer motivieren oder sogar einfache Anleitungen wiedergeben. Durch seine Sensorik – darunter eine Kamera, ein Berührungssensor und mehrere Mikrofone – ist er in der Lage, auf Berührungen, Stimmen oder Gesten zu reagieren. Es wäre dank des multimodalen LLM sogar denkbar, dass er auf emotionale Zustände reagiert, indem er Tonfall oder Gesichtsausdruck interpretiert. Auf diese Weise könnte er ein niedrigschwelliges Feedbacksystem darstellen, das frühzeitig auf Überforderung oder Verstimmung hinweist.

Wearables

Wearables sind Computertechnologien, die man am Körper oder am Kopf trägt. Sie sind eine Konkretisierung des Ubiquitous Computing, der Allgegenwart der Datenverarbeitung, und ein Teil des Internets der Dinge. Man spricht auch von Wearable Technology und vom Wearable Computer. Sinn und Zweck ist meist die Unterstützung einer Tätigkeit in der realen Welt, etwa durch (Zusatz-)Informationen, Auswertungen und Anweisungen. Wearable Computing ist das entsprechende Gebiet, mit dem sich die gleichnamige Disziplin der Informatik zusammen mit der Mensch-Maschine-Interaktion befasst. Elektrotechnik, Designtheorie und Künstliche Intelligenz (KI) spielen ebenfalls eine Rolle. Wesentlich für Wearables sind eine hochentwickelte Sensorik, eine permanente Verarbeitung von Daten und ein akuter Support des Benutzers.

Beispiele für Technologien sind intelligente Armbänder, spezielle Kleidungsstücke mit Zusatzfunktionen, Smartrings, Smartwatches, Datenbrillen und Wearable Robots. Einige davon sind im Kontext des Quantified Self zu sehen. Dieser Begriff steht für Self-Tracking-Lösungen, v.a. im sportlichen und medizinischen Bereich, und eine damit verbundene Bewegung. Es werden Daten des Körpers zusammen mit anderen Daten (Zeit, Raum etc.) erfasst, analysiert und dokumentiert sowie teilweise – etwa über Streaming und über Erfahrungsberichte – mit anderen geteilt. Manche Werkzeuge beherrschen Augmented Reality. Hierbei handelt es sich um eine mithilfe von Computern erweiterte und gebildete Wirklichkeit. Grundlage sind Bilder der Außenwelt, die über Smartphones und Datenbrillen angezeigt und in die Texte und Bilder eingeblendet werden. Anwendungsfelder sind – neben dem persönlichen Gebrauch – Produktion und Logistik genauso wie polizeiliche und militärische Operationen. Wearables werden von Astronauten zur Gesundheitsüberwachung, Belastungssteuerung oder für interaktive Assistenzsysteme genutzt. Sie sind Bestandteil smarter Raumanzüge und Luftanzüge.

Wearables können ein Mittel für das sogenannte Human Enhancement sein. Dieses dient der Erweiterung der menschlichen Möglichkeiten und der Verbesserung menschlicher Leistungsfähigkeit, letztlich also – aus Sicht der Betroffenen und Anhänger – der Optimierung des Menschen. Man unterscheidet die körperliche und die geistige Dimension. Wearables werden, wie deutlich wurde, i.d.R. nicht im, sondern am Körper (und am Kopf und im Gesicht oder um den Hals) getragen. Relevant ist demnach v.a. die geistige Erweiterung, für die Smartphones mit passenden Apps und die genannten Smartwatches und Datenbrillen relevant sind. Im Transhumanismus werden Wearables eher negativ gesehen, da von dieser idealistischen oder ideologischen Strömung der radikale Umbau des Menschen gefordert wird, in Inclusive AI und Inclusive Robotics dagegen eher positiv.

In der Informationsethik interessiert, ob durch die (Nicht-)Verfügbarkeit von Optionen die Informationsgerechtigkeit in Frage gestellt und ob die Autonomie des Menschen (auch seine informationelle) eingeschränkt oder erweitert wird. Quantified Self wird aus Datenschutzsicht kritisiert, wegen der Personendaten und der Bewegungsprofile, Augmented Reality mit Blick auf den Persönlichkeitsschutz und das Recht am eigenen Bild. Human Enhancement ist in Informationsethik und Wirtschaftsethik ein Thema. Es fragt sich beispielsweise, ob man Arbeitnehmer dazu zwingen darf, bestimmte Wearables zu verwenden. Für die Medizinethik ist von Belang, ob grundsätzlich das körperliche und geistige Wohl tangiert wird.

Weißer Zwerg

Ein Weißer Zwerg ist das Endstadium eines Sterns mittlerer Masse, der nach Verbrauch seines Brennstoffs kollabiert ist und seine äußeren Schichten abgestoßen hat. Er besitzt hohe Dichte und Temperatur bei geringer Leuchtkraft. Die Sonne wird in etwa fünf Milliarden Jahren dieses Schicksal ereilen. Ein Weißer Zwerg kühlt langsam aus und wird potenziell zu einem Schwarzen Zwerg, wobei es sich um ein hypothetisches Stadium handelt.

Welt

Die Welt im weiteren Sinne ist die Gesamtheit von Raum, Zeit, Materie und Energie. Man kann sie zum einen als das Universum, als das Weltall, sehen, zum anderen als die Realität. Die Welt im engeren Sinne ist die Erde, ein von Wasser- und Landmassen bedeckter und von Tieren und Menschen bewohnter Planet. Den Mond mag man als Teil dieser Welt deuten, da er als Trabant die Erde begleitet und durch die Gezeiten prägt, die Sterne dagegen als Teil einer fernen, fremden Welt. Die Sonne, ein Gelber Zwerg, ist ebenfalls Teil der Welt im engeren Sinne und bestimmt die Geschicke auf dem blauen Planeten, der um sie kreist. Der Theorie der Einzighaftigkeit der Welt steht die der Vielheit der Welten (der Universen) gegenüber. In der Philosophie des Geistes werden Geist und Welt zu Gegensätzen erklärt. Nach der Position des Realismus ist die Welt gesondert und unabhängig vom Geist, nach der des Idealismus von diesem erzeugt bzw. bestimmt.

Das Universum entstand mit dem Urknall vor 14 Milliarden, die Erde vor 4,6 Milliarden Jahren, zunächst als Kugel aus geschmolzenem Gestein. Die Natur bildet die belebte und unbelebte Umwelt. Pilze, Pflanzen und Tiere prägen lange vor dem Erscheinen des Menschen die sichtbare Welt (durch Anwesenheit, Vermehrung und Ausbreitung sowie Interaktion) genauso wie die unsichtbare (durch Kommunikation und durch Formen des Bewusstseins bei Tieren). Das Wirken des Homo sapiens mündet im weiteren Verlauf in Kultur und Zivilisation. Neben Bakterien, Pilzen, Pflanzen, Tieren und Menschen etablieren sich Artefakte wie serviceorientierte oder soziale Roboter, die Interaktion und Kommunikation beherrschen und sich mit uns Räume und Ressourcen teilen. Mithilfe von Sensoren und Plänen finden sie sich in der Welt zurecht.

Die Welt im allgemeinen Sinne wird u.a. in Astronomie (insbesondere Kosmologie), Geologie und Philosophie erforscht, die Welt im engeren Sinne von Politologie, Geschichte, Biologie, Soziologie und Philosophie. Zudem sind die frühen Weltumsegler, Abenteurer, Eroberer und Missionare Welterforscher (und Kulturzerstörer) gewesen. In der Philosophie fallen Platon (die sinnlich und die geistig erfassbare Welt),

René Descartes (die Welt als Bezweifelbares und, beginnend mit dem Ich, von dem der Zweifel ausgeht, doch Zweifelloses), Arthur Schopenhauer (die Welt als Wille und Vorstellung), Ludwig Wittgenstein (die Welt als Gesamtheit der Tatsachen) und Martin Heidegger (das Dasein als In-der-Welt-Sein) ins Gewicht. Daneben wird die Welt in der Theologie als etwas gedeutet, das über die Realität im eingeführten Sinne hinausreicht.

Die Weltbevölkerung ist die Anzahl der Menschen auf der Erde zu einem bestimmten Zeitpunkt. Das Welterbe umfasst Besonderheiten der Kultur (Weltkulturerbe) und Natur (Weltnaturerbe). Die Weltanschauung ist ein (inter-)subjektiver, systematischer, fokussierter Blick auf die Welt als Realität (Humanismus, Atheismus, Materialismus) und über die Welt als Realität hinaus (Religion, Esoterik). Auf einer Weltkarte sind Erdteile und Wasserflächen – nicht nur die Weltmeere – abgebildet. Unter der Weltordnung versteht man die politischen globalen Verhältnisse, unter Weltwirtschaft oder Welthandel die ökonomischen globalen Beziehungen. Ein Weltkrieg zerstört weltweit Infrastrukturen, bringt Mensch und Tier Leid und Tod, schadet (weiten Teilen der) Wirtschaft, Kultur und Natur. Eine Weltregierung könnte zur Lösung von grundlegenden Problemen beitragen, dabei allerdings neuartige Schwierigkeiten aufwerfen.

Die Welt im engeren Sinne ist vergänglich, das Leben auf der Erde an die Energie der Sonne gebunden. Schon lange vor deren Verwandlung in einen Roten Riesen und – in etwa 7,7 Milliarden Jahren – in einen Weißen Zwerg werden durch die zunehmende Leuchtkraft und dadurch entstehende Hitze alle Lebewesen von der Erde verschwunden sein. Die Welt im weiteren Sinne wird erhalten bleiben, aber es ist unklar, in welcher Form, und es ist ungewiss, ob der Mensch in den Weiten des Weltalls überdauern kann. Vorerst muss er sich irdischen Problemen stellen, etwa der von ihm verursachten Überbevölkerung, die einen hohen Verbrauch an Ressourcen nach sich zieht. Klimawandel und Umweltzerstörung, auch im Zuge der Globalisierung, machen die Einzigartigkeit und die Unwiederbringlichkeit der Welt, wie wir sie kennen, deutlich. Gefragt sind hier Technik-, Wirtschafts- und Umweltwissenschaften und Kollapsologie (die ein transdisziplinäres Studium des prognostizierten

Endes der modernen Zivilisation betreibt) sowie Technik-, Wirtschafts- und Umweltethik.

Weltall

Das Weltall – das Wort ist die Verdeutschung von „Universum" (lat. „universus": „gesamt", „ganz") – wird von der Gesamtheit von Raum, Zeit, Materie und Energie gebildet. Eine weitere gängige Bezeichnung ist „Kosmos" (altgr. „kósmos": „Ordnung", „Weltordnung"). Der Begriff der Welt im weiteren Sinne deckt sich mit dem des Weltalls. Die Welt im engeren Sinne ist die Erde, mitsamt (dem Anblick und dem Einfluss von) Mond und Sonne. „All" (mhd. „daȝ all": „Gott") bedeutet seit dem 17. Jahrhundert das Weltall, sodass begrifflich der Allmächtige im Allumfassenden aufgegangen ist. Der Weltraum ist der Raum zwischen Planeten und Sternen, in der Alltagssprache auch das Weltall selbst. Im Englischen entspricht „space" (wie „universe") dem „Weltall", „space" oder „outer space" dem „Weltraum".

Die Kosmologie und die Astrophysik als Teilgebiete der Astronomie und die Philosophie der Physik als Teilgebiet der Philosophie der Naturwissenschaften mit ihren Anfängen in der Antike – die griechischen Atomisten etwa erklärten, es gebe unendlich viele Welten von unterschiedlicher Größe, manche von ihnen belebt, andere nicht – erforschen das Weltall und beleuchten physikalische und ontologische Aspekte. Dabei sind Allgemeine Relativitätstheorie und Quantenphysik relevant. In der Architektur widmet man sich dem (bisher nicht begonnenen) Aufbau von Stationen auf Mond und Mars, in der Astrobiologie als Teilgebiet der Biologie dem (bisher unentdeckten) Leben auf fremden Planeten, in der Astrochemie, die zwischen Astronomie und Chemie steht, der Vielheit und den Reaktionen der Moleküle im Universum. Durch Teleskope auf der Erde und im Weltraum (wie Hubble Space Telescope oder James Webb Space Telescope) sind Bilder von weit entfernten Objekten aus längst vergangenen Zeiten möglich. Bei der physischen Erkundung von Planeten, Monden, Asteroiden etc. ist die Raumfahrt (Astronautik) wesentlich, zudem die Robotik mit ihren Weltraumrobotern.

Das Weltall ist vermutlich mit dem Urknall vor knapp 14 Milliarden Jahren entstanden und in ständiger Ausdehnung begriffen. Auf dem Mond und auf einigen Planeten innerhalb und außerhalb unseres Sonnensystems finden sich wertvolle natürliche Ressourcen wie Silizium, Titan, Platin und Helium-3. Der die Erde umgebende Weltraum, der Mond und der Mars sind bereits Tummelplätze einiger Staaten und Unternehmen, etwa der USA (NASA), Indiens, Chinas, Russlands, Israels und europäischer Staaten im Verbund der ESA sowie von Elon Musks SpaceX. Es werden in der Erdumlaufbahn unterschiedliche Satelliten und verschiedene Raumstationen betrieben, auf dem Erdtrabanten und dem roten Planeten Rover bzw. Drohnen. Die Wirtschaft erhofft sich für die Zukunft neben bekannten Bodenschätzen neue Rohstoffe, Materialien und Entwicklungen. Die Wissenschaft ist mit unterschiedlichen Interessen vertreten. So testet man u.a. die Veränderung von Lebewesen und die Widerstandskraft von Materialien.

Architektur, Handwerk und Kunst lassen sich seit Jahrtausenden vom Weltall inspirieren. Die Kreisgrabenanlage von Goseck ist ein ca. 7000 Jahre altes Sonnenobservatorium. Die Himmelsscheibe von Nebra aus Bronze (Weltraum) und Gold (Sonne, Mond und Sterne) soll vor etwa 4000 Jahren hergestellt worden sein. Gustav Mahler schrieb zu seiner 8. Sinfonie von 1906 in einem Brief: „Denken Sie sich, dass das Universum zu tönen und zu klingen beginnt. Es sind nicht mehr menschliche Stimmen, sondern Planeten und Sonnen, welche kreisen." Gustav Holst komponierte „Die Planeten" von 1914 bis 1916 für ein Sinfonieorchester bzw. – zu Ehren Neptuns – einen Frauenchor. Auf dem Album „Space Oddity" (1969) von David Bowie, der vom Film „2001: A Space Odyssey" („2001: Odyssee im Weltraum") beeindruckt war, erzählt das gleichnamige Lied vom Flug von Major Tom, der den Kontakt zur Erde abbricht und sich im Weltall verliert. Musik zu Science-Fiction-Filmen basiert oft auf klassischen Werken, u.a. von Gustav Holst und Gustav Mahler.

Die Handlungen in der Science-Fiction sind häufig auf Raumstationen, Raumschiffen und fremden Planeten angesiedelt. Als Filmklassiker gelten „Angriff aus dem Weltall" (1958) mit Steve McQueen, „2001: Odyssee im Weltraum" (1968) von Stanley Kubrick, der das Drehbuch zusammen mit Arthur C. Clarke verfasste, dessen gleichnamiger Roman auf die Kinoproduktion folgte, und die „Star-Wars"-Reihe mit „Krieg der Sterne" (1977), die laut Vorspann „in einer weit, weit entfernten Galaxis" spielt. Im deutschen Vorspann der Fernsehserie „Raumschiff Enterprise", die ab den 1960er-Jahren ausgestrahlt wurde, heißt es: „Der Weltraum, unendliche Weiten. ... Viele Lichtjahre von der Erde entfernt, dringt die Enterprise in Galaxien vor, die nie ein Mensch zuvor gesehen hat." Die Crew unter Captain Kirk bewegt sich sowohl zwischen als auch auf den Exoplaneten. Das Subgenre mit Unidentified Aerial Phenomena (UAPs) ist dagegen meist an unsere Welt gebunden.

Die Eroberung des Weltalls, ein alter Menschheitstraum, ist bis heute nur in bescheidenem Maße geglückt, was aus wissenschaftlicher Perspektive bedauert, aus umweltschützerischer begrüßt werden mag. In ferne Gegenden sind eine überschaubare Anzahl von Artefakten vorgedrungen, wie die Raumsonde Voyager 1. In 38.000 Jahren wird sie das Sternbild Kleiner Bär erreichen, ihre Schwestersonde Voyager 2 in 40.000 Jahren das Sternbild Andromeda – in diese Richtung war in der Fiktionalität die entführte Enterprise geflogen. Allerdings ist Weltraumschrott ein zunehmendes Problem für den die Erde und ihre Atmosphäre unmittelbar umgebenden Weltraum. Die Umweltethik (mithin der Umweltschutz) muss sich mehr und mehr mit der Umweltzerstörung im Weltall befassen (Satellitenkollisionen, Treibstoffreste, Mikroschrott), die Wirtschaftsethik mit der dort stattfindenden Ausbeutung von Ressourcen und den unterschiedlichen Ansprüchen und Möglichkeiten von Raumfahrtnationen und Nichtraumfahrtnationen.

Weltraum

Der Weltraum ist der Raum jenseits der Erdatmosphäre, beginnend oberhalb der Kármán-Linie (also in einer Höhe von 100 Kilometern). Er ist von Vakuum, Strahlung und Mikrogravitation geprägt und Gegenstand wissenschaftlicher, technischer, wirtschaftlicher, politischer und kultureller (auch künstlerischer) Beschäftigung und Auseinandersetzung. „Weltraum" und „Weltall" werden häufig synonym verwendet. Der eine Begriff ist aber eher technisch-operativ und ein Bestandteil entsprechender Komposita, wie im Falle von „Weltraumaufzug" oder

„Weltraumbahnhof", der andere eher philosophisch-kosmologisch, die Gesamthaftigkeit und Umfassendheit des Universums betonend.

Weltraumaufzug

Ein Weltraumaufzug ist ein hypothetisches Transportsystem, das die Erdoberfläche über ein starkes Seil mit einem Gegengewicht im geostationären Orbit verbindet. Er ist eine Idee von Arthur C. Clarke und kommt in seinem Science-Fiction-Roman „The Fountains of Paradise" von 1979 (dt. „Fahrstuhl zu den Sternen") vor. Er soll Raumfahrt kostengünstiger und treibstofffrei machen. Materialien wie Kohlenstoffnanoröhren sind bislang nicht ausreichend belastbar.

Weltraumbahnhof

Ein Weltraumbahnhof (engl. „spaceport") ist eine Anlage für Raketenstarts und -landungen. Er trägt i.d.R. den Namen seines Orts. Bekannte Beispiele sind Baikonur (Kasachstan), Cape Canaveral (USA), Guayana (ESA) – bei Kourou in Französisch-Guayana gelegen – oder Wenchang (China). Standortwahl und Infrastruktur hängen von Sicherheitszonen, Umlaufbahnen und politischen Faktoren ab.

Weltraumbergbau

Weltraumbergbau bezeichnet die Erschließung und Nutzung extraterrestrischer Rohstoffe, etwa auf dem Mond, auf Asteroiden (Asteroidenbergbau) und mittel- oder langfristig auch auf dem Mars. Ziel ist es, Metalle, Wasser, Gase oder andere nutzbare Stoffe zu gewinnen, entweder zur lokalen Verwendung im All (z.B. zur Herstellung von Treibstoff oder Baumaterial) oder für die Rückführung zur Erde.

Der Mond steht im Fokus wegen seiner Nähe und seines Gehalts an Helium-3, Silizium, Aluminium und Titan. Asteroiden gelten als besonders wertvoll, da manche von ihnen große Mengen an Eisen, Nickel,

Kobalt sowie Platinmetallen wie Iridium oder Rhodium enthalten. Auch Wasser ist von großem Interesse, als Ressource für Lebenserhaltung und Treibstofferzeugung sowie als Ausgangspunkt für eine künftige Infrastruktur im All. Die Marsforschung konzentriert sich auf In-situ-Ressourcennutzung (also Ressourcennutzung vor Ort) zur Unterstützung bemannter Missionen.

Weltraumbergbau ist mit Stand 2025 im frühen Erkundungsstadium – doch zahlreiche Raumfahrtagenturen und private Unternehmen arbeiten an Technologien, mit denen künftig abgebaut, verarbeitet und verwertet werden könnte. Hier sind insbesondere Umweltethik, Politikethik und Wirtschaftsethik gefragt. Die Umweltethik kann die Natur über diejenige der Erde hinaus – sozusagen die kosmische Natur – als schützenswert auffassen und versuchen, ihren intrinsischen Wert zu begründen. Zudem ist der Rechtsrahmen einzuziehen bzw. zu erweitern. Das Weltraumressourcengesetz (2015) von Luxemburg und der Space Act of 2015 aus den USA waren wegweisende Anfänge.

Weltraumethik

Die Weltraumethik ist ein Teil der Moralphilosophie, der sich mit dem Weltraum beschäftigt. Sie ist keine etablierte Bereichsethik. Ein Grund dafür ist, dass sich die Eroberung und Erkundung des Weltalls trotz aller Bemühungen noch in Grenzen hält – und damit auch der Gegenstand einer solchen Moralphilosophie. Steven L. Dick, US-amerikanischer Astrophysikhistoriker und Philosoph, prägte den Begriff der „cosmic ethics". Die Weltraumethik kann sich mit den moralischen Fragen der Raumfahrt beschäftigen: Darf der Mensch fremde Planeten besiedeln? Wie gehen wir mit außerirdischem Leben um? Wer trägt Verantwortung für Schäden im Weltall? Sie fordert und entwickelt Prinzipien für Gerechtigkeit, Nachhaltigkeit und Verantwortung über irdische Grenzen hinaus. Sie hat damit Berührungspunkte mit Umweltethik, Tierethik, Wirtschaftsethik, Politikethik und Wissenschaftsethik.

Im Zusammenhang mit der Weltraumethik und z.T. in Auseinandersetzung mit der Tierethik haben mehrere Wissenschaftler erste Ansätze zum Umgang mit außerirdischem Leben vorgestellt. Im Rahmen einer Alienethik (engl. „alien ethics"), die sich wie die Tierethik als Menschenethik versteht (mit Menschen als Subjekten der Moral), ist die Frage, ob außerirdische Lebewesen Objekte der Moral sind, und wenn sie das sind, ob sie Rechte, Würde oder einen Wert besitzen. Steven L. Dick diskutiert in seinem Werk die Frage, wie Menschen moralisch auf außerirdisches Leben reagieren sollten. Der US-amerikanische Biologe und Philosoph Kelly C. Smith plädiert für eine ratiozentrierte Ethik (engl. „ratio-centrism"), bei der Vernunftfähigkeit das zentrale Kriterium für moralischen Status ist, was man beanstanden kann, selbst bei einer Ethik der Erde. Michael Walzer und Carl Sagan haben sich ebenfalls spekulativ mit moralischen Fragen der Begegnung mit fremden Intelligenzen beschäftigt, etwa in Hinblick auf Kommunikation, Respekt und Schutz. Die meisten Ansätze speisen sich nicht aus den Hauptströmungen der modernen Tierethik seit Jeremy Bentham.

Die Alienethik kann sich zudem mit der Frage beschäftigen, ob außerirdische Lebewesen Subjekte der Moral sind. Damit rückt sie in gewisser Weise auf eine Stufe mit der Ethik als Menschenethik und der Maschinenethik. In den drei Bereichen wird von einem jeweils unterschiedlichen Subjekt der Moral ausgegangen. Allerdings ist dieses im Falle der Maschinenethik neuartig, merkwürdig und unvollständig. Maschinen haben z.B. kein Bewusstsein und keinen freien Willen. Im Falle der Alienethik ist das Subjekt nicht einmal bekannt, weil noch nie außerirdisches Leben gefunden wurde. So wie aber Gott für Philosophen eine Denkfigur wurde, kann der Alien eine solche Denkfigur und Teil von Gedankenexperimenten sein. So mögen anthropozentrische Denkweisen aufgebrochen und Verhältnisse und Beziehungen – etwa zwischen Menschen und Tieren – hinterfragt werden. Genau dies versuchte auch die Tierrechtsorganisation PETA mit einer Kampagne in den sozialen Medien von 2025, in der Aliens begründen, warum sie Menschen essen (wobei es sich um Aussagen von Menschen handelt, die sich auf Tiere beziehen).

Weltraumhaftungsübereinkommen

Das Weltraumhaftungsübereinkommen (1972) regelt die internationale Haftung bei Schäden durch Raumfahrzeuge. Staaten haften uneingeschränkt für Schäden auf der Erde und im Luftraum, eingeschränkt im Weltall. Das Abkommen konkretisiert den Weltraumvertrag und ist Teil des UN-Weltraumrechtsrahmens. Relevant ist es etwa bei Abstürzen von Satelliten oder Raumfahrzeugen auf fremdem Staatsgebiet oder auf einem privaten Grundstück.

Weltraumkolonisation

Weltraumkolonisation bezeichnet die dauerhafte Besiedlung außerirdischer Himmelskörper, etwa von Mond, Mars oder Asteroiden. Sie erfordert autarke Systeme, Lebenserhaltung, Schutz und soziale Organisation, etwa in Bezug auf Rechtssysteme, Grundversorgung, Gemeinschaftsleben und Fortpflanzung. Sie gilt als mögliche Antwort auf Ressourcenknappheit, Überbevölkerung oder Bedrohungslagen wie Atomkrieg oder Umweltzerstörung auf der Erde, ist aber technisch, wirtschaftlich, ökologisch und ethisch fragwürdig. Selbst eine stark zerstörte Erde würde mehr passende Rückzugsorte bieten als ein fremder Planet.

Weltraumkunst

Die Weltraumkunst (in der angelsächsischen Tradition auch „Space Art" oder „Astronomical Art") ist eine künstlerische Ausdrucksform, die sich mit der Darstellung der Raumfahrt, des Weltalls und außerirdischer Welten und Zivilisationen beschäftigt. Sie umfasst sowohl realistische Beschreibungen und Darbietungen auf Grundlage wissenschaftlicher Erkenntnisse als auch visionäre Interpretationen. Kunst (lat. „ars") ist das von Menschen geschaffene Künstliche in einem kulturellen Kontext mit einer sozialen Funktion in einer ästhetischen Dimension. Es kann sich um ein Artefakt (das Kunstwerk im engeren Sinne), eine Struktur oder einen Prozess handeln.

Historisch reicht die Weltraumkunst bis ins 19. Jahrhundert zurück, mit frühen Werken von Künstlern wie Étienne Léopold Trouvelot. Im 20. Jahrhundert prägten der US-Amerikaner Chesley Knight Bonestell und der Franzose Lucien Rudaux das Genre. Der Maler und Designer aus San Francisco gilt als einer der Väter der modernen Space Art. Seine Arbeiten beeinflussten sowohl die öffentliche Wahrnehmung des Weltraums als auch die Gestaltung von Science-Fiction-Filmen. Das „Moon Museum" ist eine kleine Keramikkachel mit Zeichnungen von sechs Künstlern, darunter Robert Rauschenberg, Claes Oldenburg und Andy Warhol, die 1969 heimlich an Bord der Apollo-12-Mission zum Mond geschickt wurde. Ganz offiziell wurden die beiden identischen Golden Records an den Voyager-Sonden befestigt, ob man sie als Kunst aufgefasst hat oder nicht.

In der jüngeren Vergangenheit hat der deutsche Bildhauer und Maler Heinz Mack in der Weltraumkunst eine besondere Rolle gespielt – zwar nicht in der Space Art im angelsächsischen Sinne, aber als wichtiger Vertreter einer künstlerischen Auseinandersetzung mit Licht, Raum und Transzendenz, die den Kosmos einschließt. Die deutsche Malerin Anne Wölk führt in der Gegenwart die Tradition der Space Art fort. Sie kombiniert romantische Sternenlandschaften mit Elementen der Popkultur und Science-Fiction, um utopische Vorstellungen eines „Lebens jenseits der Erde" zu visualisieren. Beispiele sind Ölbilder wie „Terraforming" (2020), „Apollo 16" (2022), „Oort Cloud" (2023) und „Titan" (2024).

Hans Ruedi Giger (1940 – 2014), genannt HR Giger, ist kein klassischer Vertreter der Space Art im wissenschaftlich-astronomischen Sinne, wohl aber einer der einflussreichsten Künstler des kosmisch-dystopischen Bildraums im 20. Jahrhundert und daher für jede erweiterte Betrachtung von Weltraumkunst von Bedeutung. Der Schweizer prägte als Szenen- und Kostümbildner Filme wie „Alien" (1979) und „Species" (1995). Das HR Giger Museum in Gruyères in der Westschweiz stellt seine Fantasykunstwerke aus und zieht damit betagte Science-Fiction-Fans ebenso an wie Schulklassen, die von mancher Explizitheit überfordert sein mögen.

Die Weltraumkunst, vor allem als Space Art im angelsächsischen Sinne, dient nicht nur der künstlerischen Exploration, sondern auch der Vermittlung wissenschaftlicher Konzepte und der Inspiration für zukünftige Raumfahrtprojekte. Darin ist sie zuweilen eher Gebrauchskunst, wie bei den Illustrationen der NASA zu sehen ist. Sie bildet eine Schnittstelle zwischen Wissenschaft, Technologie und Kunst und regt zur Reflexion über die Bedeutung des Menschen im Universum an. Künftig dürfte sie mit der Roboterkunst und der Avatarkunst verschmelzen, und eines Tages wird sie vielleicht eine Kunstform sein, die man im Weltraum selbst ausübt und in gewisser Weise die Verbindung mit der Kultur der Erde herstellt.

Weltraumlyrik

Weltraumlyrik oder Weltraumpoesie ist ein (in seinen Werken überschaubares) literarisches Subgenre, das sich mit dem Universum, der Raumfahrt und der Stellung des Menschen im Kosmos befasst. Bereits früh greifen Dichter auf Motive wie Sterne, Planeten und Unendlichkeit zurück, doch mit der Raumfahrt seit dem 20. Jahrhundert entstehen zunehmend Gedichte, die sich konkret mit Raumfahrttechnologien, Mond- und Marsreisen und Einsamkeitsgefühlen im All auseinandersetzen. Verwandtschaft besteht mit der Science-Fiction Poetry und der Speculative Poetry.

Johann Wolfgang von Goethe spricht in „Dem aufgehenden Vollmonde" (1828) vom Verlangen nach Nähe zum unerreichbaren Himmelskörper. Schon 1778 hat er diesem in „An den Mond" ein Denkmal gesetzt, u.a. mit den Worten „Füllest wieder Busch und Thal/Still mit Nebelglanz"). Victor Hugo beschwört in „Magnitudo parvi" (1881) die Größe des Universums und mahnt zur Demut. René François Sully Prudhomme lässt in „Le Bonheur" (1888) ein Liebespaar über Sternenbahnen reisen. Rainer Maria Rilke erinnert in „Weißt du noch: fallende Sterne" (nach 1900) an kindliches Staunen über das Firmament.

Tracy K. Smith, ehemalige US-Poet Laureate, widmet sich in „Life on Mars" (2011) der Raumfahrt und Kosmologie. Der Band wurde mehrfach ausgezeichnet, u.a. 2012 mit dem Pulitzer Prize. Es handelt sich um eine Elegie für ihren Vater, der mit dem Hubble-Weltraumteleskop gearbeitet hat. Mit „Die Astronautin" (2020) legte Oliver Bendel einen Creative-Commons-Band mit Gedichten in Form von 3D-Codes vor (nach „handyhaiku" von 2010 mit QR-Codes aus dem Hamburger Haiku Verlag). Erst über einen JAB-Code-Reader wird der poetische Text sichtbar, was die Schnittstelle von Lyrik, Technologie und Raumfahrt ins Zentrum rückt. Auszüge wurden im Jahre 2024 bei Slanted veröffentlicht.

Weltraummüll

Weltraummüll (engl. „orbital debris" oder „space debris") ist Müll oder Schrott, der sich im Orbit der Erde, auf dem Mond oder auf dem Mars befindet, zudem auf weiteren Planeten und Trabanten und im Raum zwischen den Planeten. In der Erdumlaufbahn, wo er den Hauptteil ausmacht, besteht der Weltraummüll u.a. aus Satellitenteilen und Raketenstufen, auf der Mond- und Marsoberfläche auch aus Landern, Rovern, Instrumenten und Utensilien. Man kann ihn nach Herkunft, Entstehungsart, Bewegungsprofil, Größe, Alter, Material, Zustand und Gefährlichkeit klassifizieren. Mithilfe von Teleskopen und Radaranlagen erfasst man stichprobenartig die Mengen und Positionen von Objekten, um Anhaltspunkte zu gewinnen und mathematische Weltraummüllmodelle wie das ESA-MASTER-Modell zu validieren und zu kalibrieren.

Auf dem Mond sind Apollo-Landefähren, Rover wie Lunochod 1 und Apollo Lunar Roving Vehicle, verbrauchte Raketenstufen und abgestürzte Sonden verblieben. Ihr Gewicht dürfte über 180 Tonnen betragen. Im Orbit gibt es kaum Objekte. Auf dem Mars befinden sich Fallschirme von Landemodulen, Hitzeschilde und Rückschalen, die Lander Schiaparelli (ESA) und Beagle 2 (UK), die Rover Spirit und Opportunity sowie die Drohne Ingenuity, die der Rover Perseverance mitgebracht hatte. Im Orbit sind kaum Objekte, da die meisten Fähren und Sonden entweder direkt landen oder abstürzen. Darüber hinaus taucht Weltraumschrott an unterschiedlichen Orten des Sonnensystems auf, etwa auf der Venus (zersetzte Venera-Sonden) und auf Titan, dem größten Trabanten von Saturn (Huygens-Sonde). Raumsonden wie

Voyager 1 und 2 und Pioneer 10 haben das Sonnensystem verlassen. Sie sind nicht mehr oder kaum noch steuerbar und können als Weltraumschrott (oder einfach als inaktive Objekte) eingestuft werden. Weltraumschrott in der Erdumlaufbahn gefährdet die Raumfahrt, die Raumstationen und die Satelliten. Wenn Teile auf die Erde stürzen, können sie Gebäude und Infrastrukturen zerstören sowie Menschen verletzen. Ferner entstehen für den Flugverkehr gewisse Risiken. Das Kessler-Syndrom ist ein Szenario, in dem Kollisionen von Trümmern eine Kettenreaktion auslösen. Neben Vermeidungsstrategien, Recyclingsystemen oder Wiederverwendungsmaßnahmen sind technische Lösungen in Entwicklung, etwa Raumschlepper mit Greifarmen oder Starkmagneten. Nicht zuletzt können internationale Regelungen – u.a. der Weltraumvertrag (Outer Space Treaty) – und Trackingsysteme helfen. Space Debris Monitoring dient der Beobachtung und Kartierung von Weltraummüll. Das Thema ist für die Raumfahrttechnik wie für die Umweltethik zentral. Die Umweltethik betrachtet nicht nur die moralischen Implikationen der Umweltbelastung auf der Erde, sondern auch die der Eingriffe auf Mond und Mars. Die Emissionen, der Schrott und der Müll sind zudem Gegenstand von Umweltschutz und Technikethik. Die Wirtschaftsethik fragt nach der Verantwortung von Unternehmen beim Verursachen und Beseitigen von Weltraummüll.

Weltraumrecht

Das Weltraumrecht umfasst internationale und nationale Regelungen zur Nutzung des Weltraums. Zentrale Verträge sind der Weltraumvertrag (1967), das Haftungsübereinkommen (1972) und der Mondvertrag (1979). Es regelt Fragen zu Eigentum, Haftung, friedlicher Nutzung und Ressourcennutzung, ist aber in vielen Bereichen interpretationsbedürftig, etwa in Bezug auf die Frage von Eigentum an extraterrestrischen Ressourcen.

In den Anfangstagen des WWW wurden von dubiosen Firmen Grundstücke auf Trabanten und Planeten angeboten und nach der Überweisung Urkunden ausgehändigt. Selbst Privatpersonen konnten scheinbar Grundbesitzer auf dem Mond werden, ohne die Aussicht, jemals dorthin zu gelangen. Eine rechtliche Grundlage dafür gab es freilich nicht. Vielmehr dürfte es sich um betrügerische Aktivitäten oder einfach ein albernes Spiel gehandelt haben.

Weltraumrettungsübereinkommen

Das Weltraumrettungsübereinkommen oder Rescue Agreement („Übereinkommen über die Rettung und die Rückführung von Raumfahrern sowie die Rückgabe von in den Weltraum gestarteten Gegenständen", engl. „Agreement on the Rescue of Astronauts, the Return of Astronauts and the Return of Objects Launched into Outer Space") aus dem Jahre 1968 ergänzt Artikel 5 des Weltraumvertrags und verpflichtet Vertragsstaaten zur Rettung und Rückgabe verunglückter Raumfahrer sowie zur Rückgabe von Raumfahrzeugen. In den zehn Artikeln werden humanitäre Grundprinzipien im All formuliert und konkretisiert – in der Präambel zeigen sich die Vertragsparteien „bewegt von Gefühlen der Menschlichkeit".

Weltraumroboter

Weltraumroboter sind stationäre oder mobile Roboter, die in der Raumfahrt und im Weltall eingesetzt werden, etwa auf Raumstationen oder auf Trabanten und Planeten. Sie sind (teil-)autonom oder ferngesteuert und dienen u.a. der Konstruktion, Montage und Reparatur, der Inspektion und Analyse oder dem Transport. Dabei verbinden sie Elemente von Industrie- und Servicerobotern. Ferner forscht man an sozialen Robotern und empathischen Sprachassistenten, die Astronauten bei Flügen begleiten und sie bei Aufenthalten unterstützen und unterhalten sollen. In der Science-Fiction tauchen zahlreiche Weltraumroboter wie R2-D2 und C-3PO, Data, Marvin und WALL-E auf.

Weltraumroboter können, wenn sie nicht fest verankert sind, fahren, laufen, springen oder fliegen. Entsprechend haben sie Räder, Rollen, Raupen, Ketten, Beine, Rotoren bzw. Flügel. Mit Armen, Greifern und Werkzeugen können sie Bodenproben entnehmen oder Gegenstände manipulieren. Kameras und Sensoren machen Aufnahmen und vermessen die Umgebung, als Teil einer extraterrestrischen Geomatik. Soziale Roboter und Sprachassistenten können Töne erzeugen oder verfügen über natürlichsprachliche Fähigkeiten. Insgesamt müssen Weltraumroboter unter anderen Bedingungen als Roboter auf der Erde funktionieren. Geringere Schwerkraft, keine oder eine anders zusammengesetzte Atmosphäre und extreme Kälte sowie Hitze sind Beispiele dafür.

Zu den bekanntesten Weltraumrobotern gehören die Marsrover, die sich auf sechs Rädern über die Oberfläche bewegen. Jüngste Modelle sind der chinesische Zhurong und der amerikanische Perseverance. Mit ihren Kameras fertigen sie Roboselfies an, damit Ingenieure den Zustand der Hülle, der Arme und Werkzeuge sowie der Räder beurteilen können. Die Drohne Ingenuity, die Perseverance ergänzte, flog am 19. April 2021 auf dem roten Planeten zum ersten Mal in die Höhe, machte ein Selfie mit ihrem Schatten und landete sicher wieder auf dem Boden. Der Roboter MASCOT hüpfte 2018 auf einem Asteroiden herum. Ein Prototyp von 2024 mit ähnlicher Fortbewegungsart ist der dreibeinige SpaceHopper. Ebenfalls ein Prototyp war SPACE THEA aus dem Jahre 2021, ein Sprachassistent für Marsflüge, der Empathie und Emotionen zeigte.

In Zukunft müssen sich Weltraumroboter auf Mond- und Marsstationen behaupten. Sie können zudem die Eroberung des Weltalls vorantreiben, indem sie immer weiter vordringen und sich auf fremden Planeten gegenseitig bauen und instand setzen. Möglich ist, dass sich universelle Roboter für die Bewältigung der unterschiedlichen Aufgaben eignen, zumal diese zum jetzigen Zeitpunkt nicht vollumfänglich bekannt sind. Technikethik, Informationsethik und Umweltethik untersuchen die Auswirkungen des Einsatzes der (Informations-)Technik auf die Umwelt in moralischer Hinsicht. Die Roboterethik fragt nach Verantwortung und Haftung in der Koexistenz von Mensch und Roboter in Raumfahrzeugen, auf Raumstationen und auf Mond- und Marsstationen. Die Wirtschaftsethik reflektiert Implikationen einer Ökonomie des Weltalls, in der Weltraumroboter eine zentrale Rolle spielen.

Weltraumschleuder

Eine Weltraumschleuder ist ein Konzept zur nichtraketenbasierten Beschleunigung von Objekten in den Orbit, z.b. durch mechanische Rotation oder elektromagnetische Katapulte. Unternehmen wie SpinLaunch aus den USA testen erste Prototypen. Sie versprechen geringere Startkosten, sind jedoch technisch extrem anspruchsvoll.

Weltraumsex

Weltraumsex bezeichnet intime sexuelle Aktivitäten unter den physikalischen, physiologischen und psychologischen Bedingungen des Weltraums, insbesondere in Schwerelosigkeit und abgeschlossenen Habitaten. Das Thema war lange Zeit ein Tabu in der „Raumfahrtöffentlichkeit", ist jedoch mit Blick auf Langzeitmissionen, bemannte Marsreisen und mögliche Weltraumkolonien zunehmend Gegenstand wissenschaftlicher, medizinischer, technischer und ethischer Diskussion.

Aus physiologischer Sicht wirft Weltraumsex spezifische Fragen auf. Die Mikrogravitation verändert die Blutzirkulation, Muskelspannung und Körperkoordination, was selbst einfache Bewegungsabläufe erschwert. Das Fehlen von Gewicht kann zu unkontrollierten Bewegungen führen, was technische Hilfsmittel oder Fixierungssysteme wie Gurte oder Haltegriffe erforderlich machen könnte. Die veränderte Hormonregulation, der Einfluss von Strahlung auf Keimzellen sowie mögliche Effekte auf Libido und Fruchtbarkeit sind bislang kaum erforscht. Belastbare Daten aus der Raumfahrt liegen nicht vor; es gibt keine offiziell bestätigten Fälle sexueller Aktivitäten im Orbit.

Auch psychologische und gruppendynamische Aspekte spielen eine Rolle. Intimität kann in räumlich engen, sozial isolierten und durch Hierarchie geprägten Missionsumgebungen sowohl als emotional stabilisierender Faktor wirken als auch Konflikte, Eifersucht oder Ablenkung hervorrufen. Die Planung gemischt- oder gleichgeschlechtlicher oder langfristig koexistierender Crews muss diese Aspekte berücksichtigen, ohne in stereotype Geschlechterrollen oder toxische

Überwachungskonzepte zu verfallen. Einige Studien schlagen transparente Beziehungsrichtlinien und interkulturell angepasste Kommunikationsprotokolle vor.

Zentral ist zudem die Frage nach Fortpflanzung im All. Derzeit weiß man wenig darüber, ob eine Schwangerschaft in Schwerelosigkeit möglich oder medizinisch vertretbar wäre. Tierexperimente an Bord früherer Raumstationen haben gezeigt, dass Zellteilung, Embryonalentwicklung und Organbildung in der Mikrogravitation gestört sein können. Für die biologische Reproduktion im All – etwa im Rahmen von Marskolonien – wären neue medizinische Konzepte, Schutzmechanismen vor Strahlung und ein detailliertes Verständnis der Reproduktionsbiologie unter Weltraumbedingungen erforderlich.

Weltraumsex ist nicht nur ein medizinisches oder technisches Thema, sondern berührt auch ethische, rechtliche und soziale Fragen: Wer trägt Verantwortung bei Schwangerschaften im All? Welche kulturellen Vorstellungen von Intimität gelten in einer diversen Crew? Wie werden Privatsphäre und Gleichberechtigung in Raumstationen oder extraterrestrischen Siedlungen gesichert? Wie wahrt man die Nüchternheit des Blicks, auch angesichts der Lüsternheit der Medien? Die langfristige Perspektive einer multiplanetaren Menschheit erfordert Antworten auf diese Fragen, u.a. aus Wissenschaftsethik, Informationsethik, Technikethik, Medizinethik und Medienethik heraus.

Darüber hinaus hat Weltraumsex längst Eingang in die Popkultur gefunden, von spekulativer Science-Fiction bis hin zu dystopischen Szenarien. Solche Darstellungen spiegeln gesellschaftliche Projektionen auf den Kosmos wider, von techno-utopischer Fortpflanzung bis hin zu entmenschlichter Körperoptimierung. Auch Sex mit Aliens kommt vor, mitsamt mehr oder weniger ansprechendem Nachwuchs. In „Species" (1995) versucht z.B. ein weiblicher, außerirdisch-menschlicher Hybrid (Sil, gespielt von Natasha Henstridge), sich durch sexuelle Kontakte mit Männern fortzupflanzen.

Besondere Beachtung verdient der Film „Barbarella" (1968) mit Jane Fonda in der Hauptrolle. Der Autor und Journalist Georg Seeßlen fasst zusammen: „Wir schreiben das Jahr 40.000. Seit langen Jahren hat es im ganzen Universum keinen Krieg mehr gegeben – und das soll auch so bleiben. Darum bekommt Barbarella, erfolgreiche, hoch bezahlte

Astro-Agentin, vom Präsidenten der Erde den Auftrag, den Wissenschaftler Duran Duran ausfindig zu machen: Dieser ist dabei, am anderen Ende des Universums eine vernichtende Geheimwaffe zu entwickeln. Der erotische Science-Fiction-Film von Roger Vadim besitzt Kultstatus, und dies nicht nur wegen Jane Fondas legendärem Striptease in der Schwerelosigkeit."

Insgesamt ist Weltraumsex ein bislang unterbeleuchtetes, aber wichtiges und unvermeidliches Thema der Raumfahrtentwicklung. Dabei geht es um bemannte Missionen ebenso wie um das Leben auf Mond- und Marsstationen. Eine befriedigende Sexualität wird dort zu einem lebenswerten Dasein unter extremen Bedingungen beitragen. Die Sexualethik könnte in diesem Bereich zusammen mit der Sexualwissenschaft wertvolle Beiträge leisten. Diese sind aber im deutschsprachigen Raum in der Gegenwart weitgehend unbeachtet und unterbesetzt und bereits mit dem Sex auf der Erde überfordert.

Weltraumsolarkraftwerk

Ein Weltraumsolarkraftwerk soll Sonnenenergie im All sammeln und per Mikrowelle oder Laser zur Erde übertragen. Vorteile sind die konstante Sonneneinstrahlung und Energieausbeute. Technische Herausforderungen sind Gewicht, Kosten und Sicherheit. Erste Machbarkeitsstudien laufen weltweit. Forscher des California Institute of Technology (CalTech) haben 2023 den Caltech Space Solarpower Demonstrator (SSPD-1) in den Weltraum geschickt und ihn Solarstrom auf die Erde übertragen lassen.

Weltraumteleskop

Ein Weltraumteleskop ist ein astronomisches Observatorium außerhalb der Erdatmosphäre. Es beobachtet in verschiedenen Wellenlängenbereichen. Beispiele sind Hubble (sichtbares Licht), James Webb (Infrarot) und Chandra (Röntgen), mit vollem Namen Chandra X-ray Observatory. Weltraumteleskope waren schon wegen der Lichtverschmutzung auf der Erde notwendig geworden. Zudem überwinden sie die Filterwirkung der Erdatmosphäre (z.B. UV, Röntgenstrahlung). Sie ermöglichen präzisere Beobachtungen und tieferes Verständnis des Universums.

Weltraumtourismus

Weltraumtourismus (engl. „space tourism") ist eine Form des Tourismus, die mit Blick auf das Weltall und im Weltraum stattfindet. Man unternimmt einen Orbital- bzw. Suborbitalflug oder reist zu einer Raumstation, um dort eine bestimmte Zeit zu verbringen. Man verfolgt dabei andere Ziele als ein Astronaut oder ein Wissenschaftler. Es geht um Spannung, Unterhaltung und Anerkennung respektive Werbung. Geplant ist, Weltraumtourismus auf Trabanten wie den Mond und Planeten wie den Mars auszudehnen. Dabei sollen Mond- und Marsstationen sowie Weltraumroboter eine Rolle spielen. Vorbereitet werden die Touristen in speziellen Zentren in Russland oder in den USA. Dort können ebenso andere Personen einschlägige Erfahrungen sammeln.

Im Science-Fiction-Film „Frau im Mond" (1929) von Fritz Lang begleitet ein Krimineller namens Walter Turner die Crew, zu der u.a. die Astronomiestudentin Friede Velten gehört, auf die der Titel anspielt. Er ist allerdings nicht zu seinem Vergnügen unterwegs, sondern im Auftrag von Geschäftsleuten, die Goldvorkommen ausbeuten wollen. Die ersten Weltraumtouristen in der Realität waren Unternehmer und Millionäre. Dennis Anthony Tito hielt sich 2001 auf der Raumstation ISS auf. Es folgten 2002 Mark Shuttleworth und 2006 Anousheh Ansari. 2025 geriet die Sängerin Katy Perry mit ihrem zehn- bis elfminütigen Abstecher – den einige für einen PR-Gag hielten – in die Schlagzeilen. Anbieter von Weltraumtrips sind u.a. Space Adventures, Virgin Galactic, SpaceX und Blue Origin. Sie verlangen von ihren Kunden z.T. ein- bis zweistellige Millionenbeträge.

Weltraumtourismus mit seinen Anfängen um die Jahrtausendwende erlebt in den 2020er-Jahren einen Boom. Er ist in der Kritik wegen der erheblichen Umweltbelastung, die damit verbunden ist, zudem als Ausdrucksform einer abgehobenen Elite. Neben ihm mag die Ausbeutung von Bodenschätzen durch Unternehmen zum Problem werden.

Die Umweltethik betrachtet nicht nur die moralischen Implikationen der Umweltzerstörung auf der Erde, sondern auch die der Eingriffe auf Mond und Mars. Die Emissionen, der Schrott und der Abfall, die bei Flügen und Aufenthalten entstehen können, sind zudem Gegenstand von Umweltschutz und Technikethik. Die Wirtschaftswissenschaften untersuchen zusammen mit der Wirtschaftsethik die kommerziellen Interessen in diesem Zusammenhang. So könnte Weltraumtourismus künftig die Plünderung im Weltall finanzieren, bis sich diese in wirtschaftlicher Hinsicht selbst lohnt.

Weltraumvertrag

Der Weltraumvertrag (Outer Space Treaty) aus dem Jahre 1967 ist das grundlegende völkerrechtliche Abkommen zur Raumfahrt. Er verbietet nationale Aneignung von Himmelskörpern, regelt friedliche Nutzung, internationale Verantwortung und Zusammenarbeit. Er bildet das rechtliche Fundament aller Raumfahrtaktivitäten. Bis heute haben ihn über 100 Staaten ratifiziert.

Weltraumwetter

Das Weltraumwetter umfasst alle durch Sonnenaktivität verursachten Phänomene im erdnahen Raum, etwa Sonnenstürme, Magnetstörungen oder Strahlungsausbrüche. Es beeinflusst Satelliten, Navigation, Kommunikation und Stromnetze. Weltraumwetterereignisse wie geomagnetische Stürme können Satelliten beschädigen und Polarlichter erzeugen. Frühwarnsysteme und Schutzmaßnahmen sind essenziell für Raumfahrt und Technik auf der Erde.

Weltraumwirtschaft

Die Weltraumwirtschaft (engl. „space economy") umfasst sämtliche wirtschaftlichen Aktivitäten, die direkt oder indirekt mit der Nutzung des Weltraums verbunden sind. Dazu zählen die Entwicklung, der Bau und der Betrieb von Satelliten, Trägersystemen, Raumfahrzeugen und Bodensegmenten ebenso wie Dienstleistungen im Bereich Telekommunikation, Navigation, Erdbeobachtung, Datenanalyse, Versicherung, Logistik und Infrastrukturmanagement. Die Weltraumwirtschaft bildet damit einen eigenständigen, dynamisch wachsenden Sektor an der Schnittstelle von Hochtechnologie, Wissenschaft, Industrie und Politik.

Lange Zeit wurde die Raumfahrt fast ausschließlich von staatlichen Akteuren getragen, doch mit dem Aufkommen kommerzieller Anbieter und sogenannter NewSpace-Unternehmen haben sich die Verhältnisse grundlegend gewandelt. Neuere Firmen wie SpaceX, Blue Origin, OneWeb oder Planet Labs prägen heute den Markt ebenso wie traditionsreiche Luft- und Raumfahrtkonzerne wie Boeing und Lockheed Martin. Private Investitionen, technologische Innovationen und neue Geschäftsmodelle haben dazu geführt, dass die wirtschaftliche Nutzung des Weltraums nicht mehr nur ein Nebeneffekt staatlicher Forschung ist, sondern ein eigenständiger Treiber globaler Entwicklung.

Die wirtschaftliche Bedeutung des Weltraums zeigt sich insbesondere in der Satellitenindustrie, bei globalen Navigationssystemen, bei weltraumbasierten Wetter- und Umweltinformationssystemen sowie in weltraumgestützten Infrastrukturen für Kommunikation, Sicherheit und Mobilität. Aufstrebende Bereiche sind der Weltraumtourismus, der Asteroidenbergbau, die Herstellung von Materialien und Produkten in der Schwerelosigkeit und weltraumgestützte Solarkraftwerke oder Supercomputer. In all diesen Bereichen finden intensive wirtschaftliche Planung und technologische Entwicklung statt.

Die Weltraumwirtschaft ist global vernetzt, aber auch von geopolitischen Interessen und nationalen Strategien geprägt. Gleichzeitig wirft sie Fragen nach Regulierung, Nachhaltigkeit und Zugänglichkeit auf. Sie steht vor der Herausforderung, ökonomische Interessen mit sicherheits-, umwelt- und haftungsrechtlichen Anforderungen in Einklang zu bringen. In ihrer heutigen Form ist die Weltraumwirtschaft ein technologisches und wirtschaftliches Zukunftsfeld sowie ein Spiegel globaler Machtverschiebungen und wirtschaftlicher Ambitionen im All. Die Wirtschaftsethik, in der Gegenwart noch stark im Irdischen verhaftet, muss sich – zusammen mit Politikethik, Umweltethik, Technikethik und Informationsethik – mehr und mehr dem Kosmischen zuwenden.

Weltraumwissenschaft

Die Weltraumwissenschaft besteht aus den Disziplinen, die sich mit dem Weltraum und seinen Phänomenen befassen, etwa Astrophysik, Kosmologie, Planetenforschung, Himmelsmechanik und Sonnenphysik. Gleichzeitig bezeichnet der Begriff auch die Wissenschaft im Weltraum, also Experimente und Studien unter den besonderen Bedingungen des Weltalls, etwa in Schwerelosigkeit oder unter erhöhter Strahlung. Auf Raumstationen und Satellitenplattformen werden biologische, medizinische, physikalische und technologische Untersuchungen durchgeführt. Weltraumwissenschaft dient dem Erkenntnisgewinn über das Universum und ist zugleich Motor technologischer Innovation. Im engeren Sinne ist sie, wie dargestellt, eine Kombination mehrerer Disziplinen. Im weiteren Sinne lässt sie sich als sich entwickelnde eigenständige Disziplin auffassen.

Studienangebote zur Weltraumwissenschaft gibt es weltweit. Ein eigenständiger Bachelor oder Master ist selten, aber verwandte Studiengänge (oder das Angebot einzelner Disziplinen) decken die Inhalte ab. Universität Stuttgart (Luft- und Raumfahrttechnik), Technische Universität München (Aerospace) und FH Aachen (Luft- und Raumfahrttechnik) sind mögliche Adressen. An der ETH Zürich kann man seit Herbst 2024 den Master Space Systems belegen. Die Universität Zürich wartet mit einem Minor-Studienprogramm Astronomie und Astrobiologie auf. Über den deutschsprachigen Raum hinaus sind International Space University (Frankreich), MIT (USA), Caltech (USA) sowie University of Leicester und University College London (England) zu nennen.

Weltraumwissenschaft muss sich zunehmend auch moralischen und sozialen Implikationen widmen. Es ist daher – wie bereits in der Informatik und der Wirtschaftsinformatik sowie in manchen Bereichen der Technikwissenschaften geschehen – essenziell, sie mit Technikethik, Informationsethik, Wirtschaftsethik und Wissenschaftsethik zu verbinden. Auch Umweltethik, Tierethik und Bioethik sind gefragt, nicht zuletzt im Zusammenhang mit Astrobiologie. Eine Weltraumethik als ein Teil der Moralphilosophie, der sich mit dem Weltraum beschäftigt, kann dabei helfen, den benötigten thematischen Fokus und die erforderliche begriffliche Präzision herzustellen.

Wettlauf ins All

Der Wettlauf ins All war die politische und technologische Konkurrenz zwischen den USA und der Sowjetunion in den 1950er- und 1960er-Jahren. Er begann mit Sputnik 1 und gipfelte in der Mondlandung 1969. Der Wettlauf war Ausdruck des Kalten Kriegs, beschleunigte aber auch die Raumfahrtentwicklung und führte zu langfristigen Projekten und Infrastrukturen wie Apollo-Programm und Satellitenkommunikation.

Wiedereintritt

Der Wiedereintritt bezeichnet den Übergang eines Raumfahrzeugs aus dem Orbit in die Erdatmosphäre. Er erfordert präzise Flugbahnen und Hitzeschutzsysteme, da enorme Reibungswärme entsteht. Wiedereintrittsverfahren unterscheiden sich je nach Ziel, etwa bei bemannter Rückkehr zur Erde oder gezieltem Absturz von Raumsonden.

Wirtschaft

Die Wirtschaft, auch Ökonomie (altgr. „oikonomia": „Hausverwaltung" oder „Haushaltsführung") genannt, besteht aus Einrichtungen, Maschinen und Personen, die Angebot und Nachfrage generieren und regulieren. Einrichtungen sind Unternehmen bzw. Betriebe und öffentliche bzw. private Haushalte. Maschinen unterstützen und ersetzen auf Produktion, Transformation, Konsumation und Distribution von Gütern zielende Aktivitäten von Arbeitskräften, Mittelsmännern und Endkunden. Ebenso sind Gewinnung (von Ressourcen aller Art), Werbung (für Produkte und Dienstleistungen) und Entsorgung relevant. Ziel der Wirtschaft ist die Sicherstellung des Lebensunterhalts und, in ihrer kapitalistischen Form, die Maximierung von Gewinn und Lust mithilfe unternehmerischer Freiheit, zugleich die Erzeugung von Abhängigkeit, ob von Anbietern oder Produkten, und Wachstum, bis zum (nicht unbedingt gewünschten, aber erwartbaren) Kollaps des Systems. An Bedeutung gewinnt die Weltraumwirtschaft.

Bereits Jäger, Sammler und Hirten bilden traditionelle Wirtschaftsformen aus. Im Vordergrund steht die Eigenversorgung in Sippen und Stämmen an einem festen Ort oder in wechselnden Gegenden (Bedarfswirtschaft). Die Landwirtschaft fördert die Sesshaftigkeit, insofern Bauern ihre Felder wiederholt bestellen wollen und Flächen zunehmend begehrt und besetzt werden. Die Erwerbswirtschaft ist vom Austausch von Waren bestimmt, auch über größere Distanzen hinweg, und führt nach und nach zur globalen Wirtschaftswelt. Der Händler wird zu einer zentralen Figur. Die beteiligten Parteien erhalten oder entrichten Geld für Erstellung, Vermittlung und Anforderung bzw. Erwerb oder tauschen ihre Eigentümer und Leistungen aus, auch in der digitalen Moderne (Sharing Economy). In der freien Marktwirtschaft wird nur in Ausnahmefällen interveniert, in der sozialen der gesellschaftliche Fortschritt anvisiert. In der Planwirtschaft weist eine zentrale Einheit, die kommunistischen Prinzipien verpflichtet sein kann, Wissen, Arbeit, Kapital und Boden der Produktion zu. Wirtschaftssektoren sind u.a. Primärsektor (Anbau von Getreide, Abbau von Eisenerz und Holzschlag), Sekundärsektor (Industriesektor), Tertiärsektor (Dienstleistungssektor) und Quartärsektor (Informationssektor mit Informations- und Kommunikationstechnologien sowie Informationswesen), Wirtschaftszweige (Branchen) z.B. Gesundheits- und Sozialwesen, Finanz- und Versicherungsindustrie sowie Handel.

Die Ökonomik (Wirtschaftswissenschaft bzw. Wirtschaftswissenschaften) hat die Ökonomie zum Gegenstand. Sie bringt Wirtschaftstheorien wie die neoklassische Theorie, den Marxismus und den Keynesianismus hervor. Die Volkswirtschaftslehre (VWL) widmet sich der Wirtschaft einer Gemeinschaft oder eines Lands, die Betriebswirtschaftslehre (BWL) der Wirtschaft eines Betriebs bzw. Unternehmens. Die Wirtschaftsinformatik verbindet die BWL mit der Informatik. Mithilfe ihrer Kenntnisse und Fähigkeiten werden Informationssysteme als soziotechnische Systeme geplant, umgesetzt und betrieben. In der Wirtschaftsethik werden die moralischen Implikationen der Wirtschaft untersucht. Die Unternehmensethik fragt nach der Verantwortung und der Haftung des Unternehmens und seiner Gründer und Manager, die Konsumentenethik nach der Verantwortung der Konsumenten. Die Wirtschaftsphilosophie behandelt die Grundlagen der Wirtschaft und die Methoden der Wirtschaftswissenschaften. Weitere Disziplinen sind Wirtschaftsrecht, -geschichte, -soziologie und -pädagogik.

Die Weltraumwirtschaft (engl. „space economy") umfasst sämtliche wirtschaftlichen Aktivitäten, die direkt oder indirekt mit der Nutzung des Weltraums verbunden sind. Dazu zählen die Entwicklung, der Bau und der Betrieb von Satelliten, Trägersystemen, Raumfahrzeugen und Bodensegmenten ebenso wie Dienstleistungen im Bereich Telekommunikation, Navigation, Erdbeobachtung, Datenanalyse, Versicherung, Logistik und Infrastrukturmanagement. Die Weltraumwirtschaft bildet damit einen eigenständigen, dynamisch wachsenden Sektor an der Schnittstelle von Hochtechnologie, Wissenschaft, Industrie und Politik. Lange Zeit wurde die Raumfahrt fast ausschließlich von staatlichen Akteuren getragen, doch mit dem Aufkommen kommerzieller Anbieter und sogenannter NewSpace-Unternehmen haben sich die Verhältnisse grundlegend gewandelt.

Der Mensch ist zum Homo oeconomicus geworden, der wesentlich durch ökonomische Denkweisen und Interessenabwägungen bestimmt wird, sei es als Anbieter, als Mittler oder als Nachfrager. Er wird in der Informationsgesellschaft zum Zahlungsmittel, durch seine Daten, und zum Produkt, das verkauft und verbraucht wird. Nicht nur in Unternehmen, sondern auch in Bildungseinrichtungen und Verwaltungseinheiten wird der Wirtschaftlichkeitsnachweis zum alles beherrschenden Kriterium, die Kosten-Nutzen-Analyse zur allem vorausgehenden Prämisse. In der Industrie 4.0 werden Wirtschaftssektoren, werden Automatisierung, Autonomisierung (von Maschinen), Flexibilisierung (von Produktionen) und Individualisierung auf bislang nicht gekannte Art und Weise miteinander verbunden, zum Zwecke der Effizienzsteigerung und des Effektivitätsgewinns. Die Wertschöpfung der IT- und Internetwirtschaft und die (Gratis-)Nutzung durch den technikaffinen Konsumenten, der immer wieder selbst zum Produzenten wird, zum Prosumenten, werden kritisch von Wirtschaftsethik, Informationsethik, Technikethik und Technikfolgenabschätzung reflektiert, ebenso wie Überwachung, Hacking und andere mit Informations- und Kommunikationstechnologien verbundene Phänomene. Der Raubbau an der Natur, den das ständige Wachstum der Wirtschaft und der Bevölkerung nach sich zieht, ist Thema von Wirtschafts- und Umweltethik.

Wirtschaftsethik

Die Wirtschaftsethik hat die Moral (in) der Wirtschaft zum Gegenstand. Dabei ist der Mensch im Blick, der wirtschaftliche Interessen hat, der produziert, handelt, führt und ausführt (verschiedene Formen der Individualethik) sowie konsumiert (Konsumentenethik), und das Unternehmen, das Verantwortung gegenüber Mitarbeitern, Kunden und Umwelt trägt (Unternehmensethik als Hauptgebiet der Institutionenethik). Zudem interessieren die moralischen Implikationen von Wirtschaftsprozessen und -systemen sowie von Globalisierung und Monopolisierung (Ordnungsethik). In der Informationsgesellschaft ist die Wirtschaftsethik eng mit der Informationsethik verzahnt. Die Raumfahrt gehört zu ihren neueren Interessengebieten.

Wissenschaft

Wissenschaft strebt Erkenntnisgewinn (Forschung) und -vermittlung (Lehre sowie Wissenschaftskommunikation) an, wobei sie anerkannte und gültige Methoden benutzt und Resultate veröffentlicht bzw. einbezieht. Sie ist in gewissem Sinne voraussetzungslos und ergebnisoffen, anders als etwa die christliche Theologie. Die westliche Philosophie kann als Mutter mehrerer Einzelwissenschaften gelten. Diese zeichnen sich durch einen klar benennbaren Gegenstandsbereich aus. So widmet sich die Physik der unbelebten Natur, die Biologie der belebten, die Psychologie dem menschlichen Erleben, Verhalten und Bewusstsein. Es finden sich bei ihnen rationale oder empirische, generelle oder spezifische Methoden, die in der Wissenschaftstheorie (einem Teilgebiet der Philosophie) erklärt und begründet werden.

Die westliche Philosophie, wie sie sich im antiken Griechenland herausgebildet hat, wendet sich von religiösen Erklärungsmodellen ab. Sie beinhaltet u.a. Wissenschafts- und Erkenntnistheorie, Ontologie und Ethik und hat starke Bezüge zu Mathematik und Naturwissenschaft, mit Protagonisten wie Thales, Pythagoras und Demokrit. Alle drei lieferten Erklärungen zum Weltraum. Die von Platon im Jahre 387 v.u.Z.

gegründete Schule in Athen (Platonische Akademie) gilt als einer der ersten Lehrbetriebe. Sein Schüler Aristoteles ist einer der wichtigsten Philosophen überhaupt und in manchen Aspekten einer der ersten modernen Wissenschaftler. Die Wissenschaft hatte in der Renaissance einige Höhepunkte, ebenso im 19., 20. und 21. Jahrhundert; im Orient war das Mittelalter ihre Blütezeit.

Die Wissenschaftsfreiheit (oder akademische Freiheit) hat ihren Ursprung in der Platonischen Akademie und umfasst die Freiheit von Forschung und Lehre sowie des Lernens. Sie ist ein Grundrecht und in Deutschland, Österreich und der Schweiz in der Verfassung verankert. Forschungsfreiheit bedeutet, dass Forscher das Recht haben, inhaltlich und methodisch selbstbestimmt nach wissenschaftlichen Erkenntnissen zu streben, akademische Institutionen die Pflicht, den geeigneten Rahmen dafür zu schaffen. Während Forschung und Entwicklung bis auf wenige Ausnahmen frei zu sein haben, kann die Anwendung durchaus reguliert werden. Die Lehrfreiheit (eine Form der Redefreiheit) ist das Recht der Dozenten, die Lehre inhaltlich und didaktisch eigenständig auszugestalten.

Die Weltraumwissenschaft besteht aus den Disziplinen, die sich mit dem Weltraum und seinen Phänomenen befassen, etwa Astrophysik, Kosmologie, Planetenforschung, Himmelsmechanik und Sonnenphysik. Zugleich bezeichnet der Begriff die Wissenschaft im Weltraum, also Experimente und Studien unter den besonderen Bedingungen des Weltalls, etwa in Schwerelosigkeit oder unter erhöhter Strahlung. Auf Raumstationen und Satellitenplattformen werden biologische, medizinische, physikalische und technologische Untersuchungen durchgeführt. Weltraumwissenschaft dient dem Erkenntnisgewinn über das Universum und ist zudem Motor technologischer Innovation. Im engeren Sinne ist sie, wie bereits dargestellt, eine Kombination mehrerer Disziplinen. Im weiteren Sinne lässt sie sich als sich entwickelnde eigenständige Disziplin auffassen.

Die Wissenschaft kann auf eine jahrtausendealte Erfolgsgeschichte zurückblicken. Sie hat Krankheiten besiegt und Behinderungen beseitigt, das Flugzeug, den Computer und den Roboter ermöglicht sowie den Weltraum erobert, sie ist Basis und Motor der Wirtschaft und, wie die Kunst, eine Quelle des Glücks. Zugleich ist sie mehr denn je

Anfeindungen ausgesetzt, durch Politikstrategen, Meinungsmacher, Verschwörungstheoretiker, Fundamentalisten und Esoteriker – und gerät in Zwänge und Abhängigkeiten. Genau dagegen richtet sich ernsthafte Kritik, ebenso gegen Versuche und Ergebnisse, die Tieren und Menschen schaden. Wissenschaftsbetrieb und -kommunikation sind offenbar neu auszurichten. Die Wissenschaftsethik mag den Nährboden, die Rahmenbedingungen und die Grenzlinien der Wissenschaft sowie die Folgeerscheinungen einer Pseudowissenschaft herausarbeiten.

Wissenschaftsethik

Die Wissenschaftsethik bezieht sich auf moralische Fragen in der Wissenschaft. Es geht vornehmlich um Forschung und Entwicklung, aber auch um die Lehre. Untersucht werden Standards, Tugenden und Untugenden in der Wissenschaft, Grenzen von Forschung, Entwicklung und Lehre, individuelle und soziale Auswirkungen von Befragungen, Versuchen und Experimenten, individuelle und soziale Folgen von Ergebnissen und Anwendungen sowie die Verantwortung auf Mikro-, Meso- und Makroebene, also z.B. bei Wissenschaftlern, bei Instituten und Hochschulen oder Einrichtungen für Forschungsförderungen und im Wissenschaftssystem.

Bio- und medizinethische Fragestellungen werden in grundsätzlichen Auseinandersetzungen zu wissenschaftsethischen. So kann man mit Blick auf die Möglichkeiten der Gentechnologie eine Ausweitung oder eine Begrenzung fordern. Ein weiterer Themenbereich ist wissenschaftliches Fehlverhalten, das sich u.a. im Verfassen von Plagiaten, im Manipulieren von Experimenten, im Fälschen von Ergebnissen, im Zensieren von fremden oder eigenen Erkenntnissen oder im Ausnutzen von Abhängigkeitsverhältnissen, wie sie im wissenschaftlichen Betrieb verbreitet sind, zeigen kann. Ebenfalls relevant ist die Wissenschaftsfreiheit, die Forschung, Lehre und Studium umfasst und im Prinzip selbst vor Sprachleitlinien für geschlechtergerechte Sprache schützt. Spätestens mit der Kernspaltung ist die Dual-Use-Problematik ins Bewusstsein einer breiten Öffentlichkeit getreten.

Mit Dual-Use ist meist gemeint, dass Entwicklungen und Erfindungen sowohl zivilen als auch militärischen Zwecken und jeweils sowohl dem Nutzen als auch dem Schaden der Gesellschaft oder der Menschheit dienen können. Man kann den Begriff weiter fassen und ihn so verstehen, dass nützliche Instrumente und Technologien in den falschen Händen zu schädlichen werden können. Das kennt man bereits seit langem von Messern und Fahrzeugen. Heutzutage kann man aus hilfreichen Servicerobotern tödliche Waffen machen. Künstliche Intelligenz kann dabei helfen, Krankheiten zu erkennen und zu bekämpfen und Krankheiten – etwa durch biologische Waffen, die von ihr mitentwickelt werden – ins Leben zu rufen. Auch in der Raumfahrt taucht die Dual-Use-Problematik auf. Satelliten können zur Überwachung im mehrfachen Sinne herhalten, Raumfahrtmissionen zivile oder militärische Ziele haben, Weltraumroboter zivile oder militärische Zwecke.

Ethikkommissionen können Missbrauch in der Forschung verhindern und diese zugleich durch langwierige Prüfprozesse verzögern. Ethische Leitlinien (wie auf Fächer und Berufe bezogene Ethikkodizes) mögen zur Reflexion der Forscher und Entwickler beitragen, aber auch durch zu allgemeine Formulierung, mangelhafte Begründung und fehlende Konsequenzen fragwürdig und nutzlos sein. Im Sommer 1944 schrieb Max Born an Albert Einstein, die Wissenschaftler bräuchten einen internationalen Verhaltenskodex zur Ethik, um nicht länger bloße Werkzeuge der Industrie und Regierungen zu sein. Einstein antwortete im September, damit hätten schon die Mediziner erstaunlich wenig ausgerichtet, und bei den eigentlichen Wissenschaftlern mit ihrem mechanisierten und spezialisierten Denken dürfe noch weniger eine ethische Wirkung zu erwarten sein. Das beste Mittel sind bis heute vermutlich rechtliche Beschränkungen geblieben. Allerdings werden auch dabei meist bestimmte Interessen vor andere gesetzt und z.B. Tierversuche in einem weiten Umfang erlaubt.

Wissenschaftskommunikation

Wissenschaftskommunikation ist die Kommunikation von Wissenschaft und über die Wissenschaft an die Gesellschaft. Sie dient in erster Linie der Vermittlung von Erkenntnissen und Methoden. Dies erfolgt etwa über klassische Publikationen, populärwissenschaftliche Bücher,

Wissenschaftsjournalismus, Social Media und Citizen Science. Ziel ist es, dass ein Verständnis für Wissenschaft und ein Dialog zwischen Wissenschaft und Gesellschaft entsteht. Raumsonden und Rover wie Curiosity und Perseverance liefern detaillierte Daten über Oberfläche, Klima und Atmosphärenverhältnisse des Mars. Die Bilder und Videos werden auf Facebook, Instagram und TikTok veröffentlicht und erreichen so die breite Öffentlichkeit, insbesondere jüngere Menschen. Damit wird nicht nur Aufmerksamkeit für die Wissenschaft erzeugt, sondern auch Bewusstsein für ihren Gegenstand.

Wurmloch

Ein Wurmloch ist eine hypothetische Verbindung zweier Punkte in der Raumzeit (im Raum-Zeit-Kontinuum). Es basiert auf Lösungen der Allgemeinen Relativitätstheorie, etwa der Einstein-Gleichung. Wurmlöcher könnten theoretisch interstellare Reisen ermöglichen, sind aber instabil und rein spekulativ. Beschrieben wurden sie von dem österreichischen Physiker Ludwig Flamm und – etwa 20 Jahre später – von Albert Einstein und Nathan Rosen (deshalb auch Einstein-Rosen-Brücke genannt). Sie sind ein zentrales Motiv der Science-Fiction. Im Film „Interstellar" (2014) von Christopher Nolan wird ein Wurmloch nahe dem Saturn entdeckt, durch das eine Crew in eine ferne Galaxie reist, um nach bewohnbaren Planeten zu suchen. In „Stargate" (1994) von Roland Emmerich erlaubt ein antikes Tor – eben das Stargate – interplanetare Reisen durch eine Wurmlochverbindung.

X

X-Men

In den X-Men-Comics aus dem Marvel-Universum (seit 1963) gibt es zahlreiche Bezüge zum Weltraum. Besonders prägend ist das außerirdische Shi'ar-Imperium (Shi'ar Empire), ein hochentwickeltes interstellares Reich, das immer wieder mit den Superhelden in Kontakt kommt, entweder als Gegner oder als Verbündeter. Professor Xavier hatte sogar eine romantische Beziehung mit der Shi'ar-Kaiserin Lilandra Neramani. Eine der bekanntesten Geschichten, die „Dark Phoenix Saga", spielt ebenfalls teilweise im All: Jean Grey (ursprünglich als Marvel Girl bezeichnet) wird von der kosmischen Phoenix-Force übernommen und entwickelt gottgleiche Kräfte. Die X-Men müssen sich daraufhin in einem intergalaktischen Tribunal verantworten – ein Meilenstein in der Marvel-Geschichte. Superman (seit 1938) aus dem wirtschaftlich und ideologisch konkurrierenden DC-Universum ist ebenfalls zu erwähnen. Sie alle haben das Weltbild von Kindern und Jugendlichen geprägt und sind mit verantwortlich für ihre Begeisterung für den Weltraum.

X-Ray Astronomy

Die Röntgenastronomie (X-Ray Astronomy) befasst sich mit der Beobachtung und Analyse kosmischer Objekte im Röntgenstrahlenbereich des elektromagnetischen Spektrums. Da die Erdatmosphäre durch bestimmte Wechselwirkungen die Röntgenstrahlung absorbiert, erfolgen Messungen ausschließlich durch Satelliten und Weltraumteleskope, etwa Chandra, XMM-Newton oder NuSTAR. Röntgenquellen im All sind z.B. Schwarze Löcher, Neutronensterne, Supernovaüberreste und heiße Gaswolken in Galaxienhaufen. Die Röntgenastronomie liefert Einblicke in extreme physikalische Prozesse und hochenergetische Phänomene des Universums.

Y

Yarkovsky-Effekt

Der Yarkovsky-Effekt beschreibt eine schwache, aber langfristig wirksame Kraft, die auf rotierende Himmelskörper wie Asteroiden wirkt. Er entsteht dadurch, dass ein Objekt tagsüber Sonnenwärme aufnimmt und diese verzögert als Wärmestrahlung wieder abgibt, meist in Drehrichtung versetzt. Diese thermische Rückstoßkraft kann die Umlaufbahn kleiner Körper über lange Zeiträume messbar verändern. Der Effekt ist besonders relevant für die Bahnbestimmung erdnaher Asteroiden und wird bei Modellen zur Einschätzung von Kollisionsrisiken berücksichtigt.

Yps

Yps war ab 1974 jahrzehntelang das Kultheft für Kinder in Deutschland, teilweise auch in Österreich und in der Schweiz (wo manche Ausgaben verspätet ankamen). Die jungen Kunden fieberten vor allem den Gimmicks entgegen, von denen sich einige bis heute im kollektiven

Gedächtnis erhalten haben, etwa der Solarzeppelin, das Abenteuerzelt und die Maschine, mit deren Hilfe man eckige Eier macht (eigentlich eine Pressvorrichtung aus Kunststoff). Auch umstrittene Beilagen wie die Urzeitkrebse und die Tropenschmetterlinge müssen erwähnt werden – bedauerlicherweise Tiere zum Wegwerfen. Eigene Produktionen, u.a. mit dem karierten Yps-Känguru, und lizenzierte Comics dienten als leichtverdauliches Lesefutter.

Raumfahrt und Robotik waren immer wieder ein Thema. Yps 177 enthielt das „Handbuch der Astronomie" mit dem Titel „Die Geheimnisse des Weltalls". Heft 375 wurde „Das YPS-Handbuch der Raumfahrt" mit dem Titel „Die Eroberung des Weltalls" als Gimmick beigelegt. In Yps 385 fand sich „Der Weltraum-Roboter GE 5P" (in Zusammenarbeit mit Playmobil), in Yps 440 „Der Mars-Astronaut mit kompletter Weltraum-Ausrüstung" (wieder in Zusammenarbeit mit Playmobil). Yps 1233 wartete mit dem „Mars-Shuttle" auf, Yps 1234 mit dem „Weltraum-Alarmlicht". Wie das Magazin auf Facebook verriet, wurde in den 1980ern über ein Perry-Rhodan-Gimmick nachgedacht. Es sollte entweder ein „Intergalaktischer Geheim-Code" oder ein kleines „Raumschiff-Bauset" werden. Die Idee wurde wieder verworfen.

Bei der Wiederauflage für Erwachsene – vor allem für diejenigen, die in den 1970ern und 1980ern Kinder gewesen waren – traten erneut Bezüge zu Raumfahrt und Robotik auf. In Yps 1264 (2/2014) wurde ein Solarofen als Gimmick präsentiert. Dieses Bastelset ermöglichte es den Lesern, die Kraft der Sonnenenergie praktisch zu erleben. In derselben Ausgabe gab es einen Themenschwerpunkt zur Raumfahrt, mit Artikeln über Trends und Akteure in diesem Bereich, etwa Unternehmen wie SpaceX (gegründet 2002) und Virgin Galactic (gegründet 2004). Diese Inhalte informierten die Leser über den Stand der modernen Raumfahrttechnik und deren Zukunftsperspektiven. Als besonderes Highlight bot das Heft eine detaillierte Risszeichnung des Todessterns aus dem „Star-Wars"-Universum. Heft 1272 von 2016 widmete sich der Zukunft: „So viel Science-Fiction wird dieses Jahr Wirklichkeit".

Z

Zeitreise

Zeitreisen sind das hypothetische bzw. fiktionale Reisen durch die Zeit, entweder in die Vergangenheit oder in die Zukunft. In der Physik ist Zeitdilatation (von lat. „dilatare": „dehnen", „ausdehnen", „aufschieben", „erweitern") als Effekt der Relativitätstheorie experimentell bestätigt: Bewegte oder gravitationsnah befindliche Objekte altern langsamer. Echte Zeitreisen, wie sie in der Science-Fiction dargestellt werden, etwa mithilfe von Zeitmaschinen, sind rein spekulativ. Konzepte wie Wurmlöcher oder geschlossene Zeitlinienkurven werden diskutiert, bleiben aber theoretisch.

Zivilisation

Die Zivilisation entspringt der Kultur, indem wissenschaftlicher, technischer und wirtschaftlicher Fortschritt gebündelt werden, um Grundbedürfnisse einfach und bequem zu befriedigen, Gewohnheiten zu etablieren und Sicherheiten zu garantieren. Hervorstechende Merkmale sind die Bildung von Staaten und Städten, die Nutzung der Schrift, die Errichtung von Transport- und Kommunikationsnetzen, die Einrichtung eines Versorgungs- und Gesundheitssystems, die Neuorganisation der Arbeit im Sinne der Arbeitsteilung zur Mehrung des Wohlstands (zunächst zumindest einer Elite) und in einem späten Stadium die Entstehung der Konsumgesellschaft.

Unter Kultur wird das vom Menschen materiell und immateriell Geschaffene verstanden, im Gegensatz etwa zur Natur. Diese ist der Teil der Welt, der im Wesentlichen nicht durch den Menschen verursacht, sondern von selbst entstanden ist, wie das Tier- und Pflanzenreich. Die Zivilisation erhebt sich über die Kultur wie die Kultur über die Natur. Sie bringt einen gesellschaftlichen Fortschritt oder zumindest einen unerschütterlichen Fortschrittsglauben ebenso mit sich wie eine Zivilisationsmüdigkeit, in der man sich wieder nach der ursprünglichen Kultur und der ungebändigten Natur sehnt oder nach dem, was man sich darunter vorstellt. Zivilisationskrankheiten wie Karies, Bluthochdruck und Übergewicht nehmen zu.

Die Zivilisierung bei Norbert Elias ist eine ständige Fortentwicklung der Persönlichkeitsstrukturen und Verhaltensweisen in Abhängigkeit von Sozialstrukturen. Sie kann, wie zur Zeit des Nationalsozialismus, in eine Entzivilisierung münden, ist also kein unumkehrbarer Prozess. In seinem Buch „Über den Prozeß der Zivilisation" von 1939 schildert der Soziologe die Verfeinerung der Sitten und Gebräuche vom Mittelalter bis zur Wende zum 20. Jahrhundert, wobei er u.a. auf die Gewaltbereitschaft, die Geschlechtlichkeit und die Gewohnheiten beim Essen und Trinken eingeht. In einem späteren Werk analysiert er das Dritte Reich mit seinem zivilisatorischen Rückschritt.

Ein Bild der menschlichen Kultur und Zivilisation wurde möglichen Außerirdischen über die Pioneer-Plaketten vermittelt, zwei goldene Rechtecke an Bord der interstellaren Raumsonden Pioneer 10 und Pioneer 11. Sie wurden an Verstrebungen angebracht und zeigen einen grüßenden Mann und eine neben ihm stehende Frau, beide in ihrer (damals heftig diskutierten) Nacktheit. Zudem sind die Position der Sonne und die Routen der Sonden angegeben. Ebenfalls eine Botschaft an Außerirdische enthalten Voyager 1 und Voyager 2 mit der Golden Record, einer vergoldeten Datenplatte mit Bild- und Audioinformationen. Es findet sich darauf eine geschriebene Botschaft des damaligen US-Präsidenten Jimmy Carter: „This is a present from a small distant world, a token of our sounds, our science, our images, our music, our thoughts and our feelings. We are attempting to survive our time so we may live into yours."

Ein Problem der Zivilisation ist die Bündelung von Macht in den Händen weniger Personen und Gruppen auf wirtschaftlicher und politischer Ebene. Diese legen fest, was Kultur bedeutet und wie man Mensch und Natur behandelt. Sie beuten während der Kolonialzeit fremde Völker und im Industriezeitalter einfache Arbeiter aus. Noch in der Gegenwart bestimmen sie über die Grundzüge der Lebensgestaltung von der Wiege bis zur Bahre. Zivilisationskritik ist laut DWDS „Kritik an Verhältnissen und Erscheinungen, die gemeinhin mit einem Leben in der Zivilisation verbunden werden, sowie an den Folgen der Zivilisation". Informationsethik, Technikethik, Medizinethik, Politikethik, Wirtschaftsethik und Umweltethik können hierbei eine Rolle spielen.

Zukunft

Die Zukunft ist die Zeit, die noch kommt und die auf die Gegenwart folgt, hinter der die Vergangenheit liegt. Die Dauer der Gegenwart kann unterschiedlich bestimmt, ihre Grenze zur Vergangenheit bzw. zur Zukunft als unscharf betrachtet werden. Während sich Zeitalter wie Altertum, Mittelalter und Neuzeit auf Vergangenheit bzw. Gegenwart und auf die Menschheitsgeschichte beziehen, weisen andere Bezeichnungen und Vorstellungen – u.a. aus Mythologie und Religion (Endzeit, Weltuntergang) sowie Literatur, Film und Politik (Utopie, Eutopie, Dystopie) – in die Zukunft.

Der Begriff der Zukunft kann auf Personen und Gruppen angewandt werden. Man kann sich seine Zukunft verbauen, etwa durch eine Missetat oder Straftat, und die Zukunft der Menschheit als ungewiss ansehen. Zahlreiche Komposita setzen die Zustände und Befindlichkeiten ins Verhältnis zur Zukunft, mit negativen Konnotationen (Zukunftsangst) oder positiven (Zukunftschance, Zukunftsbranche), zuweilen auch als Metaphern (Zukunftsmusik). Der Begriff der Zukunftsplanung zielt vor allem auf den persönlichen Bereich, wobei Prognose und Planung einem grundsätzlichen Bedürfnis des Menschen entspringen und für Kultur, Politik und Wirtschaft in hohem Maße relevant sind.

Die Zeit wird u.a. in Physik, Philosophie, Psychologie und Soziologie erforscht. In der allgemeinen Relativitätstheorie ist Zukunft ein bestimmter Raumzeitbereich. Die Philosophie interessiert sich dafür, ob die Zeit von uns erschaffen wird oder unabhängig von uns vorhanden ist, und überhaupt für das Wesen der Zeit, die Psychologie dafür, wie die Zeit individuell wahrgenommen wird. Die Soziologie stellt den unterschiedlichen Umgang von und in Gesellschaften mit Zeit nebeneinander und führt ihn u.a. auf den jeweiligen Umgang mit Arbeit zurück. Spezielle Disziplinen sind die Futurologie mit ihren Prognosen zu zukünftigen technischen, ökonomischen und sozialen Entwicklungen und die Kollapsologie mit ihren Szenarien des Untergangs der modernen Zivilisation.

Die Erkenntnis, dass alles fließt (altgr. „panta rhei"), wird Heraklit zugeschrieben, der um 520 v.u.Z. geboren wurde. Ovid gebrauchte das entsprechende „cuncta fluunt" (lat.) in den „Metamorphosen" (ca. 1 – 8 n.u.Z.) für die naturphilosophische Grundlegung seines einflussreichen Werks, in dem Verwandlungen auf mehreren Ebenen geschildert werden, auch und gerade im Laufe der Zeit. In der Literatur des Mittelalters und der Neuzeit spielt die Zeit eine wichtige Rolle, etwa mit Blick auf die Wiederauferstehung oder die Vergänglichkeit (der Liebe wie des Lebens). In Science-Fiction-Büchern und -Filmen ist die Zeit ein zentrales Thema. Die Geschichten sind oft in der Zukunft angesiedelt, und zuweilen sind Zeitsprünge möglich.

In ihrem Buch „Weltall, Neutrinos, Sterne und Leben" schreiben Dieter Frekers und Peter Biermann: „Die fernen Zukunftsaussichten für die Erde und ihre Bewohner sind nicht gut. Mehrere Ereignisse mit kataklysmischen Ausmaßen sind bereits vorgezeichnet." So würden die Temperaturen der Sonne nach etwa 500 bis 900 Millionen Jahren allmählich immer mehr steigen, die Lebensbedingungen auf der Erde damit zunehmend ungünstiger. Spätestens nach 900 Millionen Jahren sei wohl die Grenze des Erträglichen erreicht. „Die Sonne bleibt jedoch unerbittlich und wird in ihrer Endphase die Erde irgendwann einfach verschlucken." Dies bedeute für die Menschen, dass sie sich frühzeitig nach einer Alternative umsehen müssen. Wie in der weiteren Schilderung deutlich wird, ist es fast an jedem Ort gefährlich, auch an einem weit entfernten. In der Informationsethik werden Zeit- und Wirklichkeitsvernichtungsmaschinen diskutiert, die mit Social Media, Virtual Reality und Generative AI zusammenhängen, in der Technikethik zudem Veränderungen von Zeitvorstellungen, die von Auto-, Zug- und Flugreisen sowie hochtechnisierten und schnell getakteten Arbeitsabläufen stammen. Zugleich werden Zeitgewinn und Zukunftsbeherrschung und der Fortschritt in der Zivilisation in moralischer Hinsicht analysiert und reflektiert. Wirtschaftsethik und Umweltethik fragen danach, wie es um die Zukunft der Menschheit bestellt ist angesichts von Wirtschaftskrisen, Umweltverschmutzung, Klimawandel und Zerstörung der Artenvielfalt in Fauna und Flora, die Tierethik im Speziellen zusammen mit dem Tierschutz danach, wie eine lebenswerte Zukunft für Mensch und Tier gestaltet werden kann.

Zwergplanet

Ein Zwergplanet ist ein Himmelskörper, der wie ein Planet eine Kugelgestalt besitzt und die Sonne umkreist, aber seine Umlaufbahn nicht von anderen Objekten freigeräumt hat. Die Internationale Astronomische Union (IAU) führte den Begriff im Jahre 2006 ein. Bekannte Zwergplaneten sind Pluto (früher als Planet eingestuft), Eris (benannt nach der Göttin der Zwietracht und des Streits), Ceres (benannt nach der römischen Göttin des Ackerbaus und der Fruchtbarkeit), Haumea (benannt nach der Fruchtbarkeitsgöttin Haumea aus der Mythologie von Hawaii) und Makemake (benannt nach Makemake, dem Schöpfer- und Fruchtbarkeitsgott aus der Mythologie der Osterinsel). Sie befinden sich meist im Kuipergürtel oder Asteroidengürtel und liefern wichtige Erkenntnisse über die Frühphase des Sonnensystems. Missionen der jüngeren Vergangenheit und Gegenwart sind Dawn für Ceres und New Horizons für Pluto.

Literatur

Anderson, Michael; Anderson, Susan Leigh (Hrsg.). Machine Ethics. Cambridge University Press, Cambridge 2011.
Ariane Group. Weltraum-Poesie: Unsere Gedichtsammlung nimmt Sie mit auf eine Litera-Tour ins All. 30. August 2021. https://ariane.group/de/news/weltraum-poesie-unsere-gedichtsammlung-nimmt-sie-mit-auf-eine-litera-tour-ins-all/.
Aristoteles. Politik. Hrsg. von Otfried Höffe. 2., bearb. Aufl. Akademie Verlag, Berlin 2011.
Bendel, Oliver. The Loneliness of the Female Astronaut. Drei Gedichte in Form von 3D-Codes. In: Axelsson, Charlotte (Hrsg.). Tender Digitality. Slanted, Karlsruhe 2024.
Bendel, Oliver. 300 Keywords Generative KI: Ökonomische, technische und ethische Grundlagen. Springer Gabler, Wiesbaden 2024.
Bendel, Oliver (Hrsg.). Soziale Roboter: Technikwissenschaftliche, wirtschaftswissenschaftliche, philosophische, psychologische und soziologische Grundlagen. Springer Gabler, Wiesbaden 2021.
Bendel, Oliver. 300 Keywords Soziale Robotik: Soziale Roboter aus technischer, wirtschaftlicher und ethischer Perspektive. Springer Gabler, Wiesbaden 2021.
Bendel, Oliver; Graf, Emanuel; Bollier, Kevin. The HAPPY HEDGEHOG Project. Proceedings of the AAAI 2021 Spring Symposium „Machine Learning for Mobile Robot Navigation in the Wild". Stanford University,

Palo Alto, California, USA (online), March 22–24, 2021. http://arxiv.org/abs/2401.03358.

Bendel, Oliver (Hrsg.). Maschinenliebe: Liebespuppen und Sexroboter aus technischer, psychologischer und philosophischer Sicht. Springer Gabler, Wiesbaden 2020.

Bendel, Oliver. Die Astronautin: Extraterrestrische Gedichte. Gedichtband mit 3D-Codes. 2. Aufl. Zürich, 9. Februar 2024. https://www.informationsethik.net/wp-content/uploads/2024/02/Die_Astronautin_3D_Codes_2020_2024.pdf.

Bendel, Oliver (Hrsg.). Handbuch Maschinenethik. Springer VS, Wiesbaden 2019.

Bendel, Oliver. 400 Keywords Informationsethik: Grundwissen aus Computer-, Netz- und Neue-Medien-Ethik sowie Maschinenethik. 2. Aufl. Springer Gabler, Wiesbaden 2019.

Bendel, Oliver. 350 Keywords Digitalisierung. Springer Gabler, Wiesbaden 2019.

Bendel, Oliver. Towards Animal-friendly Machines. In: Paladyn, Journal of Behavioral Robotics, 2018, Band 9, Heft 1. S. 204 – 213. https://www.degruyter.com/view/journals/pjbr/9/1/article-p204.xml.

Bendel, Oliver (Hrsg.). Pflegeroboter. Springer Gabler, Wiesbaden 2018.

Bendel, Oliver. From GOODBOT to BESTBOT. In: The 2018 AAAI Spring Symposium Series. AAAI Press, Palo Alto 2018. S. 2 – 9.

Bendel, Oliver. Considerations about the relationship between animal and machine ethics. In: AI & SOCIETY, 31 (2016) 1. S. 103 – 108.

Bendel, Oliver. Robots between the Devil and the Deep Blue Sea. In: Liinc em Revista, 11 (2015) 2. S. 410 – 417.

Bendel, Oliver. Die Rache der Nerds. UVK/UTB, Konstanz und München 2012.

Bendel, Oliver. handyhaiku: 100 haikus über und für das handy. Hamburger Haiku Verlag, Hamburg 2010.

Bendel, Oliver. Pädagogische Agenten im Corporate E-Learning. Dissertation. Difo, St. Gallen 2003.

Berlin-Brandenburgische Akademie der Wissenschaften (Hrsg.). Digitales Wörterbuch der deutschen Sprache (DWDS): Der deutsche Wortschatz von 1600 bis heute. https://www.dwds.de.

Bohnet, Ilja. Die 42 größten Rätsel der Astronomie: Urknall, Schwarze Löcher, Leben im Universum: Aktuelle Forschung, exklusive Einblicke. Kosmos, Stuttgart 2025.

Breazeal, Cynthia. Designing Sociable Robots. A Bradford Book/MIT Press, Cambridge (Massachusetts) 2004.

Bürker, Michael. Von Eratosthenes bis Einstein: Eine mathematische Zeitreise durch die Geschichte des physikalischen Weltbilds. Springer Spektrum, Wiesbaden 2024.

Bundeskanzleramt der Republik Österreich (Hrsg.). Bundesrecht konsolidiert: Gesamte Rechtsvorschrift für Übereinkommen über die Rettung und die Rückführung von Raumfahrern sowie die Rückgabe von in den Weltraum gestarteten Gegenständen, Fassung vom 20.05.2025. https://www.ris.bka.gv.at/GeltendeFassung.wxe?Abfrage=Bundesnormen&Gesetzesnummer=10000482.

Carter, Brandon. Large number coincidences and the anthropic principle in cosmology. In: Confrontation of cosmological theories with observational data. Proceedings of the Symposium, Krakow, Poland, September 10-12, 1973. (A75-21826 08-90) D. Reidel Publishing Co., Dordrecht 1974. S. 291–298.

Christaller, Thomas et al. Robotik: Perspektiven für menschliches Handeln in der zukünftigen Gesellschaft. Springer, Berlin, Heidelberg und New York 2001.

Crutzen, Paul. Geology of mankind. In: Nature 415, 23 (2002). https://doi.org/10.1038/415023a.

Deutsches Zentrum für Luft- und Raumfahrt (DLR). Website des DLR. https://www.dlr.de/de.

Drux, Rudolf (Hrsg.). Der Frankenstein-Komplex: Kulturgeschichtliche Aspekte des Traums vom künstlichen Menschen. Suhrkamp, Frankfurt am Main 1999.

ESA. Website der ESA. https://www.esa.int.

Frekers, Dieter; Biermann, Peter. Weltall, Neutrinos, Sterne und Leben: Faszinierendes aus der Astroforschung. Springer, Berlin 2023.

Hanslmeier, Arnold. Einführung in Astronomie und Astrophysik. Springer Spektrum, Berlin und Heidelberg 2020.

Heckmann, Herbert. Die andere Schöpfung: Geschichte des frühen Automaten in Wirklichkeit und Dichtung. Mit einem Vorwort von Heinz Streicher und einer notwendigen Nachbemerkung des Autors. Umschau, Frankfurt am Main 1982.

Hertzberg, Joachim; Lingemann, Kai; Nüchter, Andreas. Mobile Roboter: Eine Einführung aus Sicht der Informatik. Springer Vieweg, Berlin und Heidelberg 2012.

Höffe, Otfried. Ethik: Eine Einführung. C. H. Beck, München 2013.
Höffe, Otfried. Lexikon der Ethik. 7., neubearb. und erweit. Auflage. C. H. Beck, München 2008.
Huygens, Christiaan. Weltbeschauer, Oder Vernünftige Muthmaßungen, Daß Die Planeten Nicht Weniger Geschmückt Und Bewohnt Sind, Als Unsere Erde. Orell, Geßner und Comp, Zürich 1767.
Kant, Immanuel. Von den Bewohnern der Gestirne. In: Allgemeine Naturgeschichte und Theorie des Himmels. Petersen, Königsberg und Leipzig 1755.
Kramer, Miriam. Astronaut Covers 'Space Oddity' on Space Station (Video). In: Space.com, 13. Mai 2013. https://www.space.com/21113-astronaut-covers-space-oddity-video.html.
Kuhlen, Rainer. Informationsethik. Umgang mit Wissen und Informationen in elektronischen Räumen. UVK/UTB, Konstanz 2004.
Kuhlen, Rainer. Die Mondlandung des Internet: Die Bundestagswahl 1998 in den elektronischen Kommunikationsforen. Unter Mitarbeit von Oliver Bendel. UVK Universitätsverlag Konstanz, Konstanz 1998.
Kurzweil, Ray. Homo sapiens: Leben im 21. Jahrhundert. Was bleibt vom Menschen? 2. Aufl. Kiepenheuer & Witsch, Köln 1999.
Leitch, Luke. Die erste Frau auf dem Mond wird diesen Prada-Raumanzug tragen. In: Vogue Germany, 21. Oktober 2025. https://www.vogue.de/artikel/erste-frau-auf-mond-prada-raumanzug.
Lieto, Antonio. Cognitive Design for Artificial Minds. Routledge, London 2021.
Madhusudhan, Nikku; Constantinou, Savvas; Holmberg, Måns; Sarkar, Subhajit; Piette, Anjali A. A.; Moses, Julianne I. New Constraints on DMS and DMDS in the Atmosphere of K2-18 b from JWST MIRI. In: The Astrophysical Journal Letters, Volume 983, Number 2, 17. April 2025. https://iopscience.iop.org/article/https://doi.org/10.3847/2041-8213/adc1c8.
Marsh, Allison. Elektro the Moto-Man Had the Biggest Brain at the 1939 World's Fair. In: IEEE Spectrum, 28. September 2018. https://spectrum.ieee.org/tech-history/dawn-of-electronics/elektro-the-motoman-had-the-biggest-brain-at-the-1939-worlds-fair.
Misselhorn, Catrin. Grundfragen der Maschinenethik. Reclam, Ditzingen 2018.
Morin, Antonia. Schwebende Gitarren in der Raumstation. In: BR Klassik, 1. Juli 2019. https://www.br-klassik.de/themen/klassik-entdecken/musik-instrumente-astronaut-weltall-space-music-100.html.

Mundzeck, Till. Der Tag, an dem Pluto degradiert wurde. In: Frankfurter Rundschau, 14. Juli 2020. https://www.fr.de/wissen/tag-pluto-degradiert-wurde-11096089.html.

Nachtigall, Werner. Bionik: Grundlagen und Beispiele für Ingenieure und Naturwissenschaftler. 2. Aufl. Springer, Berlin und Heidelberg 2013.

NASA. Website der NASA. https://www.nasa.gov.

National Geographic Deutschland (Hrsg.). Das große Buch der Astronomie: Der ultimative Atlas mit mehr als 200 Karten, Tabellen und Diagrammen. National Geographic Deutschland, München 2024.

Petzold, Mario. Bau des 2,5 Millionen Kilometer großen Teleskops startet. In: Golem, 18. Juni 2025. https://www.golem.de/news/gravitationswellen-bau-des-2-5-millionen-kilometer-grossen-teleskops-startet-2506-197253.html.

Phillips, Elizabeth; Zhao, Xuan; Ullman, Daniel; Malle, Bertram F. (2018). What is human-like?: Decomposing robot human-like appearance using the Anthropomorphic roBOT (ABOT) Database. HRI '18.

Pieper, Annemarie. Einführung in die Ethik. 6., überarb. u. akt. Auflage. A. Francke, Tübingen und Basel 2007.

Regenbogen, Arnim; Meyer, Uwe (Hrsg.). Wörterbuch der philosophischen Begriffe. Meiner, Hamburg 2013.

Sahay, Lea. Taikonaut. In: Süddeutsche, 17. Oktober 2021. https://www.sueddeutsche.de/meinung/china-taikonaut-weltraum-astronaut-1.5442193.

Seeßlen, Georg. Der pornographische Film. Ullstein, Berlin 1990.

Smith, Kelly C. Cosmic Ethics. In: Bertka, C.; Roth, N; Shindell, M. (Ed.). Workshop Report: Philosophical, Ethical, and Theological Implications of Astrobiology. C. Bertka, N. Roth and M. Shindell (Eds.). AAAS 2007, Washington 2007.

Spathelf, Martin; Bendel, Oliver. The SPACE THEA Project. Proceedings of the AAAI 2022 Spring Symposium „How Fair is Fair? Achieving Wellbeing AI". Stanford University, Stanford, California, USA, March 21–23, 2022. https://ceur-ws.org/Vol-3276/.

Stocker, Leonie; Korucu, Ümmühan; Bendel, Oliver. In den Armen der Maschine: Umarmungen durch soziale Roboter und von sozialen Robotern. In: Bendel, Oliver (Hrsg.). Soziale Roboter: Technikwissenschaftliche, wirtschaftswissenschaftliche, philosophische, psychologische und soziologische Grundlagen. Springer Gabler, Wiesbaden 2021.

Toepfer, Georg. Historisches Wörterbuch der Biologie: Geschichte und Theorie der biologischen Grundbegriffe. J.B. Metzler, Heidelberg 2011.

Turing, Alan M. Computing Machinery and Intelligence. In: Mind 49, 1950, S. 433 – 460.
Unger, Hermann. Musikgeschichte in Selbstzeugnissen. Piper, München 1928.
UNOOSA. Website der UNOOSA. https://www.unoosa.org/oosa/en/aboutus/roles-responsibilities.html.
Völker, Klaus. Künstliche Menschen: Dichtungen und Dokumente über Golems, Homunculi, Androiden und liebende Statuen. DTV, München 1976.
Weizenbaum, Joseph. Die Macht der Computer und die Ohnmacht der Vernunft. Suhrkamp, Frankfurt am Main 1978.
Wieringa, Maranke. What to account for when accounting for algorithms: a systematic literature review on algorithmic accountability. In: Proceedings of the 2020 conference on fairness, accountability, and transparency, Barcelona, Spain, January. 2020. S. 1–18.
Wirtz, Markus Antonius (Hrsg.). Dorsch: Lexikon der Psychologie. https://dorsch.hogrefe.com.
Yps. Facebook. https://www.facebook.com/yps.de/?locale=de_DE.
Yps Fanpage. Yps mit Gimmick. https://www.ypsfanpage.de/hefte/yps1250.php.
Zhang, Sarah. No, Women's Voices Are Not Easier to Understand Than Men's Voices. In: Gizmodo, 5. Februar 2015. https://gizmodo.com/no-siri-is-not-female-because-womens-voices-are-easier-1683901643.

Made in the USA
Monee, IL
03 May 2026

49438553R10177